Frank Holl / Eberhard Schulz-Lüpertz

Alexander von Humboldt in Franken

Impressum

Inh. Dr. Johann Schrenk
Weißenburger Straße 22, 91710 Gunzenhausen
www.buchhausschrenk.de – schrenk@buchhausschrenk.de

Satz und Layout: Schrenk-Verlag, Gunzenhausen
Umschlaggestaltung: Steffi Bucher, München
Texte und Bildredaktion: Frank Holl und Eberhard Schulz-Lüpertz
Druck und Herstellung: BoD Books on Demand, Norderstedt
Originalausgabe 2012; überarb. Aufl. 2019
ISBN 978-3-924270-74-2

Frank Holl / Eberhard Schulz-Lüpertz

Ich habe so grosse Pläne dort geschmiedet...

Alexander von Humboldt in Franken

Reihe Fränkische Geschichte
im Schrenk-Verlag
Band 18

Reihe „Fränkische Geschichte"
Herausgegeben von Dr. Johann Schrenk

Bd. 1 W. Rathsam, Die Römer im Gunzenhäuser Land
Bd. 2 F. Merklein, Chronik der Ev.-Luth. Kirchengemeinde Wittelshofen
Bd. 3 H. Kaussler, Der Wilde Markgraf
Bd. 4 Simon Marius, Mundus Iovialis – Die Welt des Jupiter (lat.-dt.)
Bd. 5 F. Baumeister (Hrsg.), Hesselbergland
Bd. 6 G. Niekel, Die Chronik von Muhr
Bd. 7 H. Kaussler, Die Chronik von Eibach
Bd. 8 J. Schrenk, Die Chronik von Gunzenhausen, Bd. 1 Vor- und Frühgeschichte
Bd. 9 K. Böhner u. a., Der Hesselberg
Bd. 10 G. Fischer / H. Herrmann (Hrsg.), 50 Jahre Erwachsenenbildung in Gunzenhausen
Bd. 11 F. Bernreuther, Die Lehrerbildungsanstalt Schwabach
Bd. 12 Verein der Freunde Triesdorfs und Umgebung e.V. (Hrsg.), Triesdorf in Weidenbach
Bd. 13 W. Mühlhäußer u. a., Gunzenhausen – Fürstliche Residenz unter Markgraf Carl Wilhelm Friedrich von Brandenburg-Ansbach
Bd. 14 W. Osiander, Die Reformation in Franken – Andreas Osiander und die fränkischen Reformatoren
Bd. 15 J. Schrenk u. a., Geschichte der Gemeinde Unterschwaningen
Bd. 16 J. Schrenk / W. Mühlhäußer, Land am Limes – Auf den Spuren der Römer in der Region Hesselberg-Gunzenhausen – Weißenburg
Bd. 17 Th. Greif (Hrsg.), Der Hesselberg – Eine Kulturgeschichte
Bd. 18 F. Holl / E. Schulz-Lüpertz, Alexander von Humboldt in Franken

Inhaltsübersicht

Der 26-jährige Alexander von Humboldt. Kupferstich von Friedrich Wilhelm Bollinger aus dem Jahr 1798 nach einem Pastellporträt, das der Maler Johann Heinrich Schröder im Jahr 1796 anfertigte. Dies ist das authentischste Porträt, das aus Humboldts fränkischen Jahren überliefert ist. Das Originalgemälde von Schröder hing lange im Schloss Tegel. In den Wirren des Zweiten Weltkrieges ging es verloren.

EINLEITUNG

Auch 150 Jahre nach seinem Tod steht der Forschungsreisende Alexander von Humboldt noch immer im Interesse einer breiten Öffentlichkeit. Neueditionen seiner Werke, Biografien und Ausstellungen, Dokumentar- und Spielfilme halten die Erinnerung an Leben und Werk des großen Naturgelehrten wach. Vor allem in Lateinamerika und Deutschland sehen viele in ihm einen Vordenker für das 21. Jahrhundert. Sein transdisziplinärer wissenschaftlicher Ansatz, sein Engagement für die Menschenrechte und sein ökologisches Denken inspirieren und faszinieren noch immer ein großes Publikum. Die Ursprünge seines immensen und noch immer hochaktuellen Lebenswerkes liegen in Franken.

> Steben hat einen so wesentlichen Einfluss auf meine Denkart gehabt, ich habe so große Pläne dort geschmiedet, mich dort so meinen Gefühlen überlassen, [...] war dort besonders im Winter 1794 und Herbst 93 in so einem immerwährenden Zustand der Spannung, dass ich des Abends nie die Bauerhäuser am Spitzberg in Nebel gehüllt und einzeln erleuchtet sehen konnte, ohne mich der Tränen zu enthalten. Diesseits des Meeres finde ich mir so einen Ort nicht wieder![1]

Alexander von Humboldt schrieb diese Zeilen am 14. Dezember 1795 an seinen Freiberger Freund Karl Freiesleben. Sie zeigen den 25-jährigen Forscher und frischgebackenen Oberbergrat in einem Zustand großer Empfindsamkeit und Anspannung.

„Ein Geist der Unruhe“[2] bestimmte Humboldts gesamtes Leben. Oft sprach er von seinem „Nomadenleben“[3] und bekannte: „Voller Unruhe und Erregung, freue ich mich nie über das Erreichte, und ich bin nur glücklich, wenn ich etwas Neues unternehme, und zwar drei Sachen mit einem Mal.“[4] In diesem bis ins hohe Alter rastlosen Nomadenleben nahm Franken eine zentrale Stellung ein.

In der Zeit von Sommer 1792 bis Frühjahr 1797, in der Alexander von Humboldt für den Bergbau in Franken tätig war, spiegelt sich im Grunde bereits alles, was auch sein gesamtes späteres Leben bestimmte: sein Drang, bei der Suche nach wissenschaftlichen Erkenntnissen bis an die Grenzen der eigenen Leistungskraft zu gehen, seine Unruhe und seine Einsamkeit. Die fünf fränkischen Jahre Humboldts waren geprägt von seinem Willen, durch seine Tätigkeit gesellschaftliche Verantwortung zu übernehmen und in verschiedenen wissenschaftlichen Disziplinen Bedeutendes zu leisten.

Als Verantwortlicher für den Bergbau in den fränkischen Fürstentümern Ansbach und Bayreuth inspizierte er Gruben und Verhüttungsanlagen, erstellte er Risszeichnungen der Minen und Finanzpläne, schrieb Gutachten über die Bergwerke und befasste sich mit der Wirtschaft Frankens, Preußens und Europas, dem technologischen Fortschritt und der Volksbildung. Durch solide Ausbildung der Bergleute und bessere Organisation der Arbeit erhöhte er die Ergiebigkeit und Rentabilität der ihm anvertrauten Bergwerke und Produktionsstätten. Auch das gründliche Studium historischer Dokumente nutzte Humboldt, um die Effizienz des Bergbaus in Franken zu steigern. Die Kenntnis historischer Quellen ermöglichte ihm eine bessere Orientierung beim Auffinden der Erzvorkommen und erlaubte Vergleiche der investierten Kosten:

> Mit dem Bergbau geht es überhaupt hier jetzt schnell vorwärts. In Goldkronach besonders bin ich glücklicher, als ich es je wagen durfte zu glauben. Die neu aufgefundenen Akten aus dem 16. Jahrhundert, die ich mit der größten Mühe studiere, haben mich ganz orientiert. Alle, die vor mir die Direktion des dasigen [hiesigen] Grubenbaus hatten, waren irre, weil ihnen diese Quellen fehlten. Seit acht Jahren hatte man ehemals mit 14 000 Gulden Zubuße kaum 3000 Zentner gefördert, ich schaffte in diesem einen Jahre allein mit 9 Mann 2500 Zentner Golderze, die kaum 500 Gulden kosten.[5]

Um die Sicherheit seiner Bergleute kümmerte sich Humboldt ebenfalls. So erfand er beispielsweise einen „Lichterhalter“: eine Berglampe, die auch in sauerstoffarmer Luft nicht erlöschen sollte, und eine Atemmaske für Bergarbeiter.

Aber auch grundlegende Beiträge zu den Wissenschaften der Zeit lieferte er während seines Aufenthaltes in Franken. Als Verantwortlicher für die fränkischen Bergwerke hatte er sich schon von Amts wegen mit den wissenschaftlichen Disziplinen Mineralogie und Geognosie – der Lehre von der Struktur und dem Bau der festen Erdkruste – zu befassen. Daneben widmete er sich vor allem der Botanik, der Physik, Chemie und der Physiologie. Damit ging er weit über seinen eigentlichen Aufgabenbereich hinaus und drang tief in neue wissenschaftliche Forschungsbereiche ein. Bereits in Franken lässt sich erkennen, was Humboldt später als großes, detailliertes Forschungsprogramm entfalten sollte. „Physische Erdbeschreibung“ nannte er seine Wissenschaft, und später – als er sein Alterswerk *Kosmos* plante und dort auch die Erkenntnisse über das Universum mit einbezog – gab er ihr den Namen „Physische Weltbeschreibung“. Es war ein Ansatz, der alle disziplinären, geographischen und politischen Grenzen sprengte. Es war eine Weltwissenschaft, die Humboldt nicht aus der Perspektive einer einzigen Disziplin betrieb. Er überblickte und verband die verschiedensten Fachgebiete mit einer Sicherheit und Virtuosität, wie sie seither niemand mehr erreicht hat.

Intensiv und erfolgreich nahm Humboldt bereits während seiner Zeit als Verantwortlicher für die fränkischen Bergwerke mit Publikationen und einer umfangreichen Korrespondenz am internationalen wissenschaftlichen Diskurs teil. Alle späteren wissenschaftlichen Interessen und Fähigkeiten Alexander von Humboldts treten im Ansatz bereits während seiner fränkischen Zeit zutage. Alle Forschungsfelder seiner großen Expeditionen, alle Erkenntnisse, die er später versuchte, in seinem *Kosmos* zu systematisieren, hat er bereits in Franken zwischen 1792 und 1797 vorbereitet. In seinem späteren Leben werden die Erfahrungen dieser Zeit zu einem wichtigen Bestandteil eines Gesamtbildes, das sein großes, nie vollendetes – nie vollendbares – wissenschaftliches Werk ausmacht. Franken war für ihn ein Teil der Welt. In jener Zeit war es seine Welt, und die galt es zu erforschen. In Franken zeigt sich zum ersten Mal der wissenschaftlich *und* praktisch tätige Humboldt, der all das, was er in Berlin bei Hauslehrern, was er in Frankfurt an der Oder und Göttingen an den Universitäten, vor allem aber, was er in Hamburg an der Handelsakademie und in Freiberg in der Bergakademie gelernt hatte, in einer rastlosen Tätigkeit umsetzte. „Ein Menschenleben, begonnen wie das meinige, ist zum Handeln bestimmt"[6], schrieb er später.

Die Zeit in Franken, in der er unzählige gefühlvolle, oft überschwängliche Briefe an Freunde schrieb, ist die einzige Periode seines Lebens, die noch ein unverstelltes Bild auf Humboldts Persönlichkeit erlaubt. Später ließ er, auch in seinen Tagebüchern und Briefen, kaum noch einen tieferen Blick auf seine Empfindungen und Nöte zu. Hier hingegen waren seine privaten Texte noch voll Offenheit und tiefer, oft schmerzhafter Ehrlichkeit gegenüber sich selbst und seinen vertrauten Freunden.

Unser Buch beleuchtet diesen Lebensabschnitt des Forschers, indem es den Fokus in mehreren Kapiteln auf seine unterschiedlichen Interessen legt. Sein Leben lang hat sich Alexander von Humboldt mit zahlreichen Themen gleichzeitig befasst. Bei einer linearen Darstellung würde jeder Überblick verloren gehen. Denjenigen, die sich für den chronologischen Ablauf von Humboldts fränkischer Zeit interessieren, empfehlen wir die von der Alexander-von-Humboldt-Forschungsstelle erstellte chronologische Übersicht über Humboldts Leben. Sie findet sich online unter: www.bbaw.de/forschung/avh/avhchron/index.html.

Ohne die Mitwirkung vieler Kollegen, Bekannter und Freunde wäre dieses Buch niemals möglich gewesen. Ganz besonders danken wir Dr. Ingo Schwarz, dem Leiter der Alexander-von-Humboldt-Forschungsstelle, und Hartmut Koschyk vom Humboldtforum Goldkronach, die gemeinsam die Idee zu diesem Buch hatten. Ingo Schwarz hat die Arbeit mit großem Engagement und vielen Tipps begleitet und auch die Texte kritisch gegengelesen.

Des Weiteren möchten wir für ihre Hilfe und zahlreiche Hinweise den folgenden Personen danken: Dr. Michael Backes, Steffi Bucher, Doris Bude, Dr. Ingrid Burger-Segl, Dr. Gerhard Lehrberger, Dr. Ferdinand Damaschun, Prof. Dr. Günter Dippold, Klaus Gottfried, Wolfgang Heger, Günter Ide, Lisa Kluckert, Dr. Hazel Rosenstrauch, Adrian Roßner, Sandra Schiffel, Dr. Ralf Thomas Schmitt, Irmhild Singer, Eva Spörl, Reinhard Stelzer, Rainer Stäudel, Annette Taubenreuther, Hans-Günter Tröger, Günter Wein, Heinz Zahn und Karl Ziegan.

Eine Anmerkung zur Zitierweise der historischen Texte: Die in dieser Edition zitierten Originaltexte stammen aus unterschiedlichen Quellen. Diese weisen keine einheitliche Orthographie und Interpunktion auf. Da die Lesbarkeit und Einheitlichkeit im Vordergrund stand, wurden diese Texte behutsam der modernen Rechtschreibung angepasst.

Frank Holl und Eberhard Schulz-Lüpertz

Alexander von Humboldt. Pastellkreidezeichnung auf Pergament von Johann Heinrich Schmid, 1784. In der Zeit, als er mit 15 Jahren porträtiert wurde, unterstand der junge Alexander der Erziehung von Hauslehrern. Er fühlte sich, wie er später schrieb, „18 Jahre lang im väterlichen Hause gemisshandelt und in einer dürftigen Sandnatur eingezwängt“.

Erziehung und Ausbildung

Als Alexander von Humboldt am 29. Februar 1792 als 22-Jähriger seinen Dienst als preußischer Bergassessor antrat, war dies der entscheidende Schritt auf dem Weg in eine Selbstverwirklichung, die ihm bis zu diesem Zeitpunkt immer verwehrt war: „In einem jungen Gemüte", schrieb er Jahre später, „das 18 Jahre lang im väterlichen Hause gemisshandelt und in einer dürftigen Sandnatur eingezwängt worden ist, glimmt und glüht es wunderbar auf, wenn es seiner eigenen Freiheit überlassen auf einmal eine Welt von Dingen in sich aufnimmt."[1] Bereits nach wenigen Monaten im preußischen Bergdienst berichtete er im Mai 1792 seinem früheren Hauslehrer Campe:

> Ich fühle, dass ich in den letzten Jahren an Selbstständigkeit zugenommen habe. Mit wenigen Bedürfnissen genieße ich die Unabhängigkeit, deren unter allem Zwange größerer und kleinerer politischer Verhältnisse ein denkender Mensch fähig ist, eine Freiheit, die wir uns selbst schenken und die unvergänglich, wie unser Dasein, ist.[2]

Der Begriff „Freiheit" sollte eine zentrale Stellung im Leben Alexander von Humboldts einnehmen. Nach Freiheit strebte er nicht nur für sich selbst. Er forderte sie auch für andere: für die Bürger aller Länder und Kulturen. Freiheit bedeutete für ihn vor allem aber auch die Möglichkeit, den Gesetzen der Natur ungehindert nachspüren zu können.

„Unter dem Einfluss des Kometen 1769"[3], wurde Alexander von Humboldt am 14. September 1769 in Berlin geboren. Es war der nach seinem Entdecker Charles Messier benannte Komet „1769 Messier", der damals, zu Humboldts Geburtsstunde, am Berliner Nachthimmel stand. Zeitlebens sah der Forscher darin ein gutes Omen. Immer wieder wies er auf dieses Ereignis hin.

Die Voraussetzungen für ihn und seinen zwei Jahre älteren Bruder Wilhelm waren glänzend: sie hatten wohlhabende, gebildete Eltern, die in der Gesellschaftshierarchie eine ex-

Wilhelm von Humboldt. Pastellkreidezeichnung auf Pergament von Johann Heinrich Schmid, 1784. Wilhelm schrieb später über seinen 24-jährigen Bruder, dieser sei der Einzige, den er kenne, der in der Lage sei, „das Studium der physischen Natur nun mit dem der moralischen zu verknüpfen und in das Universum, wie wir es erkennen, eigentlich erst die wahre Harmonie zu bringen". Für Alexander war Wilhelm bis zu dessen Tod im Jahr 1835 die wichtigste Bezugsperson.

Berlin mit Charlottenburg und Umgebung, kolorierte Radierung von Rohrbach, nach Carl Wizani, um 1810. Fast noch ländlich mutet die Stadt an, in der zu Humboldts Jugendzeit um die 150 000 Menschen wohnten.

zellente Position einnahmen. Der Vater, Alexander Georg von Humboldt, ein Offizier, dessen Familie erst im Jahr 1738 das Adelsprädikat „von" verliehen worden war, stand dem preußischen Königshaus sehr nahe. Die Mutter, Marie Elisabeth, geborene Colomb, stammte aus dem wohlhabenden Bürgertum. Das wichtigste Ziel des Ehepaares Humboldt war die bestmögliche Erziehung seiner Söhne. Doch plötzlich – Alexander war noch keine zehn Jahre alt – starb sein Vater. Mit kühler Strenge achtete die Mutter fortan allein auf die Ausbildung ihrer Kinder. Sie wünschte sich eine Karriere beider Söhne als höhere Beamte im preußischen Staat. Hierfür engagierte sie fähige Hauslehrer, die dem Kreis der Berliner Aufklärung angehörten. Die Hauptverantwortung für die Erziehung der Jungen trug Gottlob Johann Christian Kunth, der auch die Privatlehrer der Kinder auswählte. Zu diesen zählten Joachim Heinrich Campe, der Verfasser des aufklärerischen Jugendbuches *Robinson der Jüngere*, und Christian Wilhelm Dohm, der 1781 die durch Moses Mendelssohn angeregte Schrift *Über die bürgerliche Verbesserung der Juden* veröffentlichte und damit die Emanzipation der Juden europaweit förderte.

Ein Ziel der Berliner Aufklärer war es, der als provinziell verachteten Berliner Mentalität Bildung, Verantwortungsbewusstsein und kultivierte Lebensführung entgegenzusetzen. Allerdings hingen ihre Vertreter einer Regelpädagogik an, die wenig Raum für Freude am Lernen zuließ und auf die kindliche Entwicklung kaum Rücksicht nahm.

Alexander wurde im Unterricht ebenso behandelt wie der ältere Bruder und litt unter seinem vermeintlich geringeren Talent. Trotzdem legte diese Ausbildung ein solides Fundament für die Entwicklung der beiden. Die Idee der Aufklärung, wie sie die Hauslehrer vertraten, forderte Wahrheit, Verbreitung von Wissen und Toleranz gegenüber Andersdenkenden – Ideale, denen sich die beiden Brüder zeit ihres Lebens verpflichtet fühlten.

Ein besonderes Anliegen der Aufklärer war das Studium der Naturgesetze, ein Gebiet, dem Alexander bald große Aufmerksamkeit schenkte. Mit 16 Jahren besuchte er zum ersten Mal das Haus des Arztes und Physikers Marcus Herz und dessen junger, außergewöhnlich schöner Frau Henriette. Hier trafen sich wohlhabende Bürger jüdischer Herkunft mit Bildungsbürgern und fortschrittlichen Adligen zu naturwissenschaftlichen Experimentalvorlesungen, philosophischen Erörterungen und literarischen Lesungen. In den Salons entwickelte sich eine weltoffene und tolerante Lebenshaltung, die Alexander zu der Feststellung führte, „man unterhalte sich besser in Gesellschaft jüdischer Frauen als auf dem Schlosse der Ahnen“[4]. Später schrieb er über sein Elternhaus:

Schloss Tegel. Der Holzstich aus dem Buch von Hermann Klencke: „Alexander von Humboldt's Leben und Wirken, Reisen und Wissen“, Leipzig: Otto Spamer, 1870, zeigt das Schloss nach den Umgestaltungen im Stil des Klassizismus, die Karl Friedrich Schinkel auf Wilhelm von Humboldts Wunsch von 1820 bis 1824 durchführte.

> Hier in Tegel habe ich den größeren Teil dieses traurigen Lebens zugebracht, unter Leuten, die mich liebten, mir wohlwollten und mit denen ich mir doch in keiner Empfindung begegnete, in tausendfältigem Zwange, in entbehrender Einsamkeit, in Verhältnissen, wo ich zu steter Verstellung, Aufopferungen etc. gezwungen wurde. [...] So wehmütig solche Erinnerungen aber auch sind, so interessant werden sie einem zugleich auch durch den Gedanken, dass gerade dieser Aufenthalt so viel zu der jetzigen Stimmung meines Charakters, zu der Richtung meines Geistes auf das Studium der Natur etc. beitrug.[5]

Ohne Bedauern verließ er mit 18 Jahren das elterliche „Schloss Langweil“ [6], um auf Wunsch seiner Mutter, zusammen mit seinem Bruder, Kameralistik, also Finanz-, Wirtschafts- und Verwaltungskunde, in Frankfurt an der Oder zu studieren. Nebenher begann er, sich intensiv mit Botanik zu beschäftigen. Ein Jahr später kehrte er nach Berlin zurück und besuchte dort auf eigene Initiative den berühmten Berliner Botaniker Carl Ludwig Willdenow, der ihm ein enger Freund wurde. Später schrieb Humboldt über seine Ausbildung: „So sorgfältig auch unsere literarische Erziehung war, so ward doch alles, was auf Naturkunde und Chemie Bezug hatte, in derselben vernachlässigt.“[7] Die Forscher, die ihm in Berlin begegneten, darunter viele Mitglieder der Naturforschenden Gesellschaft, bezeichnete er als „krüppelhafte Figuren, deren Bekanntschaft“ ihm „mehr Abscheu als Liebe zur Naturkunde einflößte“[8]. Mehr als alle anderen beeinflusste ihn in dieser Zeit um 1788 Carl Ludwig Willdenow:

> Ich fand in Willdenow einen jungen Menschen, der damals unendlich mit meinem Wesen harmonierte. [...] Er bestimmte mir Pflanzen, ich bestürmte ihn mit Besuchen. Ich lernte neue ausländische Pflanzen kennen. [...] In drei Wochen war ich ein enthusiastischer Botanist. Willdenow trug sich damals mit der Idee, eine Reise außerhalb Europas zu machen. Ihn zu begleiten, war der Wunsch, der mich tags und nachts beschäftigte. Ich durchlief alle Floren beider Indien [Asien und Amerika], kaufte alle Rinden der Apotheken zusammen, verweilte mit unendlichem Wohlgefallen bei einem Reishalm in meinem Herbarium und gewöhnte mich, unbändige Wünsche nach weiten und unbekannten Dingen zu hegen.[9]

Fasziniert war Humboldt von jedem Fortschritt der Technik, von dem er erfahren konnte. Als am 27. September 1788 der französische Luftfahrtpionier Jean-Pierre Blanchard über dem Exerzierplatz im Berliner Tiergarten mit einem wasserstoffgefüllten Ballon aufstieg, war auch der 19-jährige Alexander von Humboldt einer der zahlreichen Zuschauer des Spektakels. Er schrieb: „Der majestätische Gang des Balls und am meisten der Gedanke an die Fortschritte der menschlichen Kultur, die nun schon das dritte Element sich unterwarf, alles dies macht einen großen, herzerhebenden Eindruck. Den Ball konnte man über eine halbe Stunde schweben sehen.“[10] Seit langer Zeit hatte keine Erfindung das Publikum so bewegt wie die Erfindung der Ballonfahrt. Man erwartete von ihr entscheidende Impulse für Wissenschaft und Verkehr.

Humboldt beim Pflanzenstudium. Der um 1860 entstandene Holzstich von F. Tegetmeyer nach einer Zeichnung von W. Claudius erinnerte nach mehr als 70 Jahren mit einer idyllischen Szene an die botanischen Forschungen des jungen Alexander von Humboldt.

Im April 1789 folgte Alexander seinem Bruder Wilhelm an die Universität Göttingen. „Ich bin bereit“, schrieb er seinem Freund Wilhelm Gabriel Wegener, „den ersten Schritt in die Welt zu tun, ungeleitet und ein freies Wesen. Ich freue mich dieses Zustan-

Georg Forster. Gemälde von Johann Heinrich Wilhelm Tischbein, um 1785. Für Humboldts politisches und auch für sein wissenschaftliches Bewusstsein war Forster ein entscheidender Impulsgeber.

des, so misslich er zu sein scheint. Lange gewohnt, wie ein Kind am Gängelbande geführt zu werden, harrt der Mensch, die gebundenen Kräfte nach eigener Willkür in Tätigkeit zu setzen und, sich selbst überlassen, der eigene Schöpfer seines Glücks oder Unglücks zu werden."[11]

In Göttingen studierte Alexander Naturwissenschaften, Mathematik und Sprachen. Beeindruckt zeigte er sich vor allem von dem vielseitigen Naturforscher, Physiologen und Anthropologen Johann Friedrich Blumenbach und dem Physiker und scharfzüngigen Aphoristiker Georg Christoph Lichtenberg. Hier verfasste er seine erste wissenschaftliche Arbeit: eine Studie über den Webstuhl bei den alten Griechen und Römern. Die Fragestellung dieses leider verschollenen Aufsatzes zeigt sein fachübergreifendes Interesse für Technik und Geschichte. Kurz nach seinem 20. Geburtstag brach er, zusammen mit dem niederländischen Mediziner und Botaniker Steven Jan van Geuns, zu seiner ersten Forschungsreise auf. Vom 24. September bis zum 31. Oktober 1789 führte sie ihn über Marburg, Frankfurt und Heidelberg nach Mannheim, dann durch die Pfalz, weiter längs des Rheins und durch Westfalen zurück nach Göttingen.[12]

Wichtigstes Ergebnis der Reise war sein erstes Buch: *Mineralogische Beobachtungen über einige Basalte am Rhein.* Es erschien 1790 in Braunschweig im Verlag seines früheren Hauslehrers Campe. Zu dieser Zeit war es in erster Linie die Geologie, die Humboldt anzog. Der „Vulkanismusstreit" bewegte die gesamte europäische Wissenschaftswelt. Mit seiner Publikation schlug sich Humboldt auf die Seite der „Neptunisten". Hauptvertreter dieser Richtung war der charismatische Mineraloge Abraham Gottlob Werner, der an der Bergschule im sächsischen Freiberg lehrte. Nach seiner Theorie war die gesamte Gesteinswelt durch Ablagerungen aus dem Meer entstanden. Zu Werners wichtigsten Anhängern gehörte Johann Wolfgang von Goethe, den Humboldt später persönlich kennenlernen sollte. Dieser Lehre stand der „Vulkanismus" oder „Plutonismus" gegenüber: eine Theorie, die umgekehrt alle geologischen Vorgänge auf vulkanische Tätig-

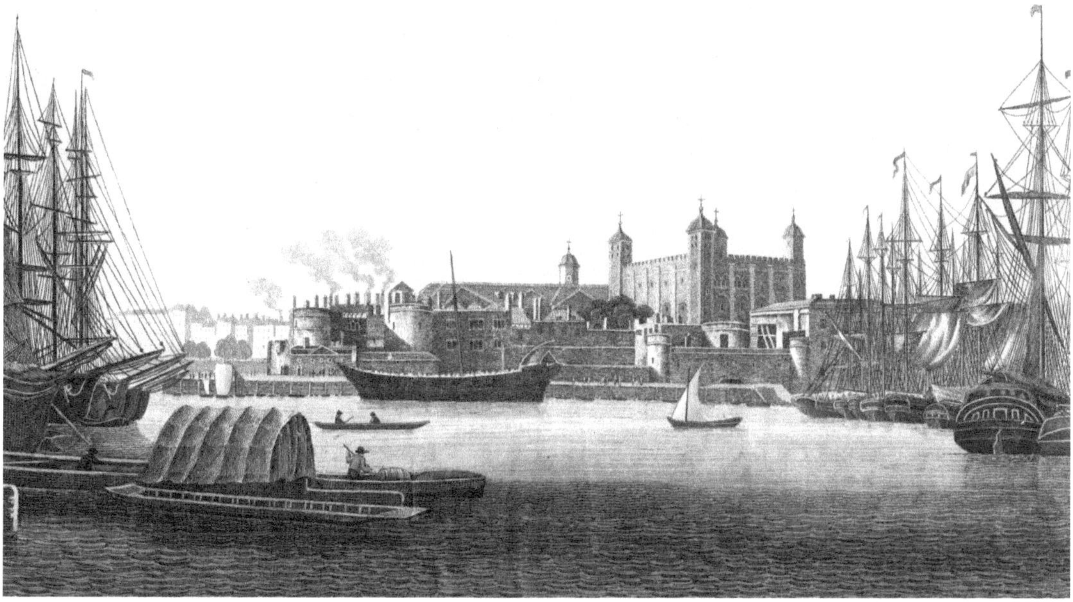

London, Königlicher Palast und Tower. Kolorierter Kupferstich aus F. J. Bertuchs: „Bilderbuch für Kinder“, Weimar, um 1800. Humboldts Besuch der britischen Hauptstadt, zusammen mit Georg Forster im Jahr 1790, war die entscheidende Motivation für seine Forschungsreise in die Neue Welt.

keit zurückzuführen suchte. Hauptvertreter des Plutonismus war der britische Geologe James Hutton. Später, nach der Rückkehr von seiner amerikanischen Reise, sollte Alexander zu dieser Theorie konvertieren.

Es waren allerdings bei Weitem nicht nur geologische Fragen, die Humboldt während seiner Reise mit van Geuns interessierten. Zum ersten Mal nicht unter der Aufsicht von Lehrern und Erziehern, sehnte sich sein an der Aufklärung geschulter Geist danach, so viele Fakten wie nur möglich nach einem selbst erstellten Plan zu sammeln und zu bewerten. Zusammen mit seinem Reisegefährten besuchte er botanische Gärten, Fabriken, Bergwerke, Salinen, Museen, mineralogische Kabinette und Bibliotheken. Zum Schlüsselerlebnis dieser Reise jedoch wurde seine Begegnung mit dem Schriftsteller und späteren Revolutionär Georg Forster, der zwischen 1772 und 1775 James Cook auf dessen zweiter Weltumsegelung begleitet hatte. Humboldt lernte Forster im Oktober 1789 in Mainz kennen. Wenige Monate zuvor war in Paris die Bastille gestürmt worden. Beide waren gleichermaßen fasziniert von den revolutionären Ereignissen in Frankreich. Wenig später schrieb Alexander seinem früheren Lehrer Joachim Heinrich Campe: „Der französische Enthusiasmus erschüttert den Despotismus“, und auch in seiner Heimat spürte er „ein Aufbrausen unter uns Deutschen, wie jenseits des Rheins“[13]. Alexander von Humboldt und Georg Forster verstanden sich glänzend, und Forster ermutigte Humboldt zu seiner ersten Buchveröffentlichung über die Basalte am Rhein. Dieser widmete Forster das Werk „in innigster Freundschaft und Verehrung“[14].

Im März 1790, nur wenige Monate nach seiner ersten Forschungsreise mit Steven Jan van Geuns, brach Humboldt erneut zu einer Reise auf. Diesmal begleitete er Georg Forster. Von Mainz sollte es nach England gehen. Der Weg der beiden Reisenden führte zunächst den Rhein abwärts, dann durch Belgien und die Niederlande. Der Aufenthalt in England prägte Alexander mehr als alle bisherigen Erlebnisse. Quer über die Insel führte ihre Route: an die Westküste nach Bristol, von da über das industrielle Birmingham ins nördliche Derbyshire zu den Peak-Kalksteinbergen, weiter über Shakespeares Geburtsort Stratford-upon-Avon bis zur Universitätsstadt Oxford. Wieder besichtigte Humboldt Bergwerke und Höhlen, Fabrikationsstätten und botanische Gärten, darunter auch die berühmten Kew Gardens im Südwesten von London. Die Parlamentswahlen und der Besuch der Sitzungen des Londoner Parlaments vermittelten ihm neue politische Eindrücke. Der Chemiker und Physiker Henry Cavendish und auch der Göttinger Arzt Christoph Girtanner, der sich damals ebenfalls gerade in London aufhielt, gaben Humboldt Einblicke in die Erkenntnisse von Antoine Laurent de Lavoisiers, dem Begründer der modernen Chemie.

Besonders beeindruckte ihn die Begegnung mit Sir Joseph Banks, dem Präsidenten der Royal Society. Der legendäre Botaniker empfing den jungen Preußen mit offenen Armen. Banks hatte James Cook als Wissenschaftler auf dessen erster Reise um die Welt (1768–1771) begleitet. Hier in der Hauptstadt traf Humboldt auch Kapitän William Bligh, der an James Cooks dritter Weltumsegelung (1776–1779) teilgenommen und danach, in den Jahren 1788 und 1789, das Kommando über die „Bounty“ hatte. Humboldt bewunderte vor allem Blighs nautische Glanzleistung, nach der legendären Meuterei in einem offenen, nur sieben Meter langen Beiboot und mit 18 treuen Männern 5800 Kilometer über den Pazifik zu navigieren.

Später, im Jahr 1801, schrieb Humboldt über diese Zeit: „Ich bildete mir ein, dass nur die Aufforderung eines Gouvernements, eine Reise gleich der Cookschen mich in jene Weltteile führen könne, und meine Berliner Verhältnisse, der Zwang, an den ich gewöhnt war, stellten mir als unmöglich vor, was ich nun seit Jahren ausgeführt.“[15] Doch die Rückkehr nach Berlin schwebte „wie nahes Ungewitter wolkendick“[16] über ihm.

> Ich fühlte mich eingeengt, engbrüstig. Ein unbestimmtes Streben nach dem Fernen und Ungewissen, alles, was meine Phantasie stark rührte, die Gefahr des Meeres, der Wunsch, Abenteuer zu bestehen und aus einer alltäglichen gemeinen Natur mich in eine Wunderwelt zu versetzen, reizten mich damals an. […] Alles was auf bürgerliche Verhältnisse Bezug hatte, wurde mir verächtlich, jede Gemächlichkeit des häuslichen Lebens und der feineren Welt ekelte mich an. Ich lebte in einer Ideenwelt, die mich von der wirklichen abzog. […] Ich schrieb verrückte Briefe an meine Freunde und wurde mir selbst von Tage zu Tage unverständlicher. Meine Reise mit Forster in das Gebirge von Derbyshire vermehrte jene melancholische Stimmung. Das Dunkel der Castle-

Föderationsfest. Kolorierter Kupferstich von Helman nach einem Gemälde von Charles Monnet, 14. Juli 1790. Humboldt selbst karrte in Paris Sand zur Errichtung des Freiheitstempels. Die Ideale der Französischen Revolution – Freiheit, Gleichheit und Brüderlichkeit – rückten von nun an ins Zentrum seines Denkens und Handelns.

toner Höhen verbreitete sich über meine Phantasie. Ich weinte oft, ohne zu wissen warum, und der arme Forster quälte sich zu ergründen, was so dunkel in meiner Seele lag. Mit dieser Stimmung kehrte ich über Paris nach Mainz zurück. Ich hatte entfernte Pläne geschmiedet.[17]

Auf ihrem Rückweg trafen Humboldt und Forster in einem von euphorischer Stimmung aufgeladenen Paris ein. Fast die ganze Stadt war auf den Beinen, um den ersten Jahrestag der Französischen Revolution vorzubereiten. „Der Anblick der Pariser, ihre Nationalversammlung, ihres noch unvollendeten Freiheitstempels, zu dem ich selbst Sand gekarrt habe, schwebt mir wie ein Traumgesicht vor der Seele“[18], schrieb Alexander wenig später. In diesen Tagen vor den Feiern zum ersten Jahrestag, dem 14. Juli 1790, konkretisieren sich seine politischen Vorstellungen. Bereits in England hatte er notiert, nichts sei ihm „unerträglicher als die klugen Fürsten, die anderen Menschen vordenken wollen“[19]. Jetzt, in Paris, vereinigten sich seine persönlichen Pläne, seine aufklärerische Haltung und seine wissenschaftliche Zielsetzung mit einem konkreten politischen Ideal: Die Ideale der französischen Revolution „Liberté“, „Egalité“ und „Fraternité“ (Freiheit, Gleichheit, Brüderlichkeit) rückten ins Zentrum seines Denkens und Handelns.

In krassem Gegensatz zu diesen Idealen stand allerdings seine persönliche Situation: Kaum nach Deutschland zurückgekehrt, fand er sich wieder eingezwängt in den von der Mutter vorgegebenen Karriereweg. Im August 1790 musste er ein Studium an der

Hamburger Handelsakademie beginnen. Glücklich war er darüber nicht. Bereits in einem Brief aus London hatte er gegenüber seinem Freund Paul Usteri bekannt: „Meine Neigung ist es nicht, aber meine unglücklichen Verhältnisse (die Menschen von anderen Neigungen sehr glücklich und beneidenswert scheinen) zwingen mich immer zu wollen, was ich nicht kann, und zu tun, was ich nicht mag.“[20] Leiter der Handelsakademie war der angesehene Pädagoge und Wirtschaftstheoretiker Johann Georg Büsch. Er hatte seine Akademie wesentlich stärker auf angewandtes Wissen ausgerichtet, als dies in den Universitäten der Fall war. Hier lehrte auch der Geograph Christoph Daniel Ebeling, der Humboldt vor allem die Geographie Nordamerikas näherbrachte. Gegenüber seinem Freund Wilhelm Gabriel Wegener allerdings klagte der Student:

> Ich lebe hier nicht fröhlich, aber zufrieden. Ich habe an Bildung viel gewonnen – ich fing an mit mir selbst zufriedener zu werden, ich war in Göttingen sehr fleißig – aber umso tiefer fühl' ich, was noch alles übrig ist. Meine Gesundheit hat sehr gelitten,

Freiberg. Kolorierter Kupferstich, um 1830. Humboldt absolvierte hier von Juni 1791 bis Februar 1792 in einem Drittel der normalen Zeit das Studium an der Bergakademie.

> wenn sie gleich durch die Reise mit Forster wieder etwas gewann. Auch hier bin ich so beschäftigt, dass ich mich nicht schonen kann. Es ist ein Treiben in mir, dass ich oft denke, ich verliere mein bisschen Verstand. Und doch ist dies Treiben so notwendig, um rastlos nach guten Zwecken hinzuwirken.[21]

Wie sehr er sein Leben in den Dienst von „guten Zwecken" stellen wollte, zeigt sich in der Wahl seines weiteren Berufs- und Ausbildungswegs. Im April 1791 kehrte er nach Berlin zurück, und kurz drauf, am 14. Mai 1791, bewarb er sich, 21-jährig, bei dem für die preußischen Bergwerke zuständigen Minister Friedrich Anton von Heinitz um eine Stelle in dessen Verantwortungsbereich. Die Antwort war positiv. Nach seinen eigenen Worten erlangte er „endlich die Erlaubnis, meine nächste Lebensbestimmung zu verändern und, nach meinem sehnlichsten Wunsche, außerhalb der Städte in der freien

Natur zu leben, zum praktischen Bergbau überzugehen"[22]. Doch vor dem Antritt der Stelle im preußischen Bergbau stand ein Studium an der Bergakademie in Freiberg, die Heinitz 1765 gegründet hatte. Von nun an konnte Humboldt seine geliebten Naturstudien, vor allem in Geologie und Botanik, mit dem Nutzen der technischen Kenntnisse im Bergbau verbinden. Nicht allein wegen des berühmten „Geognosten" Abraham Gottlob Werner, sondern auch der umfassenden praktischen Studienmöglichkeiten wegen, genoss Freiberg weltweit hohes Ansehen. Aus vielen Ländern kamen Studenten in die kleine sächsische Stadt. Vor allem Spanien schickte seinen begabten Nachwuchs. Nach ihrer Ausbildung sollten die jungen Leute ihre Kenntnisse in den hispanoamerikanischen Kolonien anwenden. Zu ihnen zählten Fausto de Elhuyar und Andrés Manuel del Río, mit dem Humboldt bald eine enge Freundschaft verband, und den er später in Mexiko wieder treffen sollte. Alexanders bester Freund allerdings wurde in dieser Zeit Karl Freiesleben, einer der talentiertesten Studenten Werners. Aber trotz oder gerade wegen der vielen neuen Begegnungen und Anregungen fühlte sich Humboldt auch in Freiberg von großer Unruhe getrieben:

> Ich lebe hier einsam und zufrieden, wenn auch nicht froh. Zur Fröhlichkeit gehört eine Art ruhigen Genusses, den ich hier nicht erlange. Was andere Menschen bei einem Aufenthalte von 3 Jahren auf der Bergakademie vollenden, ist bei mir in eine Zeit von 7 bis 8 Monaten zusammengedrängt. Meine Beschäftigungen sind übrigens überaus abwechselnd und dem innersten Wunsche meines Herzens angemessen. Ich stehe alle Tage um 5 Uhr auf und gehe, da die Gruben alle ½, auch ¾ Stunden von Freiberg entfernt sind, sogleich auf die Grube, um anzufahren. An die 5 Stunden beschäftige ich mich unter der Erde, bald um natürliche Beschaffenheit der Gänge, bald die Art des Abbaus zu studieren. Ich habe die gemeinen Arbeiten auf dem Gestein alle selbst gelernt, wie wir es nennen: meine Lehrhäuerschicht aufgefahren, und noch heute Morgen war ich mit Bohren und Schießen [Sprengen] beschäftigt. Um 11 oder 12 Uhr komme ich aus der Grube, und nun sind fast alle Stunden des Nachmittags mit Kollegien besetzt – Oryktognosie [Mineralogie] und Geognosie [Lehre von der Struktur und dem Bau der festen Erdkruste] bei Werner, Markscheiden [die vermessende Tätigkeit des Bergingenieurs], Probieren [Gesteinsanalyse] auf Silber, Risse- und Maschine-Zeichnen. So vergeht ein Tag wie der andere.[23]

In Freiberg erweiterte Humboldt seine wissenschaftlichen Interessen um viele neue Forschungsbereiche. So wandte er sich nun auch der Pflanzenphysiologie zu und untersuchte experimentell die Einwirkung des Sonnenlichts auf das Pflanzenleben. Dabei begründete er, gleichsam nebenher, einen neuen Forschungszweig: die Höhlenbotanik.

Im Februar 1792 beendete Humboldt seine bergmännische Ausbildung. Nahtlos wurde der 22-Jährige am 6. März in den preußischen Bergdienst übernommen. Damit eröffnete sich Alexander eine glänzende Laufbahn. Es war ihm gelungen, die Wünsche seiner Mutter so weit als möglich in Einklang mit seinen eigenen naturwissenschaftlichen Zielen zu bringen. Später zeichnete Johann Karl Freiesleben ein Bild seines besten damaligen Freundes Alexander von Humboldt:

> Die hervorstechenden Züge seines liebenswürdigen Charakters sind: eine ganz unendliche Gutmütigkeit; wohlwollende und wohltätige, zuvorkommende, uneigennützige Gefälligkeit; warmes Gefühl für Freundschaft und Natur; Anspruchslosigkeit, Einfachheit und Offenheit in seinem ganzen Wesen; immer lebendige und unterhaltende Mitteilungsgabe; heitere, humoristische, mitunter wohl auch schalkhafte Laune. Diese Züge, die ihm in späteren Jahren dazu halfen, wilde und rohe Menschen, unter denen er sich jahrelang aufhielt, zahm und sich geneigt zu machen, in der gesitteten Welt aber allenthalben, wo er auftrat, Bewunderung und Antheil zu erregen, – diese Züge erwarben ihm schon in Freiberg allgemeine Liebe und Ergebenheit. Er wollte jedem wohl und wusste jeden Umgang sich unterhaltend und nützlich zu machen; nur gegen inhumane Rohheit, jede Art von Insolenz [Anmaßung], Ungerechtigkeit oder Härte konnte er erzürnt und heftig, sowie gegen Sentimentalität, oder, wie er es nannte, „Breiigkeit des Gemüts" und Pedanterie konnte er ungeduldig werden.[24]

Abraham Gottlob Werner. Ölgemälde von Gerhard von Kügelgen, 1800. Der charismatische Professor für Mineralogie und Bergbaukunde an der Bergakademie Freiberg war einer der Mitbegründer der Geologie, die damals noch als „Geognosie" bezeichnet wurde. Humboldt studierte 1791 und 1792 bei ihm. Werner war der Erste, der eine wissenschaftliche Systematik der Minerale und Gesteine aufgestellt hatte. Zahlreiche der heutigen Mineralnamen gehen auf ihn zurück. Als Lehrer gewann Werner (* 1749, † 1817) eine beispiellose internationale Schülerschaft. Er vertrat die Lehre des Neptunismus, nach der alle geologischen Formationen aus dem Meer entstanden sein sollen. Damit stand er in krassem Gegensatz zu den Plutonisten, die von einem vulkanischen Ursprung ausgingen. Die Genese der vulkanischen Gebirgsarten erklärte Werner durch unterirdische Kohlebrände. Erst nach seiner amerikanischen Reise wurde Humboldt zum Verfechter des Plutonismus. Öffentlich bekannte er sich erst 1823 in seinem Vortrag „Über den Bau und die Wirkungsart der Vulkane in den verschiedenen Erdstrichen" zu dieser Theorie.

Alexander von Humboldt im 27. Lebensjahr (1796), Stahlstich von Alfred Krausse, um 1850. Auch für diesen Stich diente, wie für das Bildnis auf Seite 6 als Vorlage das inzwischen verschollene Pastellporträt von Johann Heinrich Schröder. Als Frontispiz zierte dieses Bild auch den ersten Band der umfangreichen Humboldt-Biographie, die Karl Bruhns im Jahr 1872 in drei Bänden herausgab.

„DAS GROSSE UND GUTE WOLLEN" – DER BEGINN VON HUMBOLDTS TÄTIGKEIT IN FRANKEN

Das Ende der Ausbildung Alexander von Humboldts im Februar 1792 fiel mit grundlegenden politischen Veränderungen in Franken zusammen. Dort war der völlig überraschten Bevölkerung der Fürstentümer von Ansbach und Bayreuth verkündet worden, dass sie nun zu Preußen gehöre. Es war allerdings kein Krieg, der dieser Besitznahme voranging, sondern ein Abkommen: Der 56-jährige Markgraf Karl Alexander aus dem Haus der Hohenzollern hatte am 16. Januar 1791 die von ihm regierten fränkischen Fürstentümer Ansbach und Bayreuth gegen die stattliche jährliche Leibrente von 300 000 Gulden an Preußen gleichsam veräußert. Da er kinderlos war, vollzog er damit vorab die Bestimmungen des „Pactum Fridericanum" von 1752. In diesem geheimen Hausvertrag der Hohenzollern war festgelegt worden, dass die Fürstentümer Ansbach und Bayreuth mit der preußischen Krone vereinigt werden sollten, sobald es dort keine männlichen Erben mehr gab.[1]

Karl August Freiherr von Hardenberg, der 1790 als leitender Minister zum Markgrafen Karl Alexander gegangen war, führte die geheimen Verhandlungen zur Übergabe der Fürstentümer. Nachdem Karl Alexander sein Land verlassen hatte, wurde Hardenberg zum preußischen Provinzstatthalter berufen. Am 28. Januar 1792 nahm er die beiden zollerischen Fürstentümer Ansbach und Bayreuth für die preußische Krone in Besitz und konnte dort künftig wie ein preußischer Vizekönig regieren. Um bei den neugebackenen preußischen Untertanen den Gedanken an Widerstand gar nicht erst aufkommen zu lassen, sicherte er die neuen Gebiete mit preußisch-militärischer Präsenz. Andere umliegende Territorien vereinnahmte er durch „Revindikationen", indem er auch sie militärisch besetzte. Auf diese Weise schuf er einen relativ großen Flächenstaat auf dem Gebiet der heutigen Region Franken. Besorgt schaute die dortige Bevölkerung in die Zukunft. Die opulente Hofhaltung des Markgrafen hatte viele Untertanen in Brot gesetzt. Unter dem strammen preußischen Regiment befürchtete man Einbußen und Schikanen. Auf der anderen Seite versprach die Eingliederung in den preußischen Staat nun vielen Beamten eine bessere Aussicht auf Beförderung, und viele Offiziere waren stolz, jetzt der ruhmreichen preußischen Armee anzugehören.

Hardenberg allerdings zerstreute rasch die Bedenken eines Großteils der Bevölkerung Frankens. Auf vielen Inspektionsreisen, bei denen er sich mit seinen Gefolgsleuten einen Überblick über alle Regionen des Landes zu verschaffen suchte, zeigte sich Hardenberg als verantwortungsbewusster Staatsmann, mit einem offenen Ohr für die Sorgen und Nöte der Bevölkerung.[2] Er sah es als seine Hauptaufgabe an, die „mittelalterlichen Zustände" zu beseitigen und die völlig veraltete Landesverwaltung neu zu organisieren. Für seine Bestandsaufnahme benötigte er einen Stab von engagierten Mitarbeitern, die nicht unmittelbar zur Verfügung standen. Da die alteingesessene Ritterschaft nicht dazu bewegt werden konnte, die Reformen umzusetzen, holte sich Hardenberg seine neuen Spitzenbeamten aus Preußen. Alexander von Humboldt sollte einer von ihnen werden.

Aus mehreren Gründen war dies für ihn eine ideale Aufgabe in dieser Lebensphase. In seinem Bewerbungsschreiben an Friedrich Anton von Heinitz, den preußischen Etats-, Kriegs- und dirigierenden Minister und Oberberghauptmann, hatte es Humboldt im Mai 1791 so ausgedrückt:

> Ich stehe jetzt in dem Alter, in dem ich wünschen muss, in einen bestimmteren Wirkungskreis zu treten und durch die geringen Kräfte, die ich in mir fühle, meinem Vaterlande nützlich zu werden. Entscheidende Neigung zur Mineralogie, zur Salz- und Bergwerkskunde und noch mehr die schmeichelhafte Hoffnung, dereinst vielleicht zur Ausführung der großen und wohltätigen Pläne mitzuwirken, durch welche Ew. Exzellenz seit einer langen Reihe von Jahren, unserem Staate bald neue Quellen des Nationalreichtums eröffnen, bald die schon gefundenen nach den philosophischen, sich immer gleichen Prinzipien der Staatswirtschaft benutzen lehren – diese Gründe veranlassen den Wunsch, unter Ew. Exzellenz näheren Befehlen in hochdero verschiedenen Departments mich vollends ausbilden zu dürfen.[3]

Noch im selben Monat hatte Heinitz zugesagt. Kein ganzes Jahr war inzwischen vergangen, bis Humboldt, nach seinem intensiven Studium an der Bergakademie in Freiberg, zum Assessor am preußischen Berg- und Hüttendepartment ernannt wurde. In einer am

Der hohe Fichtelberg oder Ochsenkopf. Kupferstich von Johann Theodor Benjamin Helfrecht aus dessen Buch „Das Fichtelgebirge, nach vielen Reisen auf demselben beschrieben von J. Th. B. Helfrecht", Hof: G. A. Grau, 1799. Helfrecht war Rektor am Hofer Gymnasium. Er bereiste am Ende des 18. Jahrhunderts viele Male das Fichtelgebirge und die angrenzenden Gegenden, um geologische und andere naturwissenschaftliche Beobachtungen anzustellen. Seine Erkenntnisse hat er in mehreren landeskundlichen Büchern publiziert, die er mit Stichen nach eigenen Zeichnungen bebilderte.

29. Februar 1792 verfügten Ministerialverordnung hieß es, der preußische König Friedrich Wilhelm II. habe „[...] beschlossen, die Kenntnisse, welche Alexander von Humboldt in den Fächern der Mathematik, Physik, Naturgeschichte, Chemie, Technologie, Bergwerks-, Hutten- und Handelskunde sich theoretisch und praktisch erworben, bei Allerhöchstihren Berg- und Hüttendiensten zu benutzen, und denselben [...] bei der Bergwerks- und Hüttenadministration als Assessor cum voto [mit Stimmrecht] anzustellen."[4]

Zunächst wurde Humboldt in Berlin eingesetzt, wo Heinitz sein direkter Vorgesetzter war. An seinen Freund Freiesleben schrieb er allerdings: „Gestern habe ich mein Patent als Bergassessor [...] erhalten. Ich habe mich ordentlich geschämt, dass ich eine Freude über diese Elendigkeit hatte."[5]

Der Grund hierfür war, dass in vielen Bereichen der damaligen preußischen Verwaltung seit den antiaufklärerischen Wöllnerschen Edikten Bürokratie, Schlendrian und Korruption herrschten. Die Bezahlung war schlecht, und wissenschaftliche Bildung

Friedrich Anton Freiherr von Heinitz, Königlich-Preußisch geheimer Staats-, Kriegs- und wirklich dirigirender Minister, Chef des Bergwerks- und Hütten-Departements. Radierung von Daniel Berger, 1787. Heinitz (* 1725, † 1802) hatte 1765 die Bergakademie Freiberg gegründet. Er gilt als der bedeutendste preußische Staatswirt des 18. Jahrhunderts. Seine Hauptleistung war die Reorganisation des Berg- und Hüttenwesens in Preußen. Als sich der 21-jährige Alexander von Humboldt bei ihm um eine Stelle bewarb, erkannte Heinitz sofort dessen großes Talent, förderte es fortan und suchte es für die Zwecke des preußischen Staates zu nutzen.

der Beamten war geradezu verpönt.[6] Zwar hatte Alexander von Humboldt am Ende seiner Ausbildung begeistert ausgerufen:

> Ich treibe ein Metier, das man, um es zu lieben, nur leidenschaftlich treiben kann, ich habe an Kenntnissen unendlich gewonnen, und ich arbeitete nie mit der Leichtigkeit als jetzt.[7]

Doch man darf vermuten, dass es ihm bereits damals vollkommen klar war, dass der Staatsdienst für ihn nur eine Durchgangsstation auf dem Weg zum unabhängigen Forscher sein konnte. Wohl auch deshalb erlaubte er sich eine relativ unverblümte Kritik an Personen und Zuständen und zeigte nicht selten eine ironische Geringschätzung gegenüber der Anerkennung, die ihm seitens seiner Förderer entgegengebracht wurde. So schrieb er am 2. März 1792 an Freiesleben:

> [...] mein Memoire über das Salzwesen, meine Literaria haben viel Effekt getan. Der Minister [Heinitz] hat mich mit den ausgezeichnetsten Lobsprüchen belegt. Alles scheint sich zu empressieren [ereifern], mir gefällig zu sein. Ich sehe das Ding wie den Ausgang eines Schachspiels, d. h. ziemlich gleichgültig an. Durch den vielen unverdienten Weihrauch leiden endlich die Geruchswerkzeuge![8]

Hier in der preußischen Hauptstadt lernte er neben Heinitz auch drei weitere Bergbeamte kennen, denen viel daran gelegen war, neue Impulse in den Bergbau zu bringen. So traf er den Bergrat Dietrich Ludwig Gustav Karsten, mit dem er bereits seit 1790 in Briefwechsel stand. Nachdem er ihn persönlich kennengelernt hatte, stellte Humboldt allerdings fest: „Er spricht anders, als er Bücher und Briefe schreibt", und charakterisierte ihn als „flach und durch den Umgang mit mittelmäßigen Menschen verdorben"[9]. Von Friedrich Wilhelm Graf von Reden, dem Leiter des schlesischen Bergbaus, bekam er zu hören, dass es sich nicht gezieme, dass ein Mann von Humboldts Stand sich mit Technisch-Praktischem abgab.[10] Erst als Reden später sah, wie erfolgreich Humboldt arbeitete, änderte er seine abschätzige Meinung. Auch mit Oberbergrat Reichsfreiherrn Heinrich Friedrich Karl vom und zum Stein, dem späteren Minister und Reformator Preußens, kam Humboldt in Kontakt. Große Sympathien brachte er ihm allerdings nicht entgegen. Im April 1792 forderten Stein und Reden Humboldt zu einer gemeinsamen Reise nach Freiberg auf. Beide waren, wie Humboldt berichtet, „unendlich mürrisch"[11]. Über die Rückfahrt schreibt er seinem Freund Karl Freiesleben aus Potsdam nach Freiberg::

> Stein [..] redete mit Reden von der „Härte, mit der man Menschen antreiben müsse". Diese rauhe Art zu reden, die mit der meinigen so wenig übereinstimmt, das schnelle Entscheiden in Dingen, die mir sehr zweifelhaft scheinen, [...] dies alles machte einen unangenehmen Eindruck auf mich.[12]

Karl August Freiherr von Hardenberg, Königlich-Geheimer Staats-, Kabinetts- und dirigierender Minister. Kupferstich von Daniel Berger nach einer Zeichnung von Friedrich Georg Weitsch, 1796. Hardenberg (* 1750, † 1822) war Humboldts direkter Vorgesetzter in Franken. Am 28. Januar 1792 hatte der vormalige Minister des Markgrafen von Ansbach-Bayreuth die beiden zollerischen Fürstentümer Ansbach und Bayreuth für die preußische Krone in Besitz genommen. Hardenberg sah es als seine Hauptaufgabe an, die „mittelalterlichen Zustände" zu beseitigen und die völlig veraltete Landesverwaltung neu zu organisieren. Indem er auch umliegende Territorien vereinnahmte, schuf er einen relativ großen Flächenstaat auf dem Gebiet der heutigen Region Franken.

Humboldts diplomatische und einfühlsame Art stand in radikalem Gegensatz zu Steins cholerischem Wesen. Noch Jahre später berichtete Humboldt, wie Stein und Reden während der Reise so heftig aneinandergerieten, dass Ersterer „auf einer Poststation seine Pistolen lud, um sich mit dem ebenso heftigen, aber talentlosen Reden zu schießen. Wie gewöhnlich versöhnte man sich".[13]

Der Fürstenbau. Lithografie aus dem Buch von Eduard Heuchler: „Album für Freunde des Bergbaus", Freiberg: Engelhardt, 1855. Das Bild zeigt Bergleute um die Mitte des 19. Jahrhunderts bei der Arbeit „vor Ort", also an der Abbaustelle. Offensichtlich wird gerade ein „Schiessen" (Sprengung mit Schwarzpulver) vorbereitet. Mit langen Eisen werden Bohrlöcher in den Fels getrieben. Der Bergmann im Vordergrund links hantiert mit einer Pulverflasche. Obwohl das Bild 60 Jahre nach Humboldts fränkischer Zeit entstand, hatte sich an der Technik seither nichts geändert.

In Berlin wurde Humboldt mit den verschiedensten Aufgaben betraut: er befasste sich mit Rechnungswesen und schrieb Berichte zum Salinenwesen, zu Betriebsangelegenheiten der Hüttenwerke und der Rüdersdorfer Kalkbrüche.[14] Er wurde zur großen Torfstecherei nach Linum in Brandenburg geschickt, zum Hochofen nach Zehdenick an der Havel und nach Rheinsberg, um dort einen Fayenceofen zu untersuchen. „Das sind bergmännische Beschäftigungen!!"[15] notierte er leicht resigniert. Das umfangreiche Gutachten, das er über die Steingutherstellung in Rheinsberg verfasste, belegt Humboldts Einsicht in chemische Prozesse ebenso wie sein tiefes Verständnis für technologische Abläufe. Die praktischen Vorschläge orientierten sich an den modernsten Verfahren und waren vor allem auf den ökonomischen Einsatz der verwendeten Rohstoffe gerichtet. Diese Abhandlung ist ein frühes Zeugnis von der gelungenen Verbindung von Theorie und Praxis in Humboldts Wirken.[16] In der preußischen Hauptstadt hatte er auch wieder Gelegenheit, mit Karl Ludwig Willdenow, seinem verehrten botanischen Lehrer, zusammenzuarbeiten. Hier lernte er auch Martin Heinrich Klaproth, einen der angesehensten Chemiker seiner Zeit, kennen. Mit brennendem Interesse war der junge Bergassessor zugegen, als in der königlichen Porzellanmanufaktur die erste Dampfmaschine aufgestellt wurde.[17] Heinitz selbst war 1779 nach England gereist, um sich dort über diese neue Erfindung zu informieren. Bereits sechs Jahre später nahm Heinitz die erste „Feuermaschine“ in Preußen, ein Nachbau der Watt'schen Dampfmaschine, im König-Friedrich-Schacht bei Burgörner in Betrieb.

Es dauerte nicht lange, bis nicht nur Heinitz, sondern auch alle anderen Verantwortlichen des preußischen Bergbaus Humboldts Talent erkannt hatten. Oberbergrat vom und zum Stein bat nun von Heinitz, dass ihm Humboldt direkt unterstellt werde.[18] Inzwischen hatte Heinitz von Hardenberg die Bitte erhalten, einen „Kunstsachverständigen“ nach Franken zu schicken.[19] Dieser sollte ihn bei der Reform der in Verfall geratenen Porzellanmanufaktur Bruckberg bei Ansbach beraten. Heinitz jedoch plante, diese Rolle selbst einzunehmen und sich dabei an Ort und Stelle ein Bild von der Lage des Berg- und Hüttenwesens in den preußischen Provinzen zu machen. Auch lag ihm

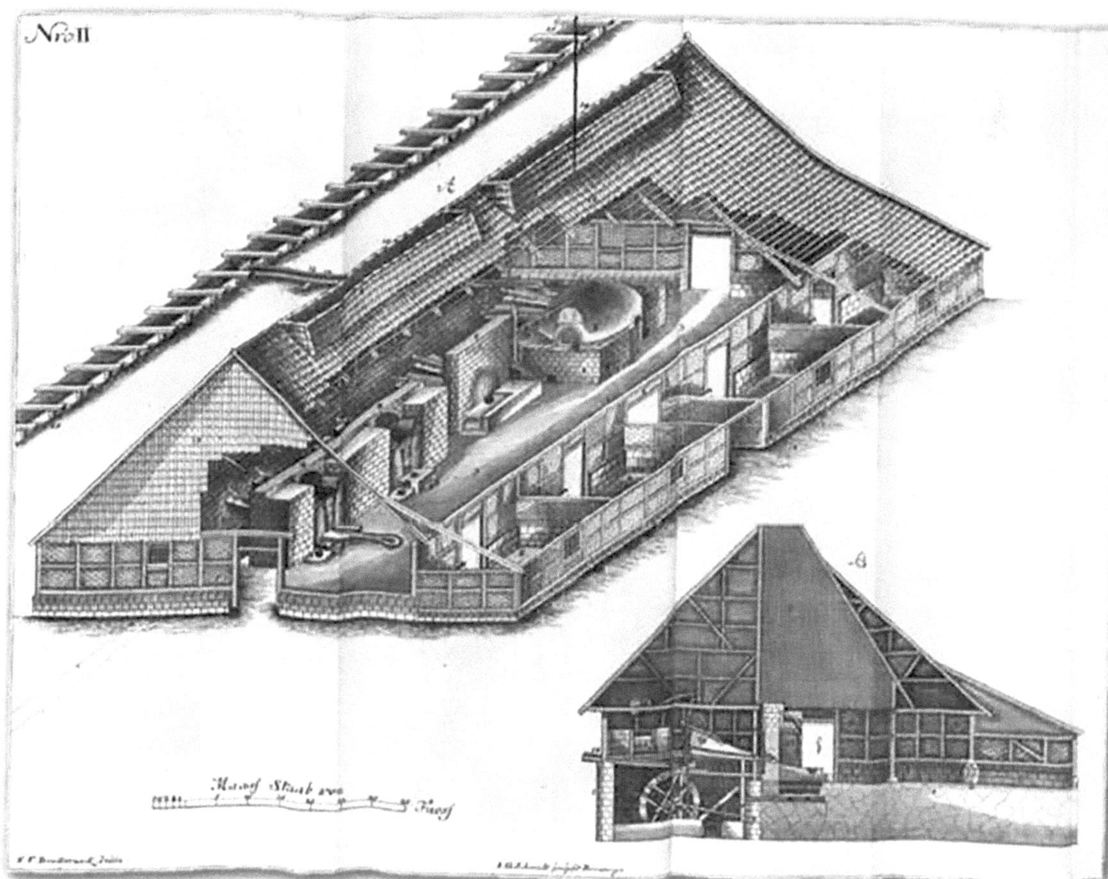

Hüttenwerk im 1. Drittel des 18. Jahrhunderts. Tafel II aus dem Buch von Christoph Andreas Schlüter: „Gründlicher Unterricht Von Hütte-Werken [...]“, Braunschweig: Friedrich Wilhelm Meyer, 1738. Humboldt plante die Gründung moderner Hüttenwerke und Stahlfabriken in Franken. Während seiner kurzen Amtszeit konnte er diese Lieblingsidee aber nicht umsetzen. Immerhin bewirkte seine Initiative die Modernisierung vieler bestehender Eisenhütten und Hammerwerke.

Karte des Fränkischen Kreises am Ausgange des 18. Jahrhunderts, entworfen und gezeichnet von A. Heyer, aus dem Buch von Christian Meyer: „Hardenberg und seine Verwaltung der Fürstenthümer Ansbach und Bayreuth“, München 1896. Der preußische Staatsminister Hardenberg vereinigte einen großen Teil der vormals eigenständigen fränkischen Territorien zu einem größeren, nun zu Preußen gehörenden Flächenstaat.

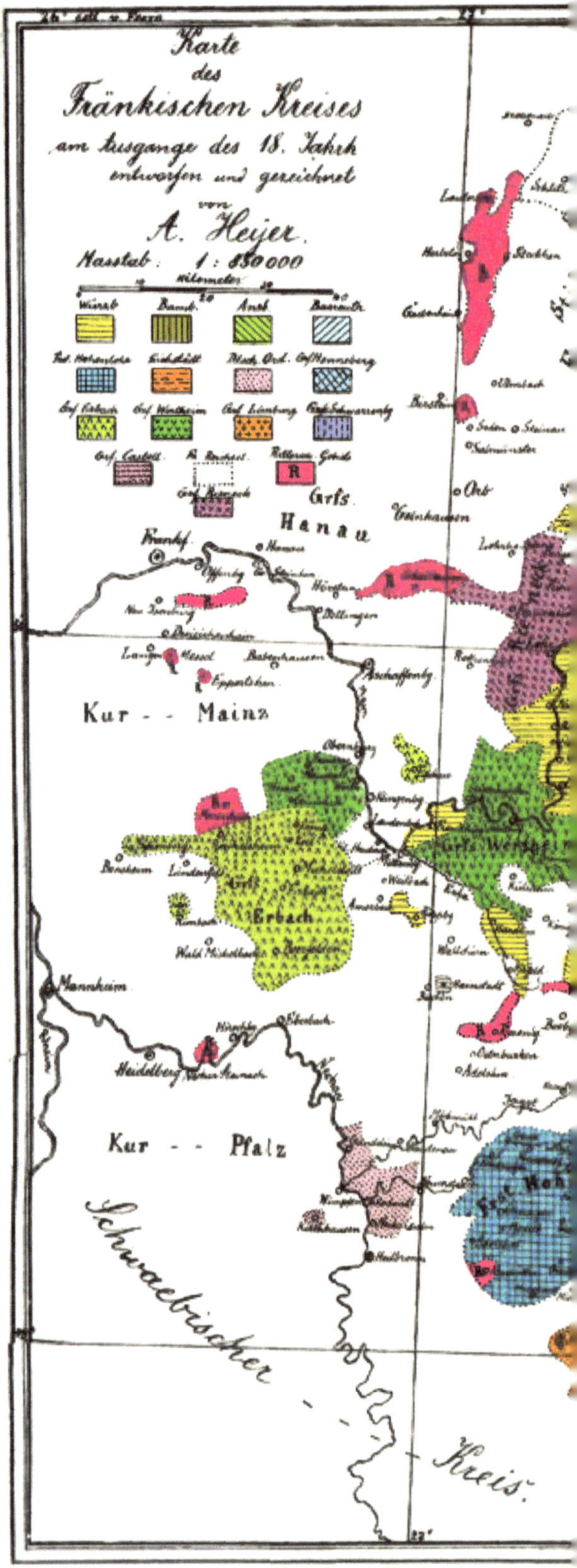

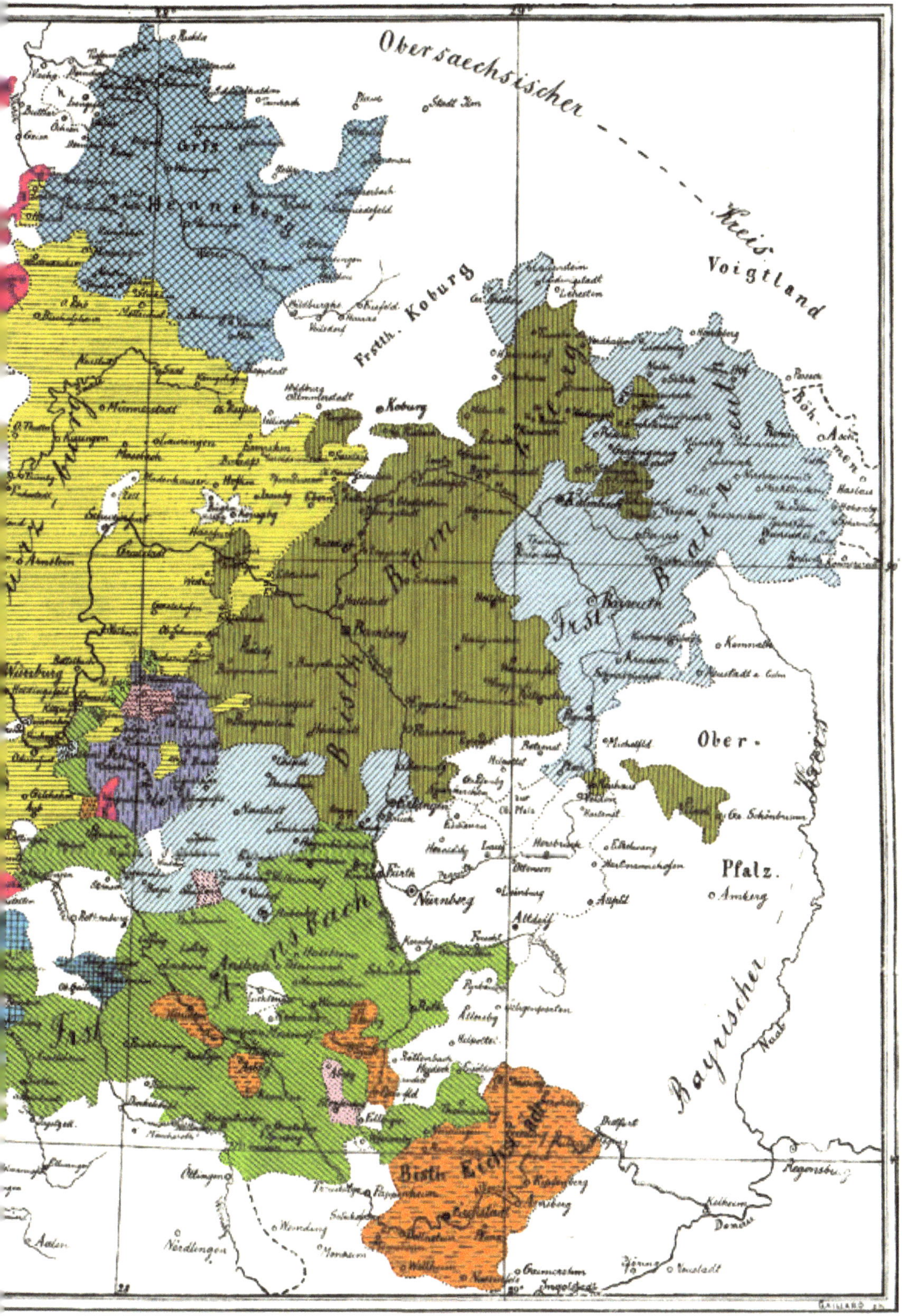
Obersaechsischer Kreis
Voigtland
Frstth. Koburg
Koburg
Grfs. Henneberg
Bisth. Bamberg
Bamberg
Frst. Bayreuth
Bayreuth
Ober-Pfalz.
Amberg
Nürnberg
Fürth
Bayrischer Kreis
Naab
Bisth. Eichstädt
Eichstädt
Regensburg
Donau
Nördlingen
Ingolstadt
Kemnath
Gaimersheim
Ellingen
Böhmen
Pappenheim

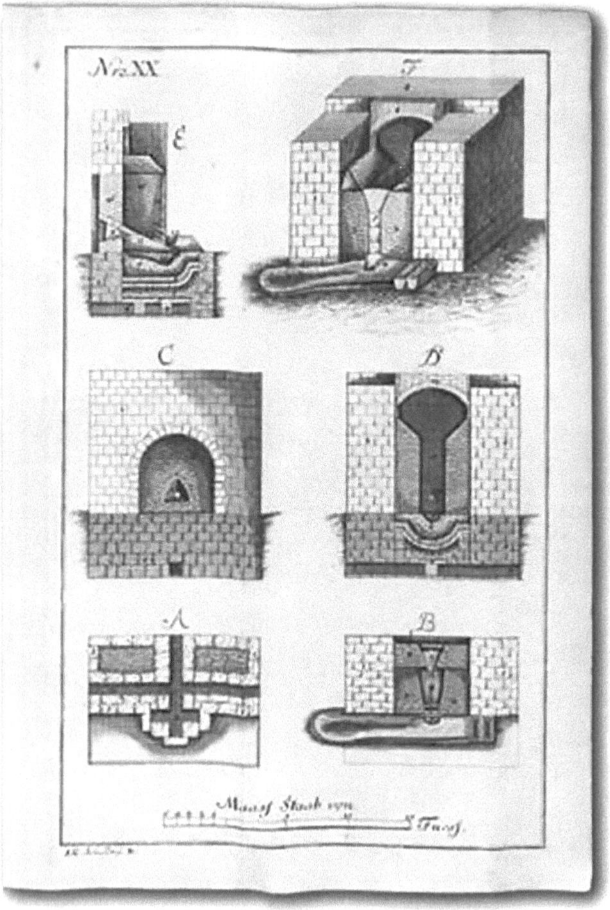

Hochofen. Tafeln aus dem Buch von Christoph Andreas Schlüter: „Gründlicher Unterricht Von Hütte-Werken […]“, Braunschweig: Friedrich Wilhelm Meyer, 1738. Ein Hochofen dient zur Gewinnung von Metall aus Erz. Das zerkleinerte Erzgestein wird darin auf hohe Temperaturen erhitzt, bis das Metall schmilzt (Eisen etwa bei 1538°C). Das schwere, flüssige Metall tropft zu Boden und kann dort herausfließen.

viel daran, dem erfolgreichen Impulsgeber Hardenberg bei seiner Arbeit ein wenig über die Schulter zu schauen. Heinitz beauftragte Alexander von Humboldt mit der Vorbereitung der Reise. Dieser sollte vorausreisen und gleich eine Bestandsaufnahme des dortigen Berg- und Hüttenwesens mitsamt der damit verbundenen Industrie erstellen. An Freiesleben schrieb Alexander von Humboldt am 4. Juni 1792:

> Ich gehe vielleicht schon in drei Wochen nach Bayreuth, nach dem Fichtelgebirge. Ich habe den ehrenvollen Auftrag, die natürliche Beschaffenheit beider Markgraftümer geognostisch und bergmännisch zu untersuchen; es sind mir fürs erste nur acht Wochen ausgesetzt, um bloß alles zu bereisen und dem Minister eine *allgemeine Übersicht* zu geben. Was dann erfolgt, ob ich ganz dableibe (und Berghauptmann!! werde) oder nach Schlesien gehe, ist jetzt ganz ungewiss.[20]

Die Reise sollte der Beginn seines raschen Aufstiegs in der preußischen Verwaltung werden. Nun durfte er persönlich an der Gestaltung des modernen preußischen Staates mitwirken. Die Impulse von Marcus und Henriette Herz, von Georg Forster, von Campe, von Lichtenberg und die Ideale der Aufklärung und der Französischen Revolution konnte er jetzt selbst in die Tat umsetzen. „Er wollte jedem wohl und wusste jeden Umgang sich unterhaltend und nützlich zu machen“,[21] so wird Freiesleben seinen Jugendfreund später charakterisieren. Im Juni 1799, kurz vor seiner Abreise in die Tropen der Neuen Welt, fasste Humboldt selbst sein Lebensmotto in die Worte „Der Mensch muss das Große und Gute wollen.“[22] Der Beginn seiner Tätigkeit für Staat und Gesellschaft lag in Franken.

Schlägel und Eisen. Wahrzeichen des Bergbaus und wichtigstes Arbeitsgerät der Bergleute in historischer Zeit. Der Bergmann führte auf jeder Schicht einen Schlägel (Hammer) und eine größere Anzahl Stemmeisen mit sich, die jeweils so lange benutzt wurden, bis sie stumpf waren. Nach dem Ausfahren wurden die Eisen bis zur nächsten Schicht vom Schmied des Bergwerks wieder geschärft.

Folgende Doppelseite: *Charte ueber die um das Bergstädtigen Goldcronach herum befindlichen Oerther, Gebürge, Gehülze und Flüße sonderlich aber alle diejenigen Bergwercke, welche zum theil vom neuen wieder erhoben, theils auch noch verbrochen liegen* [...]. Die aquarellierte Federzeichnung des Markscheiders Christian Friedrich Trommler aus dem Jahr 1721 zeigt das Bergbaugebiet am Goldberg bei Goldkronach. Hier wurde seit dem frühen Mittelalter Gold abgebaut. Der Höhepunkt des Abbaus lag im 16. Jahrhundert, dann versiegten die Vorkommen langsam. Humboldt konnte durch die Einführung neuer Abbau- und Verhüttungsmethoden, durch soziale Neuerungen und seine Bildungsinitiative die Goldproduktion nochmals für einige Jahrzehnte in Gang bringen.

ESCHERICHER HEYDE
GRASLEITEN
SEYLA
OTTERHOLZ
ZAUSCHEN GEBÜRG

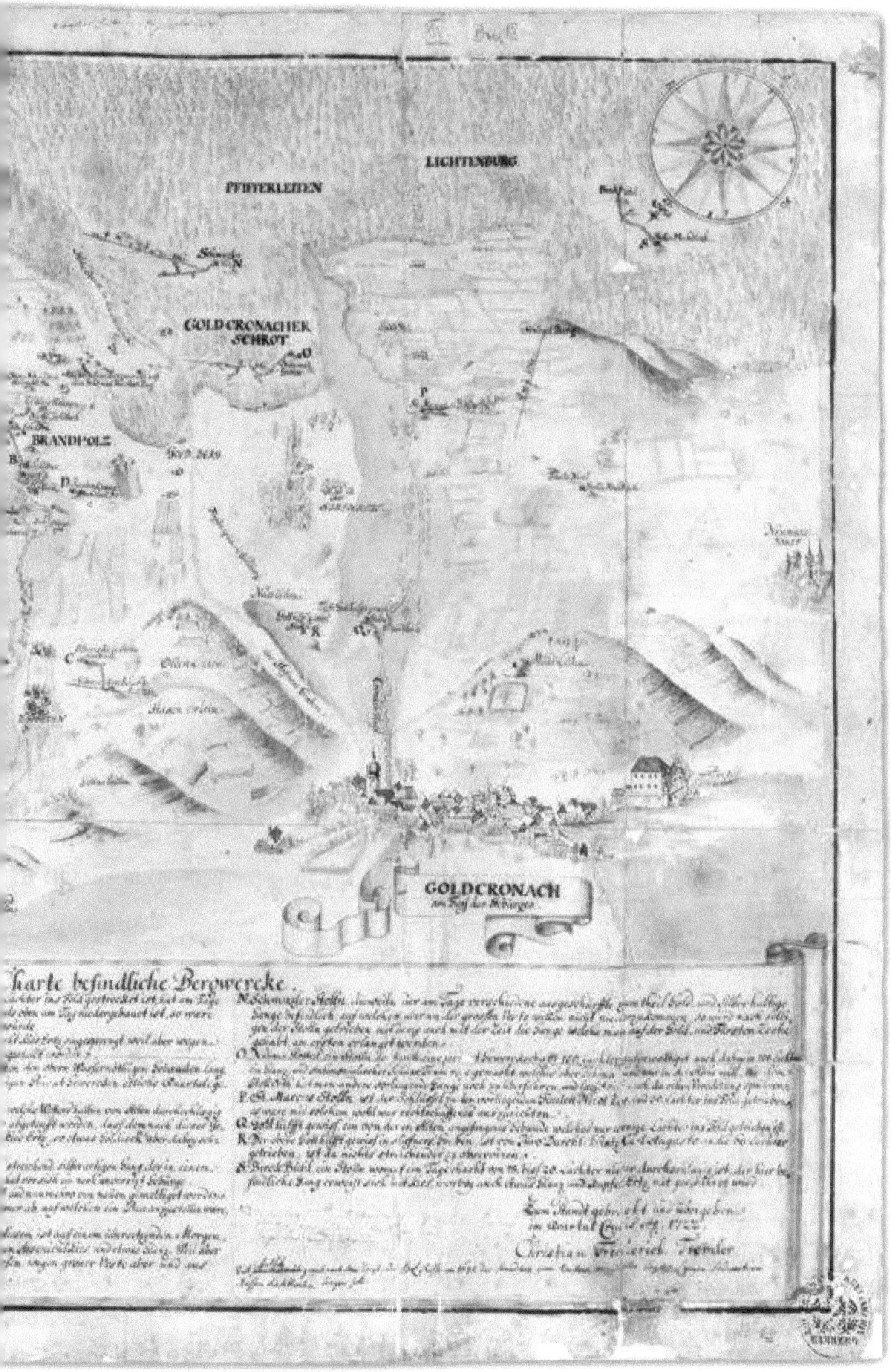
LICHTENBURG
PFIFFERLEITEN
GOLDCRONACHER SCHROT
BRANDPOLZ
GOLDCRONACH

Alexander von Humboldt in der Uniform eines Preußischen Oberbergrats. Ölgemälde von Rafael Salas, 1871, nach einem Original von José Cortés aus dem Jahr 1802. Für das während der amerikanischen Reise in Quito (heute Ecuador) entstandene Porträt saß Humboldt in seiner Uniform Modell. Sie diente ihm bei offiziellen Anlässen zu Repräsentationszwecken. Vor allem wegen der großen Hitze legte er sie jedoch nur ungern an. Das Gemälde wurde kürzlich im Auftrag der Bergakademie Freiberg, in deren Besitz es sich befindet, restauriert. Dabei kam eine bislang übermalte weiße Weste mit Knöpfen zum Vorschein.

„Der ganze Bergbau ist ein Kampf mit den Elementen“– Humboldt im fränkischen Bergbau

Fichtelgebirge und Frankenwald, in denen sich der Bergbau der preußisch-fränkischen Fürstentümer konzentrierte, bildeten zusammen mit der Fränkischen Alb das „Oberland“ im Markgrafentum Bayreuth, damals eine unwirtliche, abgelegene und schwer zugängliche Gebirgslandschaft. Die übrigen Gebiete der beiden Fürstentümer, das westlich der Fränkischen Alb gelegene bayreuthische „Unterland“ und das Markgrafentum Ansbach, lagen in der eher lieblichen, fruchtbaren Hügellandschaft des fränkischen Stufenlandes. Dort blühte die Landwirtschaft und konnte die Bevölkerung ausreichend ernähren. Erzvorkommen und Bergbau gab es praktisch nicht. Aufgrund dieser geographischen Situation wurde Bayreuth das „obergebirgische“, Ansbach das „untergebirgische“ Fürstentum genannt.

Fichtelgebirge und Frankenwald

Vor etwa 340 Millionen Jahren waren die europäischen Mittelgebirge vom Böhmerwald bis zum Harz Hochgebirge wie heute die Zentralalpen (die sogenannte Variszische Gebirgsbildung). Durch Erosion wurden diese Gebirge zum großen Teil wieder abgetragen. Lediglich der Gebirgssockel blieb stehen. Das Land senkte sich, wurde vom Ozean überflutet und mit Kalksedimenten bedeckt. Vor 65 Millionen Jahren stieß die afrikanische auf die europäische Kontinentalplatte. An der Kollisionsfront begann die Auffaltung der Alpen. Sie dauert bis heute an. Der gewaltige Druck, der zu dieser Gebirgsbildung führte, pflanzte sich in der Erdkruste auch nach Norden fort. Dadurch wurden dort einige Schollen aus der Tiefe gehoben. Die Überlagerungen wurden wieder abgetragen und Teile des alten Grundgebirgssockels (Granite, Gneise, Schiefer) erhoben sich als neue Gebirge über der flachen süddeutschen Sedimentebene. So entstanden auch Fichtelgebirge und Frankenwald.

Die alten Gebirge im Nordosten Frankens: Frankenwald, Fichtelgebirge und Steinwald, waren reich an Erzen. Seit frühen Zeiten betrieb man hier an zahlreichen Stellen Bergbau.[1] Die ersten Bergleute kamen wohl schon vor dem Jahr 1000 aus dem Böhmerwald herüber, auf der Suche nach neuen Erzlagerstätten und Goldvorkommen. Erste Urkunden belegen die Erzgewinnung ab dem 12. Jahrhundert, zunächst von Zinn und Eisen, später auch von Kupfer, Gold und Silber. Die Blütezeit des Bergbaus reichte bis ins 16. Jahrhundert. Die Eisengewinnung war von größter wirtschaftlicher Bedeutung.

Eine besondere Stellung nahm der Goldbergbau in Goldkronach ein[2]. Hier befindet sich in einem einzigen Bergrücken, dem Goldberg, eines der größten Goldvorkommen

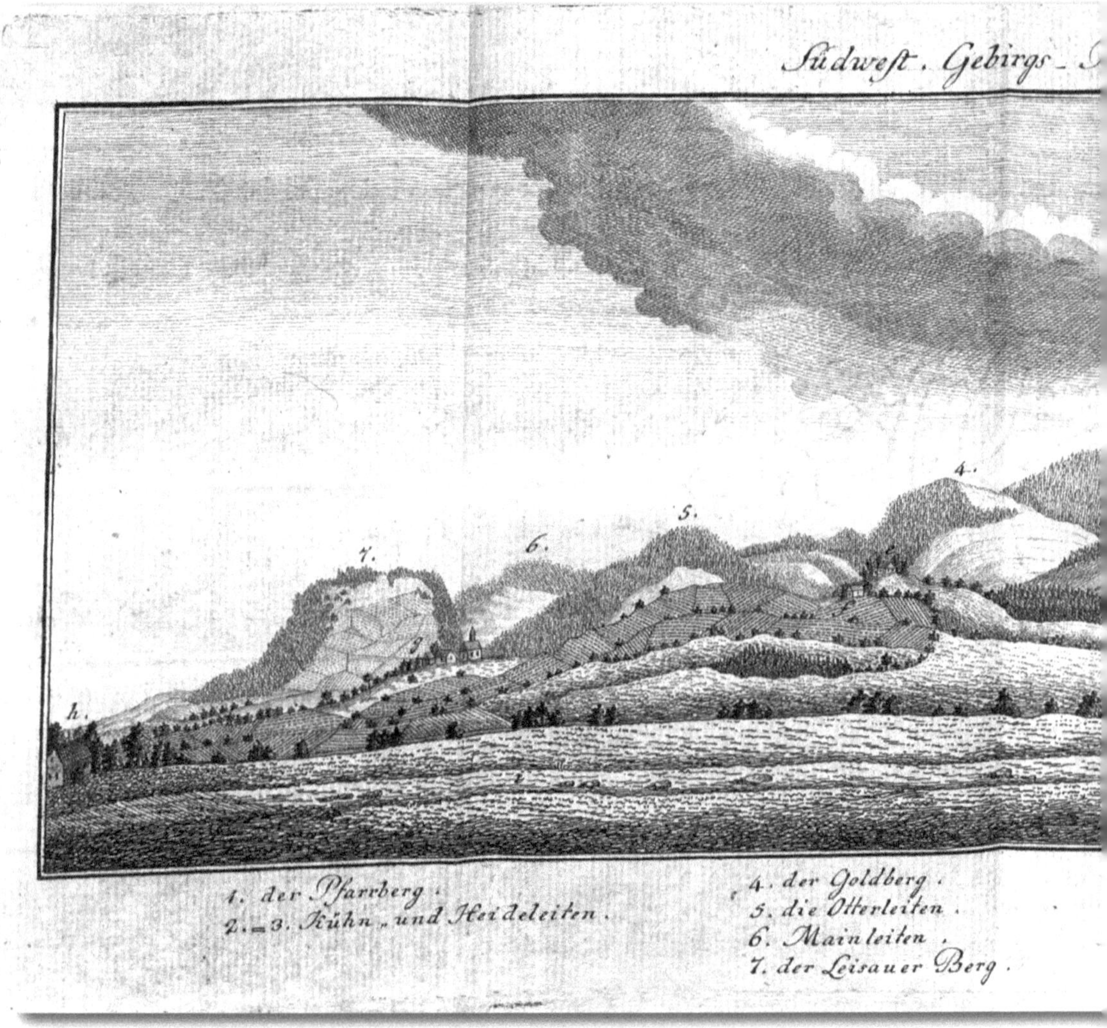

Deutschlands. Um 1363 ließ Burggraf Friedrich V. das erste Bergwerk eröffnen: die *Fürstenzeche* bei Brandholz. Weitere Gruben kamen rasch hinzu. Insgesamt 14 erzführende Quarzgänge wurden im Laufe der Zeit ausgebeutet. Der längste, zu dem auch die *Fürstenzeche* gehörte, führte fast 1000 Meter durch den gesamten Goldberg. Nach alten Berichten waren in diesen ersten Jahrzehnten bis zu 500 Personen über und unter Tage beschäftigt. Ein regelrechtes Goldfieber war ausgebrochen. Wöchentlich sollen bis zu 3 ¾ kg Gold gefördert worden sein.[3]

Dann brachten Kriegsereignisse, insbesondere der Dreißigjährige Krieg (1618-1648), aber auch das langsame Versiegen der Goldadern[4] und vieler Erzgänge den Abbau immer mehr zum Erliegen. Die Erze, die in den oberen Teufen durch Zersetzung und Verwitterung einen konzentrierten Edelmetallgehalt besaßen, waren nach und nach abgebaut worden. Je weiter die Bergleute nun in die Tiefe vordringen mussten, umso größer wurde die Masse des zu fördernden Gesteins im Verhältnis zu dem immer weniger werdenden Erz. Der Aufwand und die Kosten für den Abbau nahmen zu.[5] Zwar

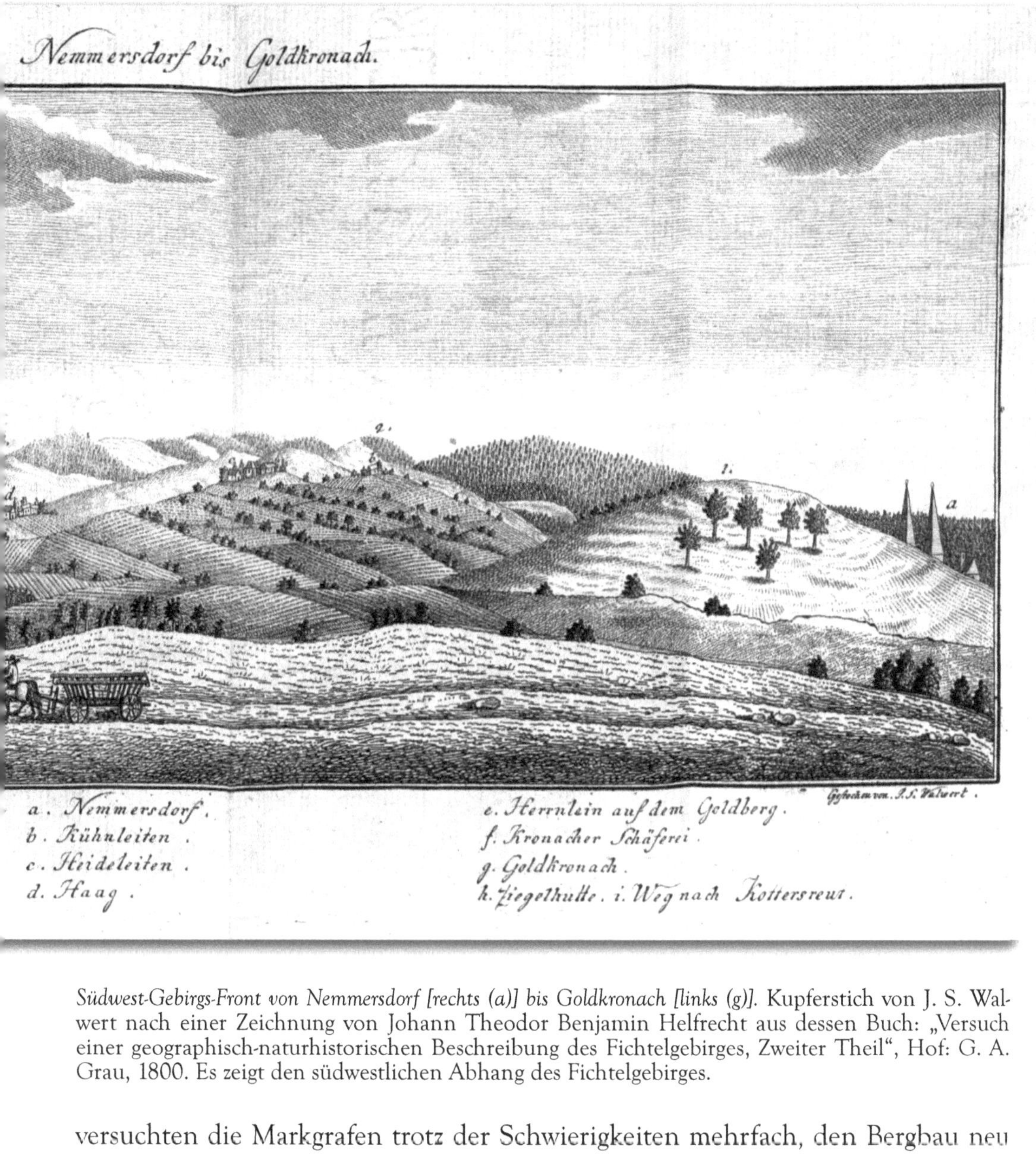

Südwest-Gebirgs-Front von Nemmersdorf [rechts (a)] bis Goldkronach [links (g)]. Kupferstich von J. S. Walwert nach einer Zeichnung von Johann Theodor Benjamin Helfrecht aus dessen Buch: „Versuch einer geographisch-naturhistorischen Beschreibung des Fichtelgebirges, Zweiter Theil", Hof: G. A. Grau, 1800. Es zeigt den südwestlichen Abhang des Fichtelgebirges.

versuchten die Markgrafen trotz der Schwierigkeiten mehrfach, den Bergbau neu zu beleben, aber andernorts war auch Konkurrenz erwachsen. Während sich in anderen Regionen die bergmännischen Techniken rasch in Richtung einer industriellen Produktion entwickelten, arbeitete man im Fränkischen noch lange in mittelalterlich-handwerklicher Tradition.

Freigold (ca. 2 mm) in limonisiertem Pyrit, aus dem 1920 angefangenen Ludwig-Wittmann-Schacht in Brandholz. Das Goldkronacher Gold kommt, je nach Erzgang, moosartig oder blechförmig, in feinen Blättchen, in dünnen Drähtchen oder als unregelmäßig gezackte Körner vor. Meist haben die Partikel eine Größe von unter 2 mm und sind oft nur unter dem Mikroskop erkennbar.

Woher kommt das Gold?

Die tektonischen Bewegungen in der Erdkruste, Verschiebungen und Anhebungen, die zur Gebirgsbildung führen, lassen im Gestein Risse, Brüche, Verwerfungen und Hohlräume entstehen. Diese füllen sich mit Wasser, das im umliegenden Gestein Erze und Mineralien gelöst hat. Je nach lokaler Zusammensetzung dieses Gesteins, Druck und Temperatur, Zustand des Wassers (heiß oder kalt, sauer oder alkalisch usw.) werden andere Elemente mitgeführt. Diese scheiden sich dann in den Klüften als Mineralgänge ab. So entstehen Lagerstätten mit verschiedenen Mineralien. Besonders dort, wo Schwefelverbindungen vorkommen, kann sich Gold anreichern. Es wird dann unsichtbar in Sulfiderzen gebunden; in diesem Fall muss es durch Verhüttung „befreit“ werden. Verwitterungsprozesse im oberflächennahen Bereich können bewirken, dass sich das Gold löst und in einer etwas tieferen Schicht weiter konzentriert. Dort kann es durch chemische Fällung in reiner Form als gediegenes Freigold ausgeschieden werden. Das sind dann die reichen, leicht auszubeutenden „Goldadern“, wie es sie im Goldberg in Goldkronach zur Zeit des Mittelalters gab. Darunter liegen nur noch Quarzgänge mit „normalem“ Goldgehalt, wie Humboldt sie dann vorfand. Wird das Gold durch Erosion aus dem Gestein herausgewaschen, so wird es von Bächen und Flüssen transportiert und dabei gerundet, es lagert sich als „Seifengold“ im Sand und Kies ab. Dort kann es leicht durch Goldwaschen gewonnen werden. Die Anwesenheit von Seifengold kann auf nahe gelegene Lagerstätten in den Bergen hinweisen.[6]

Goldblech mit Arsenopyrit und Quarz, aus dem Ludwig-Wittmann-Schacht. Auch dieser bislang letzte Versuch zur Goldförderung scheiterte trotz moderner Methoden an der Unergiebigkeit der verbliebenen Erze.

Oben: *Preußischer Ausbeutedukaten von 1803* (Vorder- und Rückseite). Dieser Ausbeutedukaten aus der Fürstenzeche ist ein unmittelbares Resultat von Alexander von Humboldts Bestreben, den Goldkronacher Bergbau wieder zur Blüte zu bringen.
Links: *Ausbeutedukaten von 1695*. Als in Goldkronach wieder Gold gefunden wurde, ließ Markgraf Christian Ernst im Jahr 1695 diesen „Ausbeutedukaten“ prägen. Die Um- und Aufschrift gibt den Ursprung an. Die Übersetzung des Textes im äußeren Kreis lautet: „Kreißen die Berge, wird vollkommenes Gold geboren.“

Die Inspektionsreise von 1792

Um den Bergbau in Franken wieder aufzurichten, war eine durchgreifende Modernisierung notwendig. Alexander von Humboldts Erkundungsreise bildete den Auftakt dazu. Am 29. Juni 1792 brach der 22-jährige Bergassessor von Berlin aus zu seiner mehrmonatigen bergmännischen Inspektions- und Bildungsreise auf. Sie bildete den Beginn seiner Tätigkeit in Franken. In der Folge sollte er sich bis Anfang 1797, also fast fünf Jahre lang, für den hiesigen Bergbau einsetzen. Seinem Auftrag gemäß musste er die Geologie der erzführenden Lagerstätten untersuchen, die wirtschaftliche Situation der Berg- und Hüttenwerke analysieren und Möglichkeiten zu deren Verbesserung erkunden. Humboldts erklärtes Ziel der Reise war es von Beginn an, wie er schrieb, dem Bergbau in Franken „einen schwunghafteren Betrieb zu verschaffen“[7].

„Hinter (Probst-)Zella trat ich heute in das Bayreuthische Amt Lauenstein ein“[8], notierte er am 12. Juli 1792 in seinem Bericht. In dieser Enklave des Markgrafentums Bayreuth inmitten des sächsischen Herrschaftsbereichs lagen mehrere Bergbaubetriebe[9], die dem Bergamt in Naila unterstanden, und somit begann hier auch der „offizielle“ Teil von Humboldts Inspektionsfahrt. Von jeder „Befahrung“ (= Begehung[10] – ein Bergmann „fährt“ in der Zeche) schrieb Humboldt in der Folge einen Bericht. Später, am Ende seiner Inspektionsreise, hat er diese Aufzeichnungen zu einer umfangreichen Übersicht über die preußisch-fränkischen Berg- und Hüttenwerke gebündelt.[11]

Von Lauenstein reiste er über Lehesten und Wurzbach, wo er Schieferbrüche besichtigte, ins Nailaer Revier. Dort kam er am Abend des 13. Juli an und befuhr in den nächsten drei Tagen die zum Bergamt Naila gehörenden Gruben bei Steben, Lichtenberg, Geroldsgrün, Berg und Weidesgrün. Humboldts Bericht über die Zechen dieses Bergreviers fiel wenig günstig aus: Die älteren Gruben waren meist verfallen und zum Teil durch Wassereinbrüche überflutet. Er stellte „schlechte Wetter“ fest, also schlechte

Atemluft im Bergwerk, und bemängelte, dass die Bergleute nur unzureichend oder gar nicht ausgebildet waren. Für jede befahrene Grube machte er konkrete Verbesserungsvorschläge: tiefer abgeteufte [gegrabene] Schächte, besserer Ausbau der Stollen, zusätzliche Belüftungsschächte, Hilfsstollen zur Entwässerung, Aufschließung (Eröffnung) neuer Erzgänge, die er entdeckt hatte, usw. Er erkannte aber auch, dass technische Maßnahmen allein nicht ausreichen würden. Die Bergleute mussten motiviert werden, sie brauchten bessere Kenntnisse und Entlohnung.

Ohne Rasttag reiste Humboldt weiter über Münchberg und Berneck, wo er einen „Drahtzug“, also eine Fabrik zur Herstellung (Ziehen) von Drähten, besichtigte, nach Goldkronach zur Befahrung der Fürstenzeche im Goldberg. Seine Bestandsaufnahme war niederschmetternd. Ein Bild des Verfalls bot sich ihm[12], die Gruben waren zum Teil eingestürzt. Trotz mehrerer Versuche war kein Gold mehr gewonnen worden. Dennoch sah Humboldt Möglichkeiten für eine Wiederaufnahme des Abbaubetriebs. So machte er präzise Ortsangaben von Stellen, wo er im Gestein Hinweise auf mögliche neue Fundstellen entdeckt hatte, und notierte[13], wo und wie eine „Wiedergewältigung“, also Wiederinbetriebnahme, bei „nicht allzu kostspieligem Betrieb“ zu machen sei.

In Bischofsgrün besichtigte er eine Knopfhütte und drei Hammerwerke. Am 21. Juli reiste er weiter zum Bergamt Wunsiedel. Spätestens in diesem Revier, wahrscheinlich aber auch schon auf den vorigen Stationen, wurde Humboldt von dem aus Goldkronach gebürtigen Hofkammerrat Otto Heinrich Tornesi begleitet. Mit seiner fundierten geographischen und geologischen Ortskenntnis war Tornesi ihm bei den Inspektionen eine tatkräftige Unterstützung. In seiner ersten wissenschaftlichen Publikation über die Geologie Frankens, die Humboldt noch in Arzberg – neben seiner Inspektionsarbeit – abschloss und zum Druck gab, erwähnte er Tornesi als „lehrreichen“ Reisebegleiter, „der viele scharfsinnige Beobachtungen über das hiesige Gebirge gesammelt, auch bereits eine interessante mineralogische Karte darüber zu entwerfen angefangen hat [...]“[14].

Otto Heinrich Tornesi

Otto Heinrich Tornesi (*1748 Goldkronach, †1814 Bayreuth). Kammerdirektor und Oberbergrat am Oberbergdepartment in Bayreuth. Sein Urgroßvater war aus Italien nach Thüringen eingewandert; Tornesis Vater wirkte zunächst als Bergverwalter in Goldkronach und siedelte später als Zuchthausinspektor nach Bayreuth über. Otto Heinrich trat in seine Fußstapfen, verwaltete das Zuchthaus mit angeschlossener Marmorfabrik und bildete sich zum geologischen und mineralogi-

Gegenüberliegende Seite: *Bergleute beim Einfahren ins Bergwerk.* Aus dem Buch von Georg Agricola: „De Re Metallica XII Libri (Zwölf Bücher vom Berg- und Hüttenwesen)“, Basel: Froben, 1554. In diesem Buch beschreibt der humanistische Gelehrte Agricola ausführlich die Bergbau- und Hüttentechniken seiner Zeit. Die zahlreichen Holzschnitte gewähren uns einen unmittelbaren Einblick in Verhältnisse der frühen Neuzeit. Gezeigt sind hier vier Arten des „Einfahrens“ ins Bergwerk: (A) auf einer „Fahrt“ (Leiter), (B) auf einem Knebel sitzend mit der Haspel (Seilwinde), (C) auf dem „Arschleder“ sitzend über eine Rutsche, (D) über Treppenstufen, die ins Gestein gehauen wurden.

A
B
C
D
D

schen Experten weiter. Er zeichnete eine geologische Karte des Fichtelgebirges, die von Alexander von Humboldt und anderen Fachleuten hoch gelobt wurde.[15] Der junge Dichter Wilhelm Heinrich Wackenroder schwärmte nach einer Begegnung mit Tornesi von einem „äußerst gebildeten, feinen, geschickten, gefälligen u[nd] einnehmenden Mann".[16]

Wenig ergiebige Gruben bei Wunsiedel hatte man längst aufgegeben und sich auf einige reiche Erzgänge in der Gegend um Arzberg konzentriert. Die dortigen Eisensteinzechen waren weit ertragreicher als die übrigen bayreuthischen Bergwerke. Trotzdem sparte Humboldt nicht mit technischen Verbesserungsvorschlägen. Als ein wesentliches Defizit erkannte er aber auch im Arzberger Revier die mangelnde Motivation des Personals. Er schlug vor, die Arbeitszeit von zwölf Stunden auf eine achtstündige Schicht zu verkürzen und statt des mühsamen Abbaus „mit Schlägel und Eisen" vermehrt das „wohlfeilere [= billigere] Schießen"[17], also das Sprengen des Erzes mit Schwarzpulver, einzusetzen.

Am 23. Juli 1792 war die Inspektion der drei bayreuthischen Bergämter beendet. Auf Wunsch des preußischen Provinzstatthalters Hardenberg hatte Humboldt aber noch einige Aufgaben im Fürstentum Ansbach zu erledigen. Im Brettachtal bei Gerabronn war 1735 eine kleine Salzquelle entdeckt worden.[18] In den nachfolgenden Jahrzehnten hatte man mit hohen Investitionen, aber mäßigem Erfolg, versucht, aus dieser mageren Quelle mit geringem Salzgehalt eine ergiebige Saline zu machen. Schließlich stellte der Markgraf den ausgewiesenen Berg- und Salinenfachmann Franz Ludwig Cancrin aus dem Hessischen ein. Er sollte dem Salzwerk zum Aufschwung verhelfen. Durch neue Anlagen konnte Cancrin die Ausbeute zwar steigern, aber rentabel wurde die Saline trotzdem nicht. Zehn Jahre später, bei Humboldts Besuch, war sie verfallen. Die Analyse des jungen Bergassessors fiel ernüchternd aus. Auf seine Empfehlung hin wurde die Saline von Gerabronn umgehend geschlossen.

Gegenüberliegende Seite: *Bilder aus dem Buch von Georg Agricola: „De Re Metallica XII Libri (Zwölf Bücher vom Berg- und Hüttenwesen)"*, Basel: Froben, 1554.
Oben links: *Handbetriebene Haspel auf einem Förderschacht.* Eine Haspel war eine Förderanlage (Seilwinde), mit der Menschen und Material in den Schacht abgelassen und heraufgezogen wurden. Sie konnte von Menschenhand, Tieren oder mit Wasserkraft angetrieben werden. In der zweiten Hälfte des 18. Jahrhunderts kamen allmählich auch Dampfmaschinen zum Einsatz.
Oben rechts: *Mit Wasserkraft betriebenes Pumpwerk.* Bergbau war oft auch ein Kampf gegen das eindringende Grundwasser. Um größere Tiefen erreichen zu können, musste das Wasser abgeschöpft oder, bei größeren Mengen, ständig abgepumpt werden. Für den Dauerbetrieb wurden diese Pumpen durch Wasserräder angetrieben.
Unten links: *Mehrstufiges Pumpwerk.* In tiefen Bergwerken wurde das Wasser mit einer mehrstufigen Pumpanlage über mehrere Stockwerke nach oben befördert.
Unten rechts: *Wassergetriebenes Pochwerk.* Zur Vorbereitung auf die Schmelze musste das Erz zerkleinert werden. Dies geschah im Pochwerk: Schwere Eisenstempel, durch ein Wasserrad mit Nockenwelle angetrieben, zertrümmerten das Gestein.

Wunsiedel. Ansicht von der Höhe des Catharinenbergs. Farblithographie von C. Heinzmann nach G. Seeberger, um 1840. Die Stadt war seit alters Sitz eines Bergamts, obwohl in Wunsiedel selbst kein Bergbau mehr betrieben wurde. Er hatte sich ins nahe gelegene Arzberg verlagert, wo in 19 gut gehenden Gruben hochwertiges Eisenerz gewonnen wurde.

Franz Ludwig (von) Cancrin & Graf Georg von Cancrin

Franz Ludwig Cancrin (1738-1816) entstammte einer alten hessischen Bergmeister-Familie. In Hanau war er als Hofbaudirektor tätig, bevor er 1782 in bayreuthische Dienste trat. Aber schon 1784 zog er als Salinendirektor weiter nach Russland, wo er später für seine Verdienste geadelt wurde. Sein Sohn Georg (1774-1845) brachte es zum General, wurde später sogar russischer Finanzminister und sanierte die marode Staatskasse. Dafür erhob ihn Kaiser Nikolaus I. 1829 in den Grafenstand. Georg von Cancrin organisierte im Auftrag des Kaisers von Russland Humboldts zweite große Expedition zum Ural und Altai. Humboldt beriet den Minister Cancrin in Montan- und Währungsfragen und erhielt von ihm Material für seine eigenen Untersuchungen.

Über das damals ansbachische Crailsheim, wo er am 1. August das nunmehr königliche Vitriol- und Alaunwerk sowie die Lagerstätten des Alaunschiefers inspizierte, reiste Humboldt nach Bruckberg bei Ansbach. Hier war im markgräflichen Jagdschloss eine Porzellanmanufaktur untergebracht, die mittlerweile allerdings sehr uneffizient arbeitete. In seinem Bericht schlug Humboldt zahlreiche konkrete Maßnahmen vor, z. B. den richtigen Umgang mit Rohmaterialien und Verbesserungen an den Brennöfen.

Nach Bayreuth zurückgekehrt, erwartete er die Ankunft seines Dienstherrn, des für den gesamten preußischen Bergbau zuständigen Ministers von Heinitz. Hier hatte er Zeit, seinen Bericht fertigzustellen. Dieser umfasste am Ende um die 600 handgeschriebene Seiten. Am 26. August berichtete Humboldt seinem Minister und dem aus Ansbach angereisten Hardenberg ausführlich über seine Inspektionsreise. Seine klaren und sachkundigen Analysen, die immer auch gleich von konkreten Verbesserungsvorschlägen begleitet waren, machten auf seine Vorgesetzten großen Eindruck. Sofort schlug Hardenberg vor, den Assessor nun auch mit der Leitung des praktischen Bergbaus in den drei bayreuthischen Bergämtern zu betrauen und ihn zum Oberbergmeister zu ernennen. Heinitz bewilligte diesen Einsatz auch prinzipiell, er wünschte ihn allerdings erst zum Sommer 1793, da er Humboldt vorläufig noch für andere Aufgaben im Salinenwesen benötigte. Seinem Freund Freiesleben berichtete Humboldt über diesen Karrieresprung:

> Ich bin gestern zum königlichen *Oberbergmeister* in den beiden fränkischen Fürstentümern ernannt worden. [...] Alle meine Wünsche, guter Freiesleben, sind nun erfüllt. Ich werde von nun an ganz dem praktischen Bergbau und der Mineralogie leben. Ich wohne auf dem hohen Gebirge in *Steben* und *Arzberg*, zwei Dörfern im Fichtelgebirge; die hiesigen Lagerstätten sind unendlich interessant [...].[19]

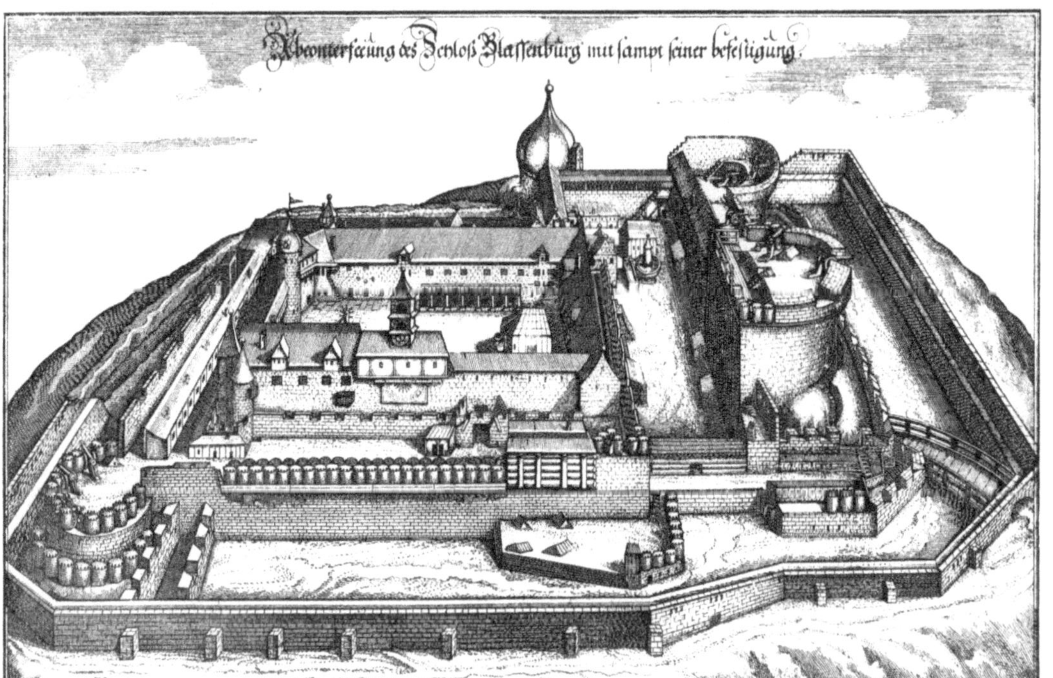

Die Plassenburg im 16. Jahrhundert. Kupferstich aus Matthäus Merians Topographia Franconiae, 1645. Aus der Zeit, in der diese Ansicht entstand, stammten auch die Bergwerksakten aus dem dortigen Archiv, die sich Humboldt nach Goldkronach bringen ließ. Die Kenntnis dieser Quellen verhalf ihm zu einer besseren Orientierung beim Auffinden der Erzvorkommen und erlaubte Vergleiche der investierten Kosten.

Um schon erste Vorbereitungen für sein neues Amt zu treffen, blieb Humboldt noch einige Wochen in Franken. Besonders der Goldbergbau in der Fürstenzeche in Goldkronach hatte sein Interesse geweckt. Um dem Erfolg der früheren Jahrhunderte auf die Spur zu kommen, studierte er dazu auch alte Akten:

> Ich habe drei Koffer mit Bergwerksakten aus dem 16. Jahrhundert aus dem Archive der Festung *Plassenburg* kommen lassen, die ich, da sie Generalbefahrungen enthalten, so *ex officio* [von Amts wegen] lesen muss. Beim schlackigen [schneeregnerischem] Herbstwetter in der rauhen Gegend wird das eine herrliche *Lektüre* sein.[20]

Humboldts weiterer Auftrag war, die erfolgreichen Salinen und Salzbergwerke in den Alpen und in Schlesien zu erkunden. Zu dieser halurgischen (die Salzgewinnung betreffenden) Reise brach er am 23. September 1792 auf. Er reiste über München, das Salzburger Land und Wien nach Oberschlesien. Hier traf er Ende Dezember den Obergrat Graf Friedrich Wilhelm von Reden. Diesem war zehn Jahre zuvor eine ähnliche Aufgabe gestellt worden wie nun Humboldt. Reden hatte die Leitung des Bergbaus in dem kurz zuvor an Preußen gefallenen Schlesien erhalten und musste dort ebenfalls einen Neuanfang bewältigen. Nun sollte Humboldt von ihm das praktische „Handwerk" eines Oberbergmeisters erlernen und von seinen Erfahrungen profitieren. Nach einem Abstecher in das südpolnische Salzrevier reiste der junge Oberbergmeister im Januar 1793 wieder nach Berlin zurück.

Reminiszenzen an Humboldt – Tieck und Wackenroder

Am 17. Mai 1793 brachen von Erlangen, wo sie gerade ein Jurasemester verbrachten, zwei junge Berliner Studenten auf, um über Pfingsten eine Studienreise durch die fränkischen Gebirge zu machen: Ludwig Tieck (1773 - 1853) und Wilhelm Heinrich Wackenroder (1773 - 1798). Sie ritten durch die Fränkische Schweiz nach Bayreuth, von dort nach Naila, weiter über Hof und Selb nach Wunsiedel. Ziel und Höhepunkt ihrer Reise war eine Besteigung des Ochsenkopfs im Fichtelgebirge. Ihr Rückweg führte sie über Berneck, Kulmbach und die Muggendorfer Höhlen nach Erlangen. Bei ihrem Aufenthalt in Bayreuth trafen sie den Hofkammerrat Tornesi, der sich ihrer freundschaftlich annahm und ihnen Empfehlungsbriefe für die weiteren Stationen mitgab. So konnten sie unterwegs einige Bergwerke, Eisenhämmer und Hüttenwerke besichtigen und machten dabei auch Bekanntschaft mit einigen Mitarbeitern Humboldts in den Bergamtsrevieren. Die beiden, die sich weit mehr zur Poesie berufen fühlten als zur Jurisprudenz, berichteten in langen Briefen von ihrer Pfingstreise. Ihre Landschafts- und Naturschilderungen sind ein Meilenstein auf dem Weg zur Frühromantik.[21] Manchen gelten diese Briefe sogar als erstes Werk der literarischen Romantik überhaupt. Humboldt haben sie nicht getroffen, er weilte gerade noch in Berlin und kam erst Ende des Monats nach Bayreuth zum Dienstantritt als Oberbergmeister. Aber Wackenroder erwähnte ihn, als er über die darniederliegenden Berg- und Hüttenwerke berichtete: „Doch bald wird der jüngere H[err] v[on] Humboldt, der geschickte Mineralog, als Aufseher des Baireuth[ischen] Bergwesens hierherkommen. Bei H[err]n Tornesi sah ich schon einen sehr starken Bericht, den er auf einer Reise durchs Land über den Zustand des Bergbaus aufgesetzt hatte."[22] Hierbei handelte es sich um den Bericht von Humboldts Inspektionsreise 1792, von dem Tornesi offensichtlich eine Abschrift besaß.

Der Oberbergmeister von Ansbach-Bayreuth

Nach einem längeren Aufenthalt in Berlin traf Humboldt Ende Mai 1793 erneut in Franken ein, um seinen Dienst als Oberbergmeister in den Fürstentümern anzutreten. Am 30. Mai stattete er Hardenberg in Bayreuth seinen Antrittsbesuch ab. Bayreuth war

Bad Steben. Ausschnitt aus einer Lithografie des Hofer Künstlers Richter, 1837. In der Umgebung von Steben lagen zahlreiche Gruben des Bergamts Naila. Hier wurden vor allem Eisen- und Kupfererze abgebaut. Daneben gab es zu Humboldts Zeit schon erste Ansätze zum Betrieb eines Heilbades. Heute ist Bad Steben Kurort und Bayerisches Staatsbad. Oben rechts neben der Kirche ist das Haus mit dem schieferdunklen Mansardendach zu sehen, in dem Humboldt während seiner Stebener Aufenthalte wohnte. Im Rathaus – dem Gebäude mit dem schwarzen Walmdach, etwas rechts von der Bildmitte – war Humboldts Bergschule untergebracht. Der Turm, der das Gebäude heute ziert, wurde erst später angebaut.

der Sitz des Oberbergdepartements[23], also Humboldts eigentlicher Dienstsitz. Dort hielt er sich während seiner Amtszeit jedoch nur selten auf. Meist war er vor Ort in den drei Bergämtern Wunsiedel, Goldkronach und Naila. Rastlos zog er dort von einem Revier zum anderen. Meist reiste er, wie er schrieb, „sehr vornehm mit drei Pferden und zwei kleinen Reitknechten"[24]. Auf königlichen „Spezial-Befehl" hin wurde ihm im November 1793 wegen seines „bisherigen ausgezeichneten Diensteifer[s]" zusätzlich „frei Fourage [Futter]" gewährt, weil „seine Dienstverhältnisse ihm fast beständig Reisen im Lande notwendig machen"[25]. Er wohnte in Dienstgebäuden, Gasthäusern oder bei Beamtenkollegen am jeweiligen Ort. Fast immer blieb er nur wenige Tage, selten mehr als eine Woche. Lediglich in Steben legte er gelegentlich eine längere Verschnaufpause ein.

Dieser ungewöhnliche Arbeitsstil, seine ständige Anwesenheit in den Revieren unterschied ihn grundsätzlich von anderen leitenden Bergbeamten seiner Zeit, die meist nur vom fernen Oberbergamt aus dirigierten. Humboldt war immer vor Ort, wenn er gebraucht wurde. Dadurch erwarb er sich große Achtung und den Respekt seiner Untergebenen: „Das Vertrauen der Menschen habe ich. Man glaubt, dass ich 8 Beine und 4 Hände habe, und das ist bei meiner Lage unter so faulen Offizianten schon sehr gut."[26]

Sein erster Dienstgang im Juni 1793 führte ihn nach Goldkronach. Dort galt von Anfang an sein besonderes Interesse dem Goldberg und der *Fürstenzeche*. Das Studium der alten Bergwerksakten hatte in ihm zunächst die Hoffnung keimen lassen, durch „Aufwältigung", d. h. Wiederinbetriebnahme der alten, längst verschütteten Erzgänge an die Erfolge der alten Zeit anknüpfen zu können. Doch sehr schnell zeigte sich, dass die ertragreichen und leicht zugänglichen Lagerstättenbereiche vollständig ausgebeutet waren. Das Gold lag hier nicht mehr wie im Mittelalter „auf der Straße". Es war zwar noch vorhanden, aber es verbarg sich fein verteilt in den Erzen. Da half nur systematisches, naturwissenschaftlich-technisches Vorgehen mit modernen Methoden, wie er sie in Freiberg gelernt hatte. Aus den Zeilen, die er am 10. Juni 1793 von „der Goldmühle bei Cronach" seinem Freund Freiesleben schickte, spricht sein Optimismus:

> Mit dem Bergbau geht alles schneller, als ich dachte. Die vorläufige Organisation ist fast zustande, das Oberbergamt eröffnet, der Etat der Bergbau-Hilfskasse angefertigt und nun geht es auf die einzelnen Bergämter los. Ich bin seit wenigen Tagen hier um den eingestellten Bau auf der Fürstenzeche, der Sebaldzeche bei Langendorf (auf Steinkohlen) etc. vorzurichten. Das allgemeine Vertrauen, welches der gemeine Bergmann mir überall zeigt, macht mir meine Arbeit lieb [...]. Was Schaurigeres sah ich nie. Überall trifft man hier Monumente ehemaliger Größe. Die alte Mühle, die ich bewohne, war eine Quickmühle [Amalgamiermühle] schon im 13. Jahrhundert. Die Zoppte stürzt sich wild durch die Felsklippen durch. Wenn es glücken sollte, die ausgewanderten Bergleute wiederzurufen, dieser romantischen Gegend nur einen kleinen Teil ihres alten Glanzes wiederzugeben ... Was ist es, [das] den Menschen so unüberwindlich an das Gebirge fesselt! Nie war ein Wunsch so lebhaft in mir, als jetzt der Wunsch nach Erz.[27]

Auf seine Veranlassung hin wurden fortan die gebrochenen Erze getrennt nach dem jeweiligen Fundort gelagert und separat auf ihren Goldgehalt untersucht. Nur die ergiebigen Funde sollten weiter gefördert werden. Um den Erzgehalt der verschiedenen Gänge sofort feststellen zu können, richtete man vor Ort ein Labor, eine „Probierstube“[28], ein. Humboldt sorgte für die Einführung neuer, auf den geringen Goldgehalt der Erze abgestimmter Verhüttungsmethoden. So wurde auch ein Amalgamierwerk eingerichtet. Beim Amalgamier-Verfahren wird dem zerstoßenen Erz, dem „Schlich“ (Waschkonzentrat), Quecksilber beigemengt. Dieses bindet die feinen Goldpartikelchen, das Gemisch sinkt als schwere Flüssigkeit nach unten, wo sie leicht aufgefangen werden kann. Danach werden die beiden Metalle durch Erhitzen wieder getrennt, das Quecksilber verdampft schon bei 357°C, Gold schmilzt aber erst bei 1064°C, zurück bleibt gediegenes Gold.[29] Dass bei dieser effektiven Methode hochgiftige Quecksilberdämpfe entweichen und auch der Abraum verseucht wird, war zu Humboldts Zeiten noch nicht bekannt. Jedenfalls kam auf diese Weise im Lauf der nächsten Jahre die Goldproduktion langsam, ganz langsam wieder in Gang.

Bedeutend besser war die Situation im Arzberger Revier. Gefördert wurde hier vor allem Eisenerz. Außerdem gehörten zum Bergamt Wunsiedel noch einige Vitriol- und Eisenwerke sowie der Gelbkreideabbau rings um die Saalequelle am Großen Waldstein bei Zell. Die Arzberger Eisensteinbergwerke waren in guten Zustand. Die Gruben warfen Gewinn ab. Neunzehn Zechen wurden zu Humboldts Zeit gezählt.[30] Und er konnte

Das Röslautal bei Arzberg. Kupferstich von Tretscher nach einer Zeichnung von Johann Theodor Benjamin Helfrecht aus dessen Buch: „Versuch einer geographisch-naturhistorischen Beschreibung des Fichtelgebirges, Zweiter Theil“, Hof: G. A. Grau, 1800. Die Eisensteingruben im Arzberger Revier, die zum Bergamt Wunsiedel gehörten, waren die profitabelsten Bergwerke in Humboldts Amtsbereich. Hier wurde bis 1942 Eisenerz gefördert.

Humboldthaus in Bad Steben, um 1900. Historische Fotografie. In diesem Gebäude aus dem Jahr 1781 wohnte Alexander von Humboldt während seiner Aufenthalte im Bergamtsrevier Naila.

sich hier auf hervorragende Mitarbeiter verlassen. Insbesondere den Berggeschworenen Heinrich Ludwig Sievert hob er immer wieder als seinen besten Mitarbeiter hervor. Humboldt schätzte es sehr, dass er seine Aufgaben selbstständig und zuverlässig erledigte. Später schrieb er seinem Freund Freiesleben: „Hättest Du doch *Sievert* kennen gelernt. Das ist einer der ersten Bergleute dieser Zeit.“[31]

Naila war Humboldts Sorgenrevier. Deshalb verbrachte er hier die meiste Zeit seiner fränkischen Jahre. Hauptsächlich nach Kupfererz war hier gegraben worden, auch Eisen hatte eine wichtige Rolle gespielt. Bereits auf seiner Inspektionsreise 1792 hatte Humboldt eine ganze Reihe konkreter Maßnahmen zur Modernisierung der Bergwerke vorgeschlagen, nun realisierte er diese mit großer Tatkraft.

Einige Gruben waren wegen eindringenden Grundwassers aufgegeben worden, z. B. die eigentlich als noch ergiebig eingeschätzte *Friedensgrube* bei Lichtenberg. Um dieses Bergwerk wieder in Betrieb zu nehmen, ließ Humboldt vom tiefer gelegenen Lohbach her, nahe dessen Einmündung ins Selbitztal, einen neuen Entwässerungsstollen mit fast einem Kilometer Länge auffahren. Der Bau dieses langen, noch heute bestehenden *Friedrich-Wilhelm-Stollens* durch hartes Gestein sollte allerdings insgesamt 38 Jahre dauern. Während der Bauzeit wurde er mit moderner Grubentechnik ausgestattet, einem „Treibgezeug“ [Wasserantrieb] mit großem Grubenwagen und zwei „Wettermaschinen“

zur Belüftung. Diese Anlage war damals einzigartig in Deutschland.[32] Erst 1831, als der mittlerweile 62-jährige Humboldt schon an der Auswertung seiner russisch-sibirischen Reise arbeitete, wurde der Stollen fertiggestellt. Aber schließlich brachte er das von ihm geplante Ergebnis: Die *Friedensgrube* und auch einige benachbarte kleinere Neuanlagen konnten mit Erfolg entwässert und über Jahrzehnte weiter abgebaut werden.

In der Exklave Lauenstein, ca. 30 Kilometer nordwestlich von Naila, erschien Humboldt die wirtschaftliche Lage besonders trostlos:

> Eurer Königlichen Majestät habe ich gewagt, schon mehrmals den traurigen und nahrungslosen Zustand des Amts Lauenstein alleruntertänigst vorzustellen. Von der Natur stiefmütterlich behandelt, unfähig sein eigenes Bedürfen an Korn und Fleisch zu befriedigen, kann es sich durch die Industrie [den Fleiß] seiner Bewohner doch kaum von der Furcht einer allgemeinen Verarmung sichern. [...] Bei solchen Verhältnissen habe ich es mir zur Pflicht gemacht, so lange mir die Direktion des Bergbaus in hiesigen Fürstentümern anvertraut ist, wenigstens von meiner Seite alle Mittel aufzubieten, welche den Wohlstand der dürftigen, aber arbeitsamen hiesigen Volksklasse vermehren kann.[33]

Mit diesen Worten beginnt die Eingabe Humboldts an seinen König in Berlin, in der er „um ein Darlehen zur [Wieder-]Aufnahme des Dachschieferbruchs bei Ludwigstadt“[34] bittet. Rasch hatte er erkannt, dass neben der Metallgewinnung und -verarbeitung weitere Industriezweige gefördert werden mussten, um die Wirtschaft des Landes und damit den allgemeinen Wohlstand in dieser armen Gegend voranzubringen. Die Bitte um ein königliches Darlehen wurde gewährt. Man konnte den Abbau von Schieferplatten wieder aufnehmen, und als später die Produktion auf Schultafeln umgestellt wurde, kam der Aufschwung richtig in Fahrt. Bis in die 1960er- Jahre war Ludwigstadt ein Zentrum der deutschen Schiefertafelherstellung.

Auch andere Industriezweige wurden nach Kräften gefördert. Ein besonderes Problem war die Energieversorgung von Eisenhütten und Porzellanmanufakturen, da die Wälder des Fichtelgebirges und des Frankenwalds durch den Raubbau der zurückliegenden Jahrzehnte stark dezimiert waren. Humboldt sorgte sich persönlich um eine gerechte Holzzuteilung durch die Forstverwaltung. Er ließ die Verwendung von Torf als Brennstoff testen, der sich allerdings nicht bewährte.[35] Und er ging jedem Hinweis auf mögliche Steinkohlevorkommen nach. An mehreren Orten im Fürstentum ließ er durch den Berggeschworenen Sievert systematische Probebohrungen anstellen[36], letztlich aber ohne abbauwürdige Kohlelagerstätten zu finden.[37]

Der Blaufarbenfabrik in Schauberg (nahe Tettau im Amt Lauenstein), die schon 1712 gegründet worden war, half Humboldt über eine finanzielle Krise hinweg. Und als 1793 in Tettau eine Porzellanmanufaktur[38] errichtet werden sollte, erstellte er ein positives Gutachten und sorgte in langwierigen Verhandlungen mit der Forstverwaltung dafür, dass der Manufaktur genügende Mengen des äußerst knappen Brennholzes zugeteilt wurden. Mit dieser Firmengründung, bei der Humboldt den Geburtshelfer spielte, begann eine lange Erfolgsgeschichte. Das Tettauer Porzellan wurde berühmt für sein strahlendes Weiß und seine zarte Durchsichtigkeit. Die Manufaktur stellt noch heute hochwertiges Künstlerporzellan her.

Ein weiterer Betrieb lag der fränkisch-preußischen Regierung wohl besonders am Herzen, die staatliche Porzellanmanufaktur im ansbachischen Bruckberg. Schon am 5. September 1792, noch während Humboldts erstem Aufenthalt in Franken, fand in Ansbach eine hochrangige Besprechung statt. An dieser nahmen, neben Humboldt und den Ministern Heinitz und Hardenberg, auch der aus Berlin mit angereiste Oberbergrat Rosenstiel, der Bruckberger Manufakturinspektor Schellhammer sowie hohe Finanzbeamte teil. Dieser ‚Aufsichtsrat' beschloss auf der Basis von Humboldts Inspektionsbericht konkrete Modernisierungsmaßnahmen: „Wirksamere Direktion der Anstalt, Verringerung der Generalunkosten, regelmäßige und zeitige Anschaffung guter und wohlfeiler Rohmaterialien, Vereinfachung der Warenfabrikation, genauere Preiskalkulation, Hebung des Absatzes."[39]

Übersetzt in heutiges ‚Business-Deutsch' würde das wohl so klingen: Einführung eines straffen, zielorientierten Firmenmanagements, drastische Einsparungsmaßnahmen zur Kostenreduktion, kostengünstiger Einkauf und optimierte Vorratshaltung der Werkstoffe, schlanke Produktion (‚Lean Production', in deren Folge Personal abgebaut wurde), stringente Kostenkontrolle, zielgruppenorientiertes Marketing und effizientere

Tettau im 19. Jahrhundert. Medaillon auf Pappe. Als großes Gebäude links von der Kirche ist die Porzellanmanufaktur zu sehen. Humboldt war an deren Gründung maßgeblich beteiligt.

Schloss Bruckberg bei Ansbach, Stahlstich, 1834. In diesem ehemaligen markgräflichen Jagdschloss war bis 1860 die Porzellanmanufaktur Ansbach untergebracht. Humboldt führte die technische Aufsicht über das Werk und brachte es durch Modernisierungsmaßnahmen wieder in Schwung.

Vertriebsstrukturen. Zudem sollten die von Humboldt vorgeschlagenen technischen Verbesserungen umgesetzt werden.

Humboldt regte außerdem an, die Produktion zu vereinfachen. Vor allem sollte man künftig auf die risikoreiche Herstellung von großen, kostbaren Speiseservices verzichten und sich stattdessen auf die Fabrikation kleiner Stücke wie Kaffee- und Teegeschirre, Blumenvasen, Weihwassergefaße und Pfeifenkopfe verlegen. Diese konnten in weit größeren Stückzahlen abgesetzt werden. Als besonders erfolgreich sollte sich in Folge die Produktion von einfachen, bemalten Mokkatassen, die über griechische Händler in die Türkei verkauft wurden, erweisen: die sogenannten „Türkenbecher". Jährlich wurden bis zu 48 000 Stück dieses Artikels abgesetzt.[40] Nach gelungener Sanierung ging die Manufaktur einer Empfehlung Humboldts folgend in Privathand über und wurde bis 1860 mit Erfolg betrieben.

Grünes Eisen- und blaues Kupfervitriol[41] waren in der vorindustriellen Zeit wichtige Stoffe zum Färben und Bleichen, vor allem für Textilien.[42] Meist kommen sie zusammen mit Alaun[43] in Schwefelkies vor. Alaun verwendete man als Beizmittel, um die Farben in Geweben und Leder haltbar zu machen. Überall, wo sich Schwefelkies-Lagerstätten fanden, wurden auch bald Alaun-Vitriol-Werke gebaut, da sie ein gutes Geschäft versprachen. Vor den Toren der Stadt Crailsheim betrieb man neben zwei Gruben für Alaun- und Vitriolschiefer auch das Königliche Vitriolwerk.[44] Da jedoch vor Ort niemand Erfahrung in diesen Technologien hatte, wurden beim Bau der Anlage schwere

Ein sogenannter „Türkenbecher" aus der Porzellanmanufaktur Bruckberg, 19. Jahrhundert. Solche einfachen Kaffeetassen wurden zu Humboldts Zeit jährlich zu Zehntausenden in der Türkei abgesetzt. Als Verantwortlicher für den fränkischen Bergbau und die mit ihm verbundene Industrie hatte er den Umstieg der Produktion von teuren Porzellanservicen auf einfacher herzustellende Massenware wie Tassen, Pfeifenköpfe und Weihwassergefäße angeregt. Dadurch konnte der Umsatz der Manufaktur deutlich gesteigert werden.

Fehler gemacht. So lief zum Beispiel in den Gruben Wasser in die Stollen hinein statt aus ihnen heraus. Bereits 1792 hatte Humboldt festgestellt: „Der Abbau dieses Alaunschieferflözes ist äußerst unregelmäßig und unbergmännischer als alles, was ich bisher in beiden Fürstentümern gesehen."[45] Durch seine Maßnahmen erfuhr die Vitriolproduktion jetzt einen gewaltigen Aufschwung. Die Einnahmen stiegen, und alte Schulden konnten getilgt werden. Leider erwiesen sich die Schiefergruben jedoch bald als nicht mehr ergiebig genug. Verzweifelte Versuchsbohrungen an anderen Stellen verliefen ohne Ergebnis, und so musste der Betrieb schon 1804 endgültig eingestellt werden.

Der Kaulsdorfer Bergkrieg

Kaum hatte Alexander von Humboldt 1793 die Verantwortung für den fränkischen Bergbau übernommen, wurde er mit einem Grenzkonflikt zwischen Preußen und Sachsen-Coburg konfrontiert. Dieser wäre fast zu einem lokalen Krieg ausgeartet. Zum Bergamt Naila gehörte neben Lauenstein eine weitere bayreuthische Exklave: der bei Saalfeld liegende kleine Ort Kaulsdorf. Seit Jahrzehnten schwelte dort ein Konflikt um die Schürfrechte. Immer wieder kam es zu Streitigkeiten. Bei Humboldts Amtsantritt trieb dieser Konflikt gerade auf einen neuen Höhepunkt zu. Diese Auseinandersetzung sollte bald das ganze diplomatische Geschick des jungen Oberbergmeisters herausfordern.

Die Kaulsdorfer Gruben lagen am Roten Berg bei Kamsdorf, einem seit dem Mittelalter berühmten Revier. Kaulsdorf hatte bis 1780 zu Mansfeld (Sachsen-Saalfeld) gehört, danach zu Kursachsen, ab 1787 dann zu Bayreuth. Das Bergregal[46], also das Recht, die Bodenschätze auszubeuten, war aber teilweise anders verteilt als die oberirdischen Besitzverhältnisse, und es kam immer wieder zu Streitigkeiten zwischen den Fürstenhäusern um die Kaulsdorfer Bergwerke.[47] Denn dort wurde Kobalterz gefördert, damals ein seltener und teurer Rohstoff für die Blaufarbenherstellung, auf den ansonsten Sachsen ein Monopol besaß.

Im August 1792 war erneut ein Streit über das Bergregal in der *Churfürstenzeche* (später *Königszeche* genannt[48]) entbrannt. Naila hatte einem Saalfelder Bürger das Schürfrecht verliehen. Das Bergamt Saalfeld verbot diesem jedoch bei Strafe, den Schacht aufzuwältigen, da es selbst Anspruch auf das Bergregal in dieser Grube erhob. Der Streit eskalierte. Die Bergämter tauschten Protestnoten aus. Diese waren, dem Stil der Zeit entsprechend, zwar mit vielen Höflichkeitsformeln gespickt, in der Sache allerdings unerbittlich. Beide Seiten drohten nun gegenseitig mit Maßnahmen zur Sicherung der eigenen Rechte.

Am 6. Mai 1793 begannen unter dem Schutz einer „königlich preußischen Kommission" die Belegungsarbeiten. Die Reaktion der Saalfelder erfolgte prompt: Als von preußischer Seite gerade niemand im Bergwerk war, beschädigten sie die neu errichteten Grubenbauten. In der Folge „schlugen" [setzten] und entwendeten beide Seiten gegenseitig die sogenannten „Freipfähle" – Markierungen zur Kennzeichnung des Schürfrechts. Der Saalfelder Geschworene Schubert empfahl daraufhin, den preußischen Arbeiten mit Gewalt Widerstand zu leisten. Saalfelder Mannschaften zerstörten die neu erbauten bayreuthischen Anlagen und stahlen das Grubenholz.

Erst wenige Tage im Amt, musste Humboldt in diese Auseinandersetzung eingreifen. In einem Brief wandte er sich an seinen Kollegen in Saalfeld, den „Hochedelgebohrenen, Insbesonders Hochgeehrten Herrn Berg-Verwalter" Sommer, um ihn in dieser Sache zu befragen, die

> [...] aber eines Herzoglichen Bergamtes zu wenig würdig ist, als dass ich glauben dürfte, es sei mit dessen Billigung, geschweige mit dessen Unterstützung geschehen. Das persönliche Vertrauen, welches ich in Ihren Charakter setze, veranlasst mich beson-

Höller Vitriol-Werk. Kupferstich von J. A. Darnstedt nach einer Zeichnung von Johann Theodor Benjamin Helfrecht aus dessen Buch: „Versuch einer orographisch-mineralogischen Beschreibung der Landeshauptmannschaft Hof [...]", Hof: G. A. Grau, 1797. Am Ufer der Selbitz, am oberen Eingang zum Höllental, liegt der Ort Hölle, in einer, wie Humboldt schrieb, „überaus romantischen Gegend, in einem engen Tal, wo die pralligen [steilen] Gebirge mit vier bis sechs Meter breiten abgerissenen Felsstücken besät sind." Grünes Eisenvitriol und blaues Kupfervitriol waren wichtige Stoffe zum Färben und Bleichen von Textilien. In den fränkischen Fürstentümern gab es mehrere solcher Werke, meist in privatem Besitz. Ein staatliches Werk war in Crailsheim in Betrieb.

> ders, bevor wir zu anderen rechtlichen Mitteln greifen, diesen Schritt an Sie zu tun, weil es besser ist, sich offen und frei gegeneinander zu erklären, und weil uns beiden, als Vorsteher zweier nahegelegener Bergreviere, gleichviel an einem freundnachbarlichen Verhältnis gelegen sein muss.[49]

Mit großem diplomatischem Geschick betrieb Humboldt seine Deeskalationsstrategie. „Wie lebhaft wünschte ich indes, [...] gegenseitiges Vertrauen und nachbarliche Freundschaft, die zum Flor des beiderseitigen Bergbaus so notwendig ist, auf immer gegründet zu sehen."[50] Es kam zu Verhandlungen. Doch Sommer taktierte weiter. Humboldt vermutete die Coburger Regierung hinter diesem Verhalten und entwickelte berechtigtes Misstrauen. Um sicherzugehen, belegte er die Grube Tag und Nacht, „um gegen nächtliche Ausfälle mehr gesichert zu sein"[51]. Dass diese Maßnahme notwendig war, sollte sich bald zeigen. Er berichtete Hardenberg: „Den 12. *huius mensis* [dieses Monats] morgens um 9 Uhr wiederholte indes der Saalfelder Bergverwalter seine Gewalttätigkeit, fiel mit 38 bewaffneten Bergleuten wieder in unser *territorium* ein und raubte abermals das königliche Grubenholz." Nun sah Humboldt keine andere Möglichkeit mehr, als von Hardenberg militärische Unterstützung anzufordern.

Er bat „des Königs Majestät auf die Sache vorbereiten [zu] wollen" und „unsere Grenze mit 20 Mann Soldaten (mehr bedarf es wirklich nicht!) zu schützen"[52]. Ein bewaffneter Konflikt schien unmittelbar bevorzustehen. Allmählich kam nun die preußische administrative Maschinerie in Gang: Die Regierung in Berlin intervenierte in Sachsen, und dort wurde die Saalfelder Bergbehörde angewiesen, den *status quo* einzuhalten. Preußen setzte sich letztendlich durch – ein Erfolg auch für Humboldt. Der Konflikt war glücklich überstanden. Am 2. Dezember 1793 konnte er seinem Freund Karl Freiesleben melden: „Wir sind jetzt im ruhigen Besitz von *Kaulsdorf* und haben prächtige Fahlerze und Kobalte dort."[53]

Die Bergschule in Steben

Von Anfang an war sich Humboldt darüber im Klaren, dass er seine Reformen im praktischen Bergbau nur mit sachverständigen Bergleuten umsetzen konnte. Doch um die praktische Ausbildung der fränkischen Bergleute war es schlecht bestellt, ganz zu schweigen von theoretischer Unterweisung in Gesteinskunde oder Abbautechniken. So keimte in ihm der Plan zu einer eigenen ‚Bergschule'. Er fand damit aber keine Resonanz: „Wem ich meine Ideen mitteilte, riet mir ab. Das Volk habe keine Lernbegierde, hieß es [...], es sei kein Lehrer zu finden, den die Kinder verständen, usw."[54] Humboldt ließ sich davon jedoch nicht beirren. Er beschloss, seine Idee auf eigene Faust umzusetzen. Das hieß allerdings auch, dass er zunächst die Kosten dafür persönlich übernehmen musste.

Die Schule – eine der ersten Berufsschulen im modernen Sinn! – stand allen Jungen offen, die den Beruf eines Bergmanns erlernen wollten. Um nicht mit den regulären Dorfschulen in Konflikt zu kommen, wurde der Unterricht auf Mittwoch und

Stielers Hammer in Falkenstein. Zustand vor 1830. Gemälde nach einem historischen Medaillon. Das Hammerwerk wurde 1765 von dem aus Kursachsen stammenden Oberberg- und Hütteninspektor Johann Gottfried Stieler im Loquitztal an der thüringisch-bayerischen Grenze gebaut. Es wurden ein Blaufeuer (kleiner Hochofen) und ein Blechhammer errichtet. Ende Juli 1793, während der heißen Phase des Kaulsdorfer Bergkriegs, leitete Humboldt von hier aus seine Verhandlungen mit dem Bergamt Saalfeld. Das Eisenhammerwerk war bis 1875 in Betrieb.

Sonnabend beschränkt. Der Schulbetrieb fand nur im Winterhalbjahr (November bis Mai) statt, „damit den armen Einwohnern die Kinder nicht der Arbeit entzogen werden (ein Haupthindernis so mancher Schulanstalt)“ [55]. Schon im ersten Jahr kamen etwa 40 Schüler. Sie wurden auf zwei Klassen aufgeteilt: eine für „Bergjungen“ ab 12 Jahren (nachmittags von 13 bis 16 Uhr) und eine für schon ältere „Lehrhäuer und Knechte“[56], praktisch also Gesellen (abends von 18 bis 21 Uhr). Interesse und Lerneifer der jungen Leute waren so groß, dass die Stunden oft bis 23 Uhr dauerten.[57]

Humboldt entwickelte ein erstaunlich modernes Unterrichtskonzept. Fünf Fächer umfasste der Lehrplan: Schön- und Rechtschreiben, Rechnen, Bergrecht sowie Geographie und Geologie. Dabei ging es ihm nicht nur um die reine Vermittlung von bergmännischem Fachwissen. Stets hatte er auch die allgemeine Bildung und Erziehung seiner Schüler im Auge. Natürlich gab es für dieses modern anmutende Curriculum keine erprobten Unterrichtsmaterialien. Er musste die Texte selbst verfassen. Dieses Lehrbuch – so nennt es Humboldt selbst – bestand aus einer Sammlung von Texten zu den einzelnen Themen des Schulstoffs, anhand derer sich der „Berglehrer“ auf den Unterricht vorbereiten und deren Inhalt er den Schülern vermitteln sollte.

Als Berglehrer wurde der Schichtmeister Georg Heinrich Spörl aus Naila gewonnen, ein talentierter und kenntnisreicher praktischer Bergmann. Spörl kannte die Verhältnisse vor Ort und sprach die gleiche fränkische Mundart wie seine Schüler. Aber Unterricht hatte er zuvor noch nie gehalten, deshalb musste Humboldt die Anleitung des Lehrers übernehmen. Im ersten Schuljahr unterstützte er ihn bei der Einarbeitung in seinen neuen Beruf nach Kräften: „Indem ich die Schule selbst besuche, lerne ich am leichtesten die Fehler meines Lehrbuches kennen.“[58]

Humboldts pädagogischer Ansatz enthielt noch eine weitere, recht modern wirkende Komponente: Im bergtechnischen Unterricht durften nur die Begriffe und Benennungen der technischen Einrichtungen gelehrt werden, nicht aber, *wie* etwas ausgeführt wird. Dies sollte allein bei der praktischen Ausübung im Bergwerk vermittelt werden, unmittelbar im realen Arbeitsumfeld. Auf diese Weise wollte er verhindern, dass trockenes Wissen ohne anschaulichen Anwendungsbezug gepaukt wurde.

Alexander von Humboldt über die Schwierigkeiten bei der Einrichtung seiner Bergschule

Wem ich meine Ideen mitteilte, riet mir ab. Das Volk habe keine Lernbegierde, hieß es; die Vorurteile schienen eingewurzelt, es sei kein Lehrer zu finden, den die Kinder verständen, usw. Diese Einwendungen schreckten mich nicht ab, bewogen mich vielmehr, sogleich die ganze Einrichtung vorläufig aus meinem Beutel als Privatsache zu betreiben. [...] Ich hielt es für besser, etwas zu leisten, als nichts zu versuchen, weil man nicht alles leisten kann.[59] [...] Die Hauptschwierigkeit war [...], dass es schlechterdings kein Buch gab, das man einem Lehrer in die Hand geben konnte. Ich habe die Abende angewandt, ein Lehrbuch oder vielmehr fünf kleine zu schreiben. Manches ist mir mehr, manches weniger gelungen. Alles enthält individuelle Anwendungen [...]. Ich habe dabei recht gefühlt, wie unendlich schwer es ist, für Kinder zu schreiben. Ich habe viele Bücher dabei benutzt, denn der Hauptcharakter eines Schulbuches soll der sein, dass es alles enthält, was nur irgend dem gemeinen Bergmann nützlich sein kann. Es darf schlechterdings nicht oberflächlich sein.[60]

Humboldts Schulbuch

Humboldts Originalmanuskript ist verschollen. Es haben sich aber größere Teile daraus in einer Abschrift erhalten. Hier ein Auszug zum Thema „Beschreibung des Landes“:

In unserem Bayreuther Vaterlande werden nicht nur alle drei Arten der Gebirge [hier in bergmännischem Sinn Gestein, Gesteinsformation] *(Alte, Flöz- und Aufgeschwemm-*

te Gebirge) [z. B. Granit, Kalkstein und Sand] gefunden, sondern es brechen auch in allen dreien nutzbare Erze. Das Fichtelgebirge, die Gegend um Schauenstein, Naila, Lichtenberg und Lauenstein, sowie um Goldkronach und Wirsberg gehört zum alten Gebirge. Hingegen ist die Gegend um Bayreuth und Bindlach (bis Berneck), die Gegend um Pegnitz, Kulmbach und Neustadt an der Aisch, sowie das ganze Bayreuther und Ansbacher Unterland, ein rechtes Flözgebirge. In diesem Teil unserer Fürstentümer sind daher auch allein Steinkohlen und Salzquellen zu suchen. […]

Aufgeschwemmte Gebirge oder Sand und Letten findet man in Nürnberg, Erlangen und Schwabach […] Letten und Töpferton brechen [kommen vor] *bei Niederlamitz und am Steinberge im Wunsiedler Revier. Porzellanerde bricht bei Göpfersgrün und am Fuß des rauhen Kulms bei Neustadt am Kulm.*"[61]

„*Vom Wasser, als den Meeren, Flüssen und Seen: […] Wir müssen von Steben aus über Berlin nach Stettin oder Hamburg etliche 50 Meilen* [über 350 km] *reisen, um die offene See zu sehen. Auch das Meer hat seinen Boden, wie unsere Flüsse, Nur liegt er oft sehr tief. […] Wenn man den Meeresboden ohne Wasser sehen könnte, so müsste er wie unser festes Land aussehen, mit Berg und Tal.*"[62]

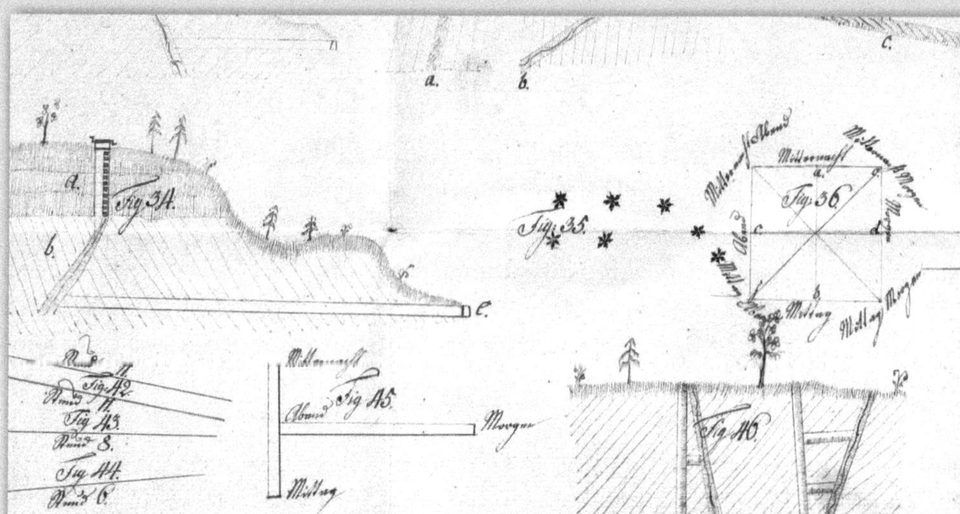

Zeichnungen zu Humboldts Schulbuch. Tuschezeichnungen von O. Gsell, wahrscheinlich nach Humboldts Originalvorlagen kopiert (Ausschnitt). Die abgebildeten Skizzen gehören zum Kapitel „Wie die Gänge fallen und Streichen", d. h. wie sie vertikal und horizontal ausgerichtet sind. Die Schüler sollten lernen, die Richtungen auch untertage zu bestimmen und in bergmännisch richtiger Weise zu bezeichnen. So stellt z. B. Figur 36 (oben rechts) die Windrose dar mit den bergmännischen Richtungsbezeichnungen: Mitternacht = Norden, Morgen = Osten, Mittag = Süden, Mittag-Morgen = Südosten usw. Zu Figur 35 (oben Mitte) heißt es in den „Erinnerungen an den Lehrer": „Der große Wagen oder große Bär sieht […] also [so] aus. Man zeige ihn den Kindern; es ist nützlich dass sie ihn kennen." Durch die Kenntnis des gleichnamigen Sternbildes ließ sich unter freiem Himmel der Polarstern leicht auffinden und damit die Nordrichtung bestimmen.

Das Buch enthält auch Skizzen und Zeichnungen, die vom Lehrer zur Illustration des Unterrichtsstoffes an die Tafel gemalt werden sollten.

Aus Humboldts pädagogischen Anweisungen:

In einem Abschnitt „Erinnerungen für den Lehrer“ enthält das Buch unterrichtsmethodische Hinweise. Sie sollten unter anderem die Zeichnungen erklären und dabei erläutern, wie mit deren Hilfe der Stoff den Schülern verständlich gemacht werden kann. Außerdem wird an Beispielen aufgezeigt, wie sich der Unterricht lebendig und einprägsam gestalten lässt. Im Abschnitt „Von der Beschaffenheit der Erde überhaupt“, der die Gestalt und Größe der Erde zum Gegenstand hat, heißt es: „*Die Kinder brauchen nicht gequält zu werden, die Zahlen zu behalten. Wenn sie nur im Allgemeinen einsehen, wie gering die Teufe unserer Schächte gegen den Erddurchmesser ist. [...] Man erinnere die Schüler, dass es ebenso ein Vorurteil sei, dass der Fichtelsee unergründlich sei. Man hat sich nie die Mühe gegeben, recht lange Peile hineinzulassen.*“ Im Kapitel über die großen Flüsse der Welt findet sich die Anmerkung: *Ich brauche nicht zu erinnern, dass dieser Abschnitt bloß zur Unterhaltung der Schüler dasteht, nicht dass sie die unnötigen ausländischen Namen lernen sollten.*“[63]

Der Erfolg der Stebener „Freien Bergschule“ war überwältigend. Die Schüler drängten sich förmlich zum Unterricht. In einer Denkschrift[64] an die preußisch-fränkische Regierung in Ansbach erläuterte und begründete Humboldt das Konzept seines „Instituts“:

> Die freie Bergschule ward Ende November 1793 eröffnet. [...] Der Zweck ist zwiefach: a) das junge Bergvolk in dem Nailaer Revier zu verständigen und brauchbaren Bergleuten auszubilden, b) ihm von Kindheit an Liebe für unser Metier und bergmännisches Ehrgefühl einzuflößen.[65]

Das schloss einen bewussten Ansatz zur Heranbildung einer ‚bergmännischen Elite' mit ein. Und nun bat er auch um die Übernahme seines ‚Instituts' als „Königlich Freie Bergschule“ in die staatliche Verwaltung.

Die Denkschrift machte in Bayreuth, Ansbach und Berlin die Runde. Man prüfte, begutachtete und genehmigte schließlich Humboldts Vorschlag, nicht zuletzt aufgrund des positiven Votums des Ministers von Heinitz. Die Schule wurde vom preußischen Staat übernommen. Zudem erstattete man dem Oberbergmeister seine bislang aus eigener Tasche verauslagten Kosten für Unterrichtsmaterial und Gehalt des Berglehrers Spörl. Humboldts großes Engagement für die Schule war neben der Sorge um die Zukunft des Bergbaus auch der sozialen Fürsorgepflicht entsprungen, die er für seine jungen Nachwuchskräfte empfand. Und so ließ er es sich nicht nehmen, den zurückerstatteten Betrag erneut in ein soziales Projekt fließen zu lassen: Er stiftete den gesamten Betrag in eine Hilfskasse für die Witwen verunglückter Bergleute.[66]

Das alte Bergamt in Bad Steben um 1920. Historische Fotografie. In dem ehemaligen Bade- und Traiteurhaus war ab 1796 das Bergamt, später auch die von Humboldt gegründete Bergschule untergebracht. Das hier abgebildete Gebäude wurde 1966 abgerissen.

Reminiszenzen an Humboldt – Ernst Wilhelm Martius

Im Frühsommer 1793 und im Herbst 1794 fuhr der Erlanger Universitätsapotheker Ernst Wilhelm Martius (1756 – 1849) durch die Bambergischen und Bayreuther Lande, um seinen mineralogischen Interessen nachzugehen. Er ließ seine Erkundungen und Reiseeindrücke in Form von „Briefen an einen Freund“[67] erscheinen. Das Buch ist Hardenberg und Tornesi gewidmet, und wir begegnen darin zahlreichen Orten und Personen aus Humboldts Wirkungskreis. Auch Humboldt und seine ersten Erfolge im Bergbau werden gewürdigt. Ganz besonders hebt Martius die Einrichtung der Bergschule hervor: „Der edle Stifter dieser Anstalt verdient also um so mehr den wärmsten Dank, da er auf eine so löbliche Weise auch für die Ausbildung dieser so nützlichen Bürger unseres Vaterlandes rühmlichst gesorgt hat.“[68]

Als Martius 1794 seine zweite Reise durch Franken antrat, war er gerade Vater seines ersten Sohns geworden. Dieser Carl Friedrich Philipp (später „Ritter von“

Martius, 1794-1868), wurde später ein bedeutender Naturforscher, Botaniker und Ethnograph. Angeregt von Humboldts Reisen und Arbeiten, erforschte er zusammen mit seinem fränkischen Landsmann, Johann Baptist Spix, zwischen 1817 und 1820 auf einer großen Brasilien-Expedition die Region des Amazonasbeckens. „Solange man Palmen kennt und Palmen nennt, wird auch der Name Martius mit Ruhm genannt werden",[69] soll Humboldt, so wird behauptet, später über ihn gesagt haben.

Zwischenbilanz - die Generalbefahrung von 1795

Mittlerweile waren bei Alexander von Humboldt der Wunsch nach wissenschaftlicher Tätigkeit und der Plan einer großen Forschungsreise in den Vordergrund gerückt. Er strebte seinen Abschied aus dem Bergdienst an. Zu Beginn des Jahres 1795 machte er sich daran, einen abschließenden Rechenschaftsbericht anzufertigen, sozusagen ein Übergabeprotokoll an seinen erhofften Nachfolger. Dazu unternahm er nochmals eine Generalbefahrung seiner Reviere, also eine vollständige und systematische Inspektion aller Berg- und Hüttenwerke und der sonstigen Einrichtungen in den drei Bergämtern.

Die Berichte, die er hierüber verfasste[70], dokumentieren den Erfolg seiner Arbeit in den letzten beiden Jahren. In Steben zum Beispiel waren vor seiner Amtszeit im Jahr 1790 in der Grube *Hülf Gottes* 295 Zentner Eisenstein gefördert worden, 1794 war die Förderung bereits auf 390 Zentner angestiegen. Noch besser sah es in der *Oberen Mordlau Fundgrube* aus. Hier war die Förderleistung von knapp 250 auf über 440 Kubikmeter gesteigert worden. Dies kam einer Verdoppelung gleich, und der Erlös in Gulden hatte sich sogar verdreifacht. Stolz spricht aus Humboldts Zeilen zu den mühsam errungenen Erfolgen in der *Königszeche*: „Die Kaulsdorfer Kobalte gehören unstreitig zu den schönsten Deutschen Kobalten."[71]

Die Gruben des Wunsiedler Bergamtsreviers waren ebenfalls bestens bestellt:

> Der Bergbau [...] hat sich seit zwei Jahren merklich gehoben, wovon das Verdienst nicht auf mich, sondern allein auf den B[erg-]Geschworenen *Sievert* fällt. Die Zimmerung ist umgewandelt, die verhudelte Vorrichtung der meisten Gruben zum besseren Betriebe eingeleitet, die Förderung samt dem Wetterwechsel [Frischluftzufuhr] erleichtert, und was das wichtigste ist, die Bergleute selbst sind zu einer regelmäßigeren Arbeit angelernt.[72]

Auch verwendete man nun Unschlittlampen (Talglichter) statt der früheren Kienspäne.[73] Nur beim Goldkronacher Goldbergbau, seinem Lieblingsprojekt, war sein Enthusiasmus noch immer größer als die Ausbeute. Eine Art Goldfieber spricht bisweilen aus seinen Briefen und Berichten. Als Kind der Aufklärung blieb Humboldt trotzdem Realist:

> Um nicht Luftschlösser zu bauen, zu denen ein Goldbergbau so leicht verführt, halte ich es für ratsamer, nie große schriftliche Pläne für die späte Zukunft zu liefern, sondern einen großen letzten Zweck vor Augen zu haben und sich nur immer für das zu bestimmen, was in den nächsten Jahren zu tun ist und wozu die *data* genau gegeben sind. [...] Nun muss man in seinen Erwartungen nicht unmäßig sein und nichts von der Natur erzwingen wollen, was sie nicht leisten kann [...].[74]

Sein Bericht von 1795 enthält jedoch nicht nur Beschreibungen der Gruben und Hütten mit Hinweisen zu anstehenden Arbeiten und Entscheidungen. Der Autor charakterisiert darin auch seine Bergbeamten mit all ihren Vorzügen und Schwächen und stellt Zeugnisse über sie aus.

Bergkommissar *Knieling* in Naila beispielsweise, so beschrieb ihn Humboldt,[75] „ist der älteste praktische Bergbeamte im Obergebürgischen Fürstentume“, erfahren, aber ohne theoretische Kenntnisse, und „sein Alter lässt kaum hoffen, dass er diese Mängel verbessern wird“. Für die Zukunft setzte er eher auf den Vizebergmeister *Ullmann*. „Er hat Klarheit in den Ideen, Übersicht, Dienstkenntnis und Fertigkeit in Federarbeiten.“ Der Berggeschworene *Löwel* „war auf einem unseligen Mittelwege, ein ungründlicher Geognost und zugleich auch ein ungründlicher Betriebsmann zu werden. [...] Unter guter Leitung und bei nicht mangelnder Aufmunterung wird er schon brauchbar werden“.

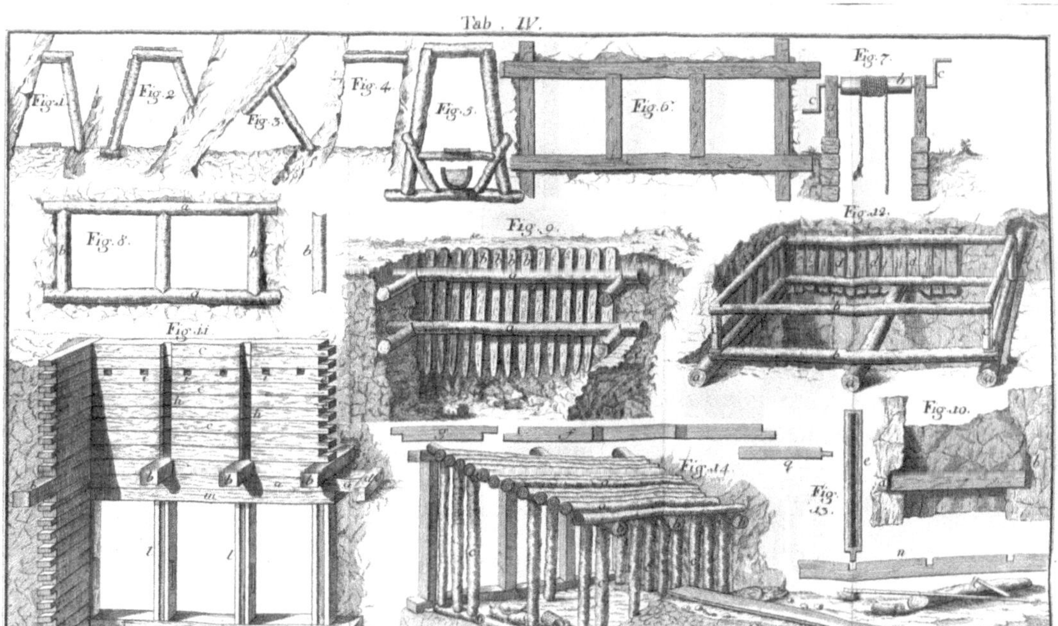

Grubenzimmerung. Aus dem Buch von Christoph Traugott Delius: „Anleitung in der Bergbaukunst [...]“, Wien: Trattner, 1773. Die Zimmerung (Innenausbau) der Gruben und Schächte zu verbessern, war eines der Hauptanliegen von Humboldts Tätigkeit im fränkischen Bergbau. Sie sollte einerseits der höheren Sicherheit der Bergleute, andererseits auch einer effizienteren Erzförderung dienen.

Der Amtsvoigt *Steinlein* „führt den Namen als Bergschreiber und zieht die Besoldung davon; seine Existenz als Bergrichter ist mir aber nur aus den Klagen über *degenerierte* Justizpfleger bekannt geworden. [...] Ich habe [...] auf seine Absetzung gedrungen [...] *Steinlein* war in vier bis fünf Monaten kaum ein- oder zweimal in der Bergamtsstube sichtbar.“ Aus diesen Urteilen zeigt sich, wie dringend notwendig Verbesserungen in der Organisation dieses Bergamtes waren.

Das Wunsiedler Revier stand besser da. Lobende Worte fand Humboldt für den Vizebergmeister *Schubert* und den Berggeschworenen *Sievert*. In Goldkronach schließlich hob er besonders den Berggeschworenen *Killinger* hervor:

> Mit den trefflichsten chemischen und bergmännischen Kenntnissen ausgerüstet [...] kann er Anspruch auf einen Grad bergmännischer allgemeiner Ausbildung machen, deren sich wenige zu erfreuen haben. Seine Tätigkeit, sein guter Wille und seine liebenswürdige Bescheidenheit erhöhen den Wert jener Eigenschaften, und wenn man in solchen Jahren so viel leistet, eröffnen sich die frohesten Aussichten für das reifere Alter.[76]

Besondere Sorge bereitete Humboldt der Zustand der Nailaer Knappschaftskasse. Dieser Hilfsfonds für notleidende Bergleute und verarmte Bergmanns-Witwen konnte nicht mehr allen Bedürftigen helfen. Die Beiträge reichten nicht mehr aus. Humboldt empfahl, den König um eine Spende zu Überbrückung des Engpasses zu bitten.

Fast zu einem Drittel befasst sich sein Generalbefahrungsbericht mit sozialen Themen – ein ungewöhnliches Verhältnis für einen Rapport, der ja primär über den technischen und ökonomischen Zustand der Anlagen Auskunft geben sollte. Dieses hohe Maß an Fürsorgepflicht für ihm anvertraute Menschen ist eine Eigenschaft, die Humboldt sein ganzes Leben lang auszeichnen sollte.

Der Oberbergrat Humboldt

In seinen Briefen an Freunde, Kollegen und Vorgesetzte klang immer wieder Humboldts Unzufriedenheit über seine momentane berufliche Situation durch. So schrieb er am 6. August 1794 an Friedrich Schiller, den er durch seinen Bruder im Sommer 1792 in Jena kennengelernt hatte[77]: „Vielleicht glückt es mir, mich bald ganz loszumachen und der großen [wissenschaftlichen] Arbeit, die ich mir vorgesteckt und die ich mit Anstrengung verfolge, ganz zu leben.“[78] Auf seinen Abschied aus dem Bayreuther Bergdienst sollte er allerdings länger warten müssen, als er erhofft hatte. Sein an den König gerichtetes Abschiedsgesuch vom 26. März 1795[79] ging den Dienstweg und kam auf diese Weise zuerst in die Hände Hardenbergs. Dieser setzte nun alle Hebel in Bewegung, seinen besten Untergebenen im fränkischen Bergdienst zu halten. Er schaltete den Kollegen Heinitz in Berlin ein und drängte mit einer Eingabe an den König, Humboldt zu befördern und ihm mehr Freiraum zu gewähren.

Das Redwitzer Tal unter der Kosseine. Kupferstich von Tretscher nach einer Zeichnung von Johann Theodor Benjamin Helfrecht aus dessen Buch: „Versuch einer geographisch-naturhistorischen Beschreibung des Fichtelgebirges, Zweiter Theil", Hof: G. A. Grau, 1800. Auf seinem Weg ins Eisenerzgebiet von Arzberg kam Humboldt regelmäßig durch das Redwitztal.

Diese Bitte wurde umgehend erfüllt. Der König ernannte Humboldt am 21. April 1795 zum Oberbergrat.[80] Die neue Position entband ihn von den bisherigen täglichen Pflichten als Oberbergmeister. Von nun an war seine Aufgabe lediglich, „eine allgemeine Aufsicht über den aufkeimenden fränkischen Bergbau"[81] fortzusetzen. Die Bergamtsreviere sah er seltener, zum Beispiel bei den jährlichen Generalbefahrungen. Wenn er nicht auf Forschungsreisen oder in diplomatischer Mission unterwegs war, wohnte er nun meist in Bayreuth.

Trotz der neuen Freiheiten war Humboldt mit seiner Situation nicht völlig glücklich: „Der König hat mich zum Oberbergrat gemacht, mit der Erlaubnis, ihm in seinen Provinzen zu dienen oder durch wissenschaftliche Reisen nützlich zu werden", schrieb er am 21. Mai 1795. „Dadurch ist mir freilich eine unabhängige Existenz geschenkt, aber sie fängt, wie oft Freiheit aus Zwang entsteht, mit Zwang an."[82] Dennoch ermöglichte ihm die neue Stellung, sich wesentlich intensiver seinen wissenschaftlichen Studien zu widmen. Seine Tätigkeit im Berg- und Hüttenwesen vernachlässigte er trotzdem nicht. Er konzentrierte sich nun vor allem auf sein Hauptanliegen: die grundlegende Modernisierung des Bergwesens und die Förderung der dazugehörigen verarbeitenden Industrie.[83]

Die Erfolge, die er hierbei nachweisen konnte, waren nicht nur seinen technischen Neuerungen geschuldet, sie gingen ganz wesentlich auch auf seine ökonomischen Überlegungen zurück. Humboldt hatte stets die langfristigen wirtschaftlichen Auswirkungen seiner Maßnahmen im Blick. Dadurch erwiesen sie sich als besonders nachhaltig. Dabei kam ihm seine kameralistische Ausbildung an der Handelsakademie von Johann Georg Büsch in Hamburg zugute. Diese ökonomischen Kenntnisse befähigten ihn auch, der Regierung sachkundige Ratschläge in Währungsfragen zu geben. Ein großes Problem der damaligen Zeit war das Nebeneinander vieler verschiedener Währungen. In erster Linie war dies eine Folge der Kleinstaaterei in Deutschland. Humboldt verfasste ein Gutachten zu einer Münzreform in den fränkischen Fürstentümern.[84] Sein Hauptanliegen war es dabei, bei einer eventuellen Währungsumstellung insbesondere den ärmsten Bevölkerungsschichten keine besonderen Lasten aufzubürden.[85]

Humboldts besondere Sorge galt weiterhin dem Wohlergehen seiner Bergleute. Von Beginn seiner Tätigkeit im Bergbau an hatte er sich für die Erhöhung der Sicherheit in den Gruben und insbesondere für die Verbesserung der Atemluft unter Tage eingesetzt. Diese war – bedingt durch geologische Gegebenheiten – in den fränkischen Bergwerken oft besonders schlecht. Humboldt hatte schon zahlreiche bewährte technische Maßnahmen zur besseren Wetterführung (Belüftung) angeordnet. Nun ging er noch einen Schritt weiter und arbeitete auch an technischen Mitteln zur Rettung bedrohter Bergleute (siehe S. 107 ff.).

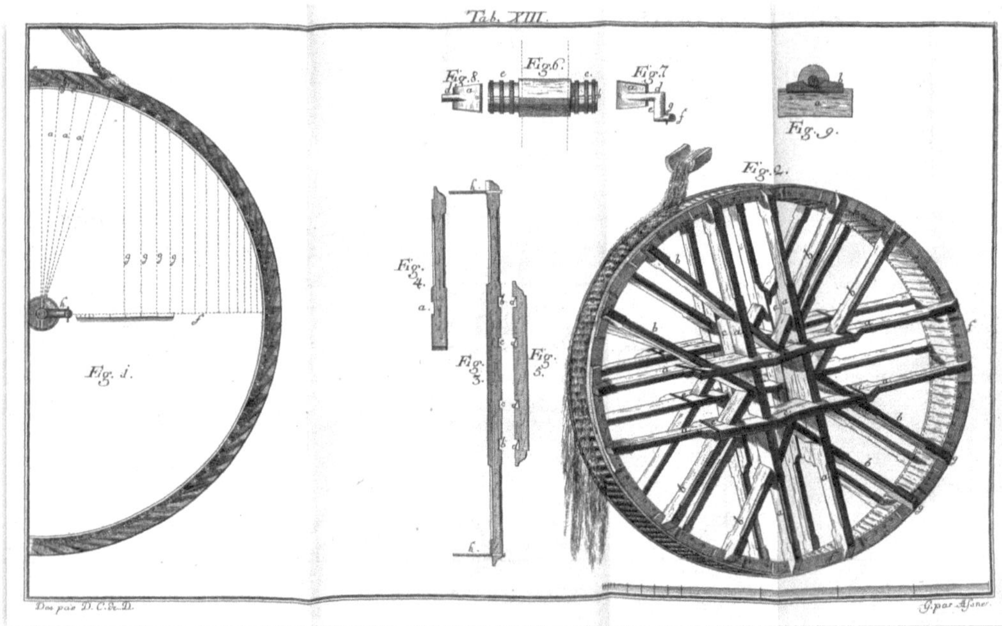

Wasserrad. Aus dem Buch von Christoph Traugott Delius: „Anleitung in der Bergbaukunst […]“, Wien: Trattner, 1773. Wasserkraft war das traditionelle Antriebsmittel in Bergbau und Hüttenwesen. Dampfmaschinen wurden zu Humboldts Zeit in Franken noch nicht verwendet. Er setzte sich aber für eine Modernisierung der bestehenden Wasserkraftanlagen ein.

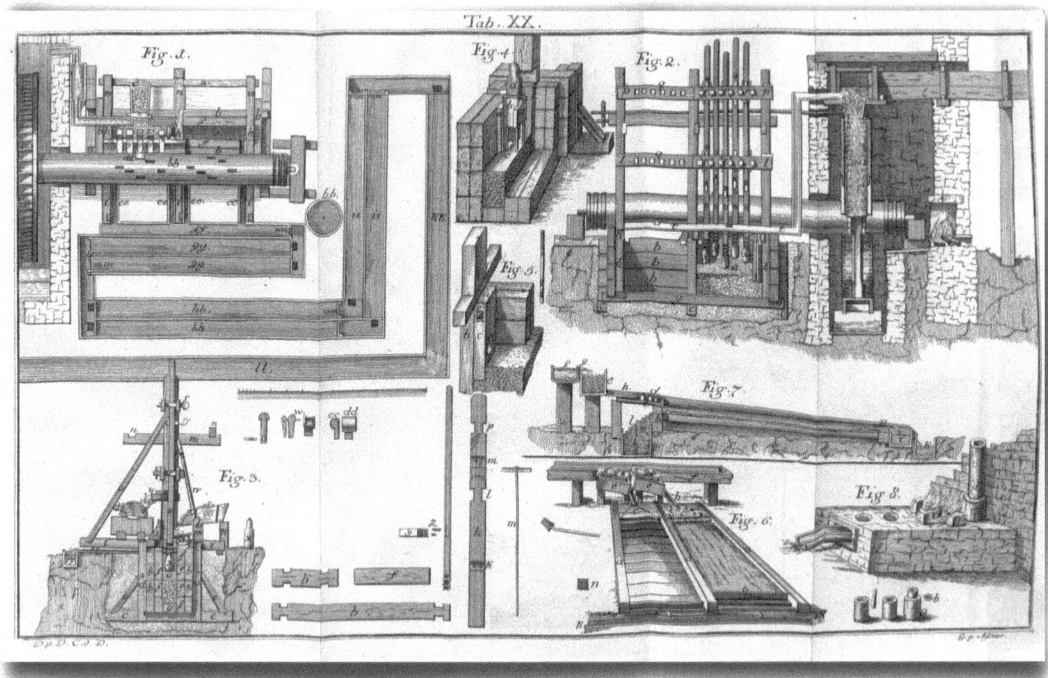

Pochwerk. Aus dem Buch von Christoph Traugott Delius: „Anleitung in der Bergbaukunst [...]", Wien: Trattner, 1773. In Pochwerken wird das Erz, um es besser weiterzuverarbeiten, zu feinen Körnern zerkleinert.

Aufgrund der großen Erfolge der Stebener Bergschule wurde auch in Arzberg eine Bergschule eröffnet. Deren Verantwortung als Berglehrer übernahm der Obersteiger Johann Caspar Bencker. Im Jahr 1796 begann man mit dem Unterricht. Er erfolgte nach den Stebener Lehrplänen, doch gab es hier deutlich weniger Schüler. Auch in Goldkronach wurde ab 1803 durch private Initiative ein bergmännischer Unterricht organisiert. 1806 legte man die beiden Schulen zusammen.

Gegen Ende seiner Amtszeit erstellte Humboldt für Hardenberg noch einmal eine Übersicht über den Stand des Bergbaus und Hüttenwesens und die erreichten Erfolge. Es handelte sich dabei im Wesentlichen um eine erweiterte und auf den neuesten Stand gebrachte Fassung des Generalbefahrungsberichts von 1795. Hardenberg, der Franken bald in Richtung Berlin verlassen sollte, um dort Minister und 1810 preußischer Staatskanzler zu werden, übernahm diesen Bericht Humboldts fast wörtlich in seinen eigenen Abschlussbericht:

> Die Einleitung ist gemacht, um den Bergbau im Bayreuthischen emporzubringen; die Stimmung der Bergleute ist gut, und wenn fortgefahren wird, wissenschaftliche Ordnung auf den vorigen chaotischen Zustand folgen zu lassen, nützliche Unternehmungen und wenig große, wenn sie auch gar keinen directen Gewinn für den Fürsten hoffen lassen, nur dem Wohlstand der Untertanen zu erhöhen, den glänzenden und vielen kleinen vorzuziehen, wenn man die Freiheit im Handel nicht stört, so steht zu

hoffen, dass solcher bald in Flor kommen werde.[86]

In dem Bericht würdigte Hardenberg seinen Oberbergrat, „dessen Verdienste um den bayreuthischen Bergbau sehr groß sind“[87], auch namentlich.

Als Humboldt aus dem Bergdienst ausschied und Ende Februar 1797 Franken verließ, hinterließ er ein – trotz vieler noch bestehender Mängel – wieder florierendes Berg- und Hüttenwesen. Preußen konnte sich daran allerdings nicht lange erfreuen. Nach der Niederlage gegen Napoleon musste es die fränkischen Fürstentümer an das mit Frankreich verbündete Königreich Bayern abtreten. Ansbach ging bereits im Jahr 1806 an Bayern, Bayreuth erst 1810, nach einer vierjährigen Zwischenphase unter direkter französischer Verwaltung. Und so waren es die Bayern, die noch etliche Jahrzehnte lang die Früchte von Humboldts Anstrengungen ernten konnten.

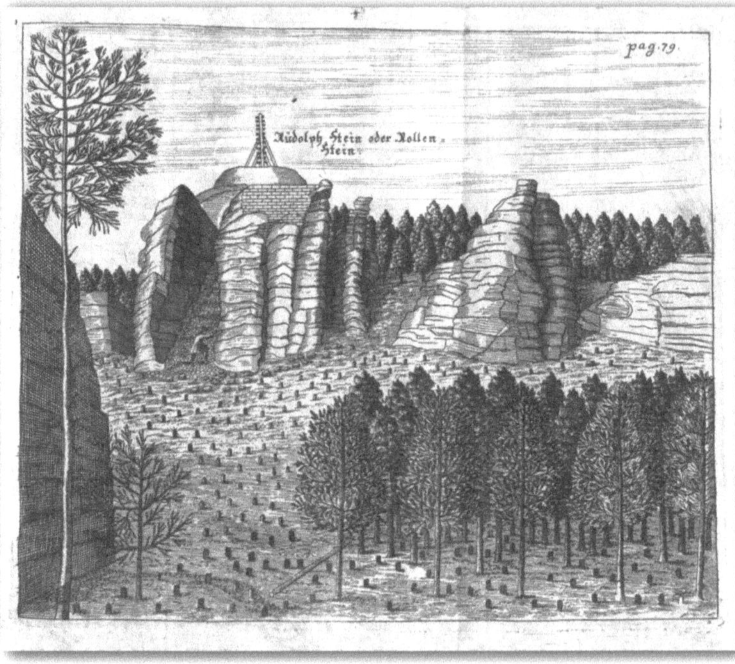

Der Rudolph-Stein oder Rollen-Stein. Kupferstich aus dem Buch von Johann Christoph von Pachelbel-Gehag: „Ausführliche Beschreibung Des Fichtel-Berges, im Norgau liegend […]“, Leipzig: Johann Christian Martini, 1716. Erschreckend zeigt sich bereits in dieser frühen Zeit der Kahlschlag des Fichtelgebirges durch großflächige Abholzung des begehrten Bau- und Brennstoffs. Auf dem Granitfelsen ist das Schachtgerüst des dortigen Zinnbergwerks zu sehen.

In Goldkronach wurde bis 1861 Gold gefördert, Antimonit bis 1885. Der Bergbau in Naila währte noch bis um die Mitte des 19. Jahrhunderts. Zu dieser Zeit stellten auch die meisten wasserbetriebenen Eisenhämmer und kleinen Hüttenwerke ihre Arbeit ein. Im Revier Arzberg, dem Humboldt von Anfang an die besten Aussichten gegeben hatte, förderte man noch über 150 Jahre lang Eisenerz. Dann machten auch hier die hohen Förderkosten dem Bergbau ein Ende. Im August 1941 fuhr in der Zeche *Kleiner Johannes* die letzte Schicht.

„Der ganze Bergbau ist ein Kampf mit den Elementen, wir lernen mit ihnen zu fechten oder ihnen geschickt zu entfliehen“, hatte Humboldt einmal geschrieben.[88] Sein Wirken bescherte dem fränkischen Bergbau nach einer Zeit des Niedergangs noch einmal eine neue, letzte Blüte. Ihm selbst dürfte aber wohl schon sehr früh klar geworden sein, dass dies kein dauerhafter Erfolg sein konnte. Zu mager waren die Lagerstätten, zu groß die

Konkurrenz besser situierter Bergbauregionen. Die meisten seiner Maßnahmen dienten vor allem dazu, „den Betrieb am Laufen zu halten“, um der „tätigen Menschenklasse“ – seinen Bergleuten – ein Auskommen zu verschaffen, und dazu, dem Land mit einer generellen Industrialisierung eine neue wirtschaftliche Perspektive zu eröffnen.

Dem Bergbau und Hüttenwesen verwandte Zweige wie z. B. Metallverarbeitung und Porzellanherstellung haben vielen Städten Oberfrankens zwar noch bis in die zweite Hälfte des 19. Jahrhunderts Auskommen und Wohlstand gebracht. Dann jedoch begann der Niedergang. Die zunehmende Konkurrenz vor allem durch den kolonialen Bergbau, der immer größere Holzhunger und die Verknappung des Brennmaterials erwiesen sich als restriktive Faktoren, die ein Fortbestehen der fränkischen Berg- und Hüttenwerke auf Dauer nicht zuließen.[89] Im Laufe des 20. Jahrhunderts machte die ausländische Konkurrenz dann auch der einst prosperierenden Porzellanindustrie Oberfrankens zunehmend zu schaffen. Aus Humboldts Zeit besteht lediglich die mit seiner Hilfe 1794 gegründete Porzellanfabrik in Tettau bis heute ununterbrochen fort. Die Blaufarbenfabrik in Schauberg, die Humboldt vor dem finanziellen Ruin bewahrt hatte, stellte 1817 auf Porzellan- und Fayenceherstellung um und produzierte bis 1942.[90] Nach einigen Jahren Unterbrechung wird bis heute Industrieporzellan und seit den 1970er-Jahren auch wieder Porzellangeschirr hergestellt.

Alexander von Humboldt. Radierung von Auguste Desnoyers nach einer Zeichnung von François Gerard, 1805. Humboldt schätze dieses Porträt des berühmten französischen Malers François Gerard sehr. Es zeigt den 36-jährigen Forscher kurz nach seiner Rückkehr von seiner amerikanischen Expedition.

„Er ist nicht ruhig und wird es nie werden ...“ – Humboldt der Getriebene

Am 3. Juni 1791, dem Tag von Alexanders Abreise aus Tegel zum Studium an die Bergakademie Freiberg, zeichnete Wilhelm von Humboldt in einem Brief an seine Braut Caroline ein Bild seines Bruders:

> Etwas eigentlich Großes hab ich, genau genommen, nicht in ihm gefunden, aber doch eine bei weitem mehr als gewöhnliche Wärme, Fähigkeit zu jeglicher Aufopferung und große und starke Anhänglichkeit. Glücklich wird er schwerlich je sein, er ist nicht ruhig und wird es nie werden, weil ich doch nie glaube, dass irgend ein Interesse sein Herz beschäftigen wird, und er doch gerade für eine solche Existenz Sinn und Achtung hat. Er wird nie mit sich zufrieden sein, weil er fühlt, dass er sich selbst nicht auszufüllen vermag. Hie und da hat er dies sogar gegen mich geäußert, obgleich meist wie ein Schleier zwischen uns über unsern innersten Gefühlen hing, den jeder sah und keiner aufzuheben wagte.[1]

Mit Wilhelms Formulierung, dass er von seinem Bruder „nie glaube, dass irgend ein Interesse sein Herz beschäftigen wird“, ist Alexanders mangelndes Interesse an Frauen gemeint. Über die Ehe seines Bruders meinte Alexander gegenüber Freiesleben: „Wilhelm liebt mich gewiss noch eben so, seitdem er verheiratet ist, als sonst, aber dennoch ist ein verheirateter Mensch ein verlorener Mensch.“[2] Die Braut Caroline von Dacheröden hatte zu den Beziehungen ihres künftigen Schwagers eine klare Meinung: „Überdies wird auf Alexandern nie etwas großen Einfluss haben, als was von Männern kommt; ich glaube, die Zeit wird es bestätigen.“[3]

Über Alexander von Humboldts Sexualität ist viel gemutmaßt worden.[1] Tatsache ist, dass wir keine Zeugnisse für erotische Beziehungen zu Frauen kennen. Es ist jedoch offensichtlich, dass er sich stark zu Männern hingezogen fühlte. Ob er allerdings diese Neigung jemals ausgelebt hat, wird wohl immer sein Geheimnis bleiben. Hans Magnus Enzensberger hat darauf in seinem Gedicht über Alexander von Humboldt die wohl treffendste Antwort gegeben: „Vereinsamt und ängstlich gedenkt er der Jünglinge, die ihm gefielen. Meist waren sie sanft und mittellos. Er aber förderte sie und schwieg. Die quälenden Nächte verbrachte er schreibend.“[5]

Durch seine Korrespondenz kennen wir vier Jugendfreunde Alexander von Humboldts, mit denen ihn bis zu seiner Abreise nach Amerika eine tiefe Zuneigung verband. Die Briefe, die er an sie schrieb, sind Ausdruck einer tief empfundenen Freundschaft, eines großen Vertrauens und des ehrlichen Wunsches, mit ihnen so viel Zeit als möglich zu verbringen.[6] Während seines Studiums in Frankfurt an der Oder hatte er Wilhelm Gabriel Wegener kennengelernt, später in Hamburg Archibald McLean, in Freiberg dann Karl Freiesleben und in Bayreuth schließlich Reinhard von Haeften. Ausführlich

Bayreuth. Kolorierter Stahlstich von Johann Poppel, um 1840. Bayreuth war der Sitz des Oberbergdepartements, also Humboldts eigentlicher Dienstsitz. Dort hielt er sich während seiner Amtszeit jedoch nur selten auf. Meist war er vor Ort in den drei Bergämtern Wunsiedel, Goldkronach und Naila. In Bayreuth lernte er im Herbst 1793 auch seinen bald innig geliebten Jugendfreund Reinhard von Haeften kennen.

teilte er mit ihnen seine Sorgen, Freuden und Träume. Allen offenbarte er in seinen Briefen eine tief empfundene Liebe. So schrieb er aus Freiberg an Archibald MacLean:

> Unter allen Freuden des Lebens hat mir die Freundschaft noch immer den einfachsten und erhabensten Genuss verschafft. Eine Verbindung wie die unsrige, mein Bester, ist dauernd. Ich könnte in Jahren nichts von Ihnen hören und mein Glaube an Sie und Ihre Liebe zu mir würde gewiss nicht erschüttert.[7]

Schwelgerische Freundschaftsbekundungen waren damals, in der Epoche der Empfindsamkeit, nichts Außergewöhnliches. Sie waren Ausdruck einer Haltung, wie sie sich in vielen Romanen der Zeit, vor allem auch in Goethes Briefroman *Die Leiden des jungen Werthers*, findet.[8] Die Weise jedoch, in der sich Alexander von Humboldt in manchen Briefen mitteilte, geht über die überschwänglichen Freundschaftsbekundungen, wie sie damals Mode waren, hinaus. Dies zeigt sich auch in seinen Briefen an Karl Freiesleben. Der Studienfreund aus Freiberg war selbst Bergmann und während der fränkischen Zeit Humboldts wichtigste Bezugsperson. Humboldts Briefe an ihn reflektieren nicht nur seine gesamte bergmännische und wissenschaftliche Tätigkeit in Franken, sie gehören zudem zu den aussagekräftigsten Texten über seine tiefsten persönlichen Empfindungen überhaupt. Wie schwer Humboldt der Abschied von Freiesleben fiel, wird aus seinem brieflichen Bericht über die Rückreise aus Freiberg mit den Freiherren von Reden und vom Stein im April 1792 deutlich:

> Die Zukunft umschwebte mich wie die einbrechende Nacht, der Abschied von Ihnen schien mir der letzte Genuss dieses Lebens, ich sah mich von den zwei Menschen, für die allein ich leben möchte, Ihnen und meinem Bruder, wie auf ewig getrennt. Ich weinte mehrere Stunden hintereinander, und so sehr ich es zu verbergen suchte, so fragte mich Reden doch nach meinen roten Augen. In jener Traurigkeit lag im Ganzen doch ein großer Genuss für mich, denn ich fühlte mich selbst, meine Liebe zu Ihnen und die Wärme meiner Phantasie.[9]

Karl Freiesleben. Porträt eines unbekannten Künstlers, ca. 1810. Freiesleben (* 1774, † 1846) war einer der begabtesten Studenten Abraham Gottlob Werners. In Freiberg, wo beide zusammen an der Bergakademie studierten, wurde er Humboldts engster Freund. Dieser schrieb über seine Studienzeit: „Mein einziger Umgang ist der Sohn des hiesigen Markscheiders Freiesleben, mit dem ich fast stündlich über und unter Tage zusammen bin. An die fünf Stunden beschäftige ich mich unter der Erde, bald um die Beschaffenheit der Gänge, bald um die Art des Abbaus zu studieren". Während Humboldts fränkischer Zeit war Freiesleben mit Abstand sein wichtigster Briefpartner. Von 1792 bis 1795 studierte er Rechtswissenschaften an der Universität Leipzig. Danach reiste er im Herbst 1795 mit Humboldt in die Schweiz. Später publizierte Freiesleben zahlreiche grundlegende mineralogische Werke und gab das Magazin für Oryktographie [Gesteinslehre] heraus. Das Mineral Freieslebenit ist nach ihm benannt. 1815 entdeckte er das von ihm als blaues Kupferglas bezeichnete Mineral Covellin. 1838 wurde er Leiter des gesamten sächsischen Bergbaus.

Welche Liebe er ihm gegenüber empfand, offenbarte er Freiesleben in einer Fülle von Briefen. So schrieb er beispielsweise am 13. August 1793 aus Kaulsdorf:

> Sie sind ein so prächtiger Mensch, guter Freiesleben, als dass Sie mir nicht wegen meiner unordentlichen, uninteressanten, vielleicht oft närrischen Briefe verzeihen sollten. Wenn Sie meine hiesige Lage kennten, wenn Sie wüssten (und das wissen Sie ja aus eigener Erfahrung genug) wie durch beständiges [in das Bergwerk] Fahren der Geist abgespannt wird, so wird Ihnen die Verzeihung doppelt leicht. Von meiner Anhänglichkeit, meiner teilnehmenden, an herzliche, innige Verehrung grenzenden Liebe zu Ihnen, von meiner Dankbarkeit für alle die Freuden, die Sie mir schenkten, für die vielen mir jetzt so nützlichen Kenntnisse, die ich allein Ihrer Güte verdanke, sage ich Ihnen jetzt nichts. Sie wissen, lieber Junge, wie ich gegen Sie gesinnt bin. Es hat nie einen Menschen gegeben, der so einen Eindruck auf mich machte, als Sie; Sie hatten nie einen Freund, der Sie so liebte. Sie glauben nicht, wie Ihr Andenken mich jetzt beschäftigt, hier im einsamen Gebirge ewig beglückt.[10]

Brief Alexander von Humboldts an Karl Freiesleben, Bayreuth, 18. Oktober 1796. Keinem schrieb Humboldt während seiner fränkischen Jahre mehr Briefe als seinem Freund Karl Freiesleben. Es waren sachliche Berichte über den Bergbau und über seine wissenschaftlichen Studien, aber auch Bezeugungen tiefer Zuneigung. Bisweilen fügte Humboldt auch Zeichnungen ein wie dieses Schema zu seinem Atemgerät.

Aus Berneck schickte er ihm am 29. Januar 1795 einen Brief mit folgenden Zeilen:

> Je länger ich von Dir getrennt bin, desto mehr fühle ich, was Du mir warst, was Du mir bist. Es ist spät, lieber Karl, und ich komme ermüdet aus der Grube. Ich schließe also heute und reite morgen nach Bayreuth zurück. Von da bald mehr, denn kein Augenblick ist mir süßer als der, wo ich Dir näher trete. Möchte ich doch erst an Deinem Halse hängen, Dich in meine Arme schließen.[11]

Eineinhalb Jahre später offenbarte er Freiesleben:

> Guter, Herzens-Karl, ich sehe dich noch immer als das hohe Ziel moralischer Reinheit an, welches ich nie erreiche. Es ist eine gewisse Milde, Sanftheit, gefällige Ruhe, eine Pflanzenreinheit in Dir, welche mich allein ewig an Dein Wesen binden könnte. […] Herzensjunge, wäre ich eine Stunde lang an Deiner Seite, netzte Deine Hand mit meinen Tränen […].[12]

Nahezu alle Briefe Humboldts an Freiesleben enthalten derartige überschwängliche Bezeugungen der Zuneigung. Viele dieser Stellen hat man versucht, in den Originalen unkenntlich zu machen. Andere wurden entfernt, indem jemand die entsprechenden Teile der Briefblätter ab- oder herausgeschnitten hat. Vermutlich war es Freiesleben selbst oder aber sein Sohn, der diese Zensuren vornahm, bevor die Briefe der Forschung zugänglich gemacht wurden. Dennoch gelang es den Editoren, zumindest die meisten gestrichenen Passagen zu entziffern. Die entfernten Textpassagen jedoch sind für immer verloren.

Einen neuen, bald innig geliebten Jugendfreund lernte Alexander von Humboldt im Herbst 1793 in Bayreuth kennen. Es war der Offizier Reinhard von Haeften. Mit ihm teilte er dort im Winter 1793/94 eine Wohnung. Zur gleichen Zeit hatte sich Haeften in Christiane von Waldenfels, die Frau eines preußischen Offiziers, verliebt. Nach ihrer Scheidung heiratete Haeften sie im Jahr 1795. An Freiesleben schrieb Humboldt:

> Dieser Reinhard von Haeften ist seit einem Jahr mein einziger und stündlicher Umgang. Ich wohne mit ihm zusammen, er besucht mich auf dem Gebirge. Ich habe, um ihn ganz zu genießen, mich von aller übrigen Gesellschaft losgerissen, und ich lebe mit ihm hier gerade wie ich in Freiberg mit Ihnen lebte. […] Ich habe nie einen so feinen Takt, ein so richtiges Gefühl fürs Wahre, Schöne, Einfache bei irgend einem Menschen gesehen. Ich stehe weit unter ihm. […] Als ich von Ihnen schied, Herzensjunge, glaubte ich schwärmerisch, ich könne nur an einem Menschen hängen, ich fände nie jemand wieder, mit dem es mir so ums Herz wäre als mit Ihnen. Ich müsste Sie verkennen, wenn ich ahndete, Sie könnten es missdeuten, wenn ich Ihnen sage, dass ich diesen Haeften ganz so innig, so herzlich als Sie liebe. […] Ich kann Ihnen nur schwören, und Sie glauben meinem Schwur, dass ich mich oft selbst geprüft, und dass ich immer selbst gefunden, dass ich Sie dies Jahr noch eben so warm, als vor drei Jahren liebe. Wenn man sich so nahe ist, als wir uns sind, ist das Geständnis genug, wenn ich um Sie bin, werden Sie es fühlen, ob ich Wahrheit sprach. Sie werden Haeften lieben, weil ich ihn liebe, er liebt Sie schon jetzt, weil er weiß, was ich Ihnen verdanke.[13]

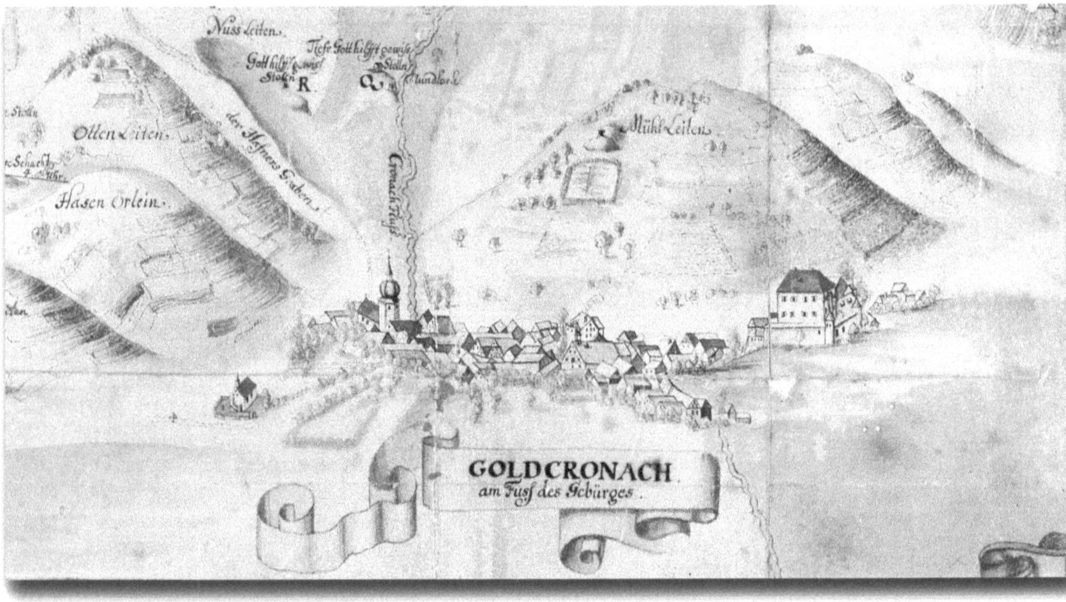

Die Bergstadt Goldkronach. Ausschnitt aus der Karte von Christian Friedrich Trommler, 1721. Aquarellierte Federzeichnung. Intensiv kümmerte sich Humboldt um die Förderung des Goldes in dieser Stadt: „Mit dem Bergbau geht es überhaupt hier jetzt schnell vorwärts. In Goldkronach besonders bin ich glücklicher, als ich es je wagen durfte zu glauben", schrieb er am 20. Januar 1794 an Karl Freiesleben.

Zusammen mit Reinhard von Haeften und Karl Freiesleben plante Humboldt eine Reise in die Schweiz. Sie fand von Mitte Juli bis Ende 1795 in zwei Etappen statt: Mit Haeften bereiste Humboldt von Juli bis September Oberitalien und die Schweiz, und von September bis November dann mit Freiesleben weiter die Schweiz. Es scheinen lediglich äußere Umstände gewesen sein, die verhinderten, dass alle drei, wie ursprünglich geplant, zusammen reisten. Freiesleben und Haeften haben sich jedoch, vermutlich am Bodensee oder in Schaffhausen, kennengelernt.

Wenige Wochen nach Ende der Reise eröffnete Alexander von Humboldt Haeften seinen Lebensplan: Zunächst sollten sie gemeinsam mit dessen Frau Christiane und ihrem kleinen Sohn sowie mit Wilhelm von Humboldt und dessen Familie nach Italien reisen und dort mehrere Jahre zusammen wohnen. In Italien solle Haeften dann entscheiden, ob er mit Humboldt nach Deutschland zurückkehren und dort mit ihm zusammenleben wolle:

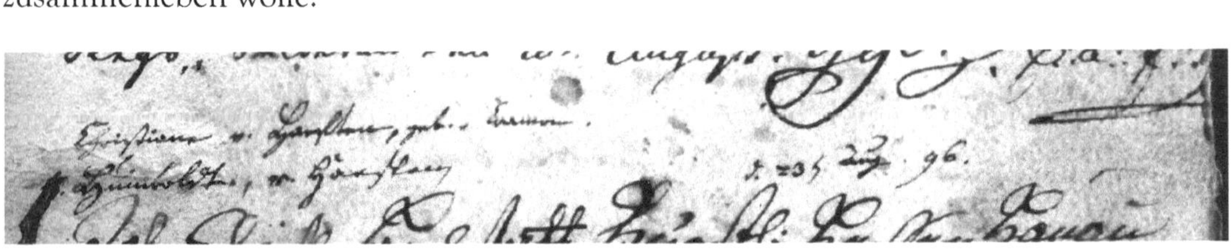

Eintrag ins Gästebuch des Gasthofs Münch beim Felsengarten „Sanspareil". Alexander von Humboldt weilte hier am 23. August 1796 zusammen mit seinem Freund Reinhard von Haeften und dessen Ehefrau Christiane. Die Eintragung stammt von Humboldts Hand.

> Wo wir uns dann niederlassen wollen, ist gleichgültig, am besten da, wo eine freundliche Natur ist und wo uns nicht alte Verbindungen genieren. Manches spricht für Cleve oder seine Nachbarschaft, doch wäre Düsseldorf, wo die Bildergalerie manchen interessierten Menschen hinzieht, vielleicht noch vorzuziehen.[14]

Den Plan seiner amerikanischen Reise, den Humboldt zu dieser Zeit bereits gefasst hatte, war er bereit zu verschieben.[15] An Haeften schrieb er Anfang Januar 1796:

> Ich kenne kein anderes Glück auf Erden, seit zwei Jahren als Deine Heiterkeit, Deinen Umgang, als den schwächsten Ausdruck Deiner Zufriedenheit. Meine Liebe zu Dir ist nicht Freundschaft, Bruderliebe allein, es ist Ehrerbietung, kindliche Dankbarkeit, Ergebung in Deinem Willen, als meinem höchsten Gesetze.[16]

Die von Humboldt geplante Reise nach Italien wurde tatsächlich in Angriff genommen. Es war die erste Etappe beim Aufbruch zu seiner amerikanischer Reise (vgl. S. 118). Im Jahr 1797 begaben sich die „zwei Familien“[17], so schrieb Humboldt, der sich als Teil der Haeftenschen Familie sah, von Dresden aus auf den Weg in den Süden. Da in Italien jedoch Kriegsunruhen ausgebrochen waren, kam man nur bis Wien. Wilhelm reiste mit seiner Familie nach Paris, Alexander verbrachte den Winter mit

Blick auf die Gipfel des Fichtelgebirges von der Kösseine. Kupferstich von P. W. Schwarz nach einer Zeichnung von Johann Theodor Benjamin Helfrecht aus dessen Buch „Versuch einer geographisch-naturhistorischen Beschreibung des Fichtelgebirges, Zweiter Theil“, Hof: G. A. Grau, 1800. Die höchsten Gipfel des Fichtelgebirges sind der Schneeberg (1051 m) und der Ochsenkopf (1024 m), die Platte (946 m) und die Kösseine (939 m).

Von Humboldt gesammelte und etikettierte Mineralienproben: obere Reihe: Amphibol, Fundort: Thiersheim bei Wunsiedel; Epidot, Fundort: Lichtenberg bei Bad Steben; Goethit, Fundort: Grube Arme Hilfe, Schnarchenreuth; Stilbit, Fundort: Gössenreuth bei Bad Berneck. Untere Reihe: Quarz (Chalcedon), Fundort: Grube Arme Hilfe, Schnarchenreuth bei Hof; Quarz, Fundort: Göpfersgrün bei Wunsiedel; Serpentin, Fundort: Oberkotzau bei Hof; Talk (Speckstein), Fundort: Göpfersgrün bei Wunsiedel. Die Proben befinden sich heute im Museum für Naturkunde in Berlin.

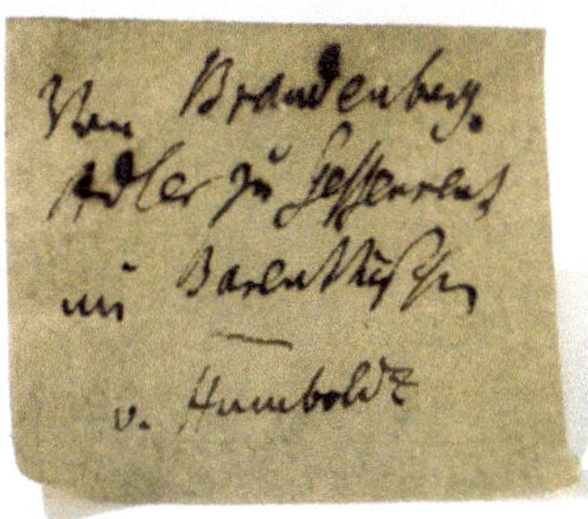

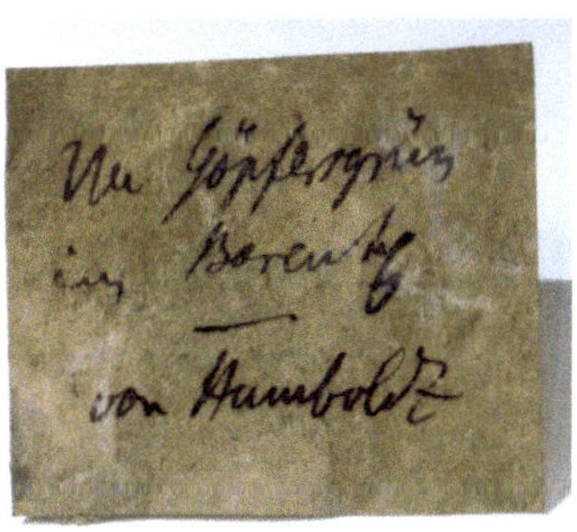

der Familie von Haeften in Salzburg. Als diese sich jedoch entschloss, nach Deutschland zurückkehren, gab Alexander den Plan, sich an diese Familie zu binden, auf. Damit war der Versuch, eine gemeinsame Lebensform mit verschiedenen Freunden und anderen ihm nahestehenden Menschen wie mit seinem Bruder und dessen Familie zu finden, gescheitert.

Vielleicht hat die unerfüllte Liebe zu seinen verschiedenen Freunden dazu beigetragen, dass Alexander von Humboldt nie zur Ruhe kam. Vielleicht hat sie einen Beitrag dazu geleistet, seine Energien in wissenschaftlichen und auch in körperlichen Höchstleistungen auszuleben. Gegenüber Archibald MacLean sah er sich, wie er am 9. Februar 1793 bekannte, „verdammt, immer allein, wie ein wandernder Jude die Welt zu durchirren, ohne Freund, ohne mitfühlendes Geschöpf – doch ich hasse alles Klagen. […] Einsamkeit ist doch noch besser als das Zusammenleben mit Menschen, mit denen man nicht harmoniert.“[18] Bereits eineinhalb Jahre zuvor hatte er MacLean aus Freiberg bekannt:

> Meine Fröhlichkeit hat freilich seit Jahren sehr abgenommen. Körperliche Ursachen sind gewiss viel daran schuld. Wenn ich ein paar Monate in Ruhe sein werde, will ich ernsthaft auf Gegenmittel denken. Was mir vielleicht am meisten schadet, ist ein Geist der Unruhe, ein Streben nach Tätigkeit, das mich plagt. Aus dieser inneren Unruhe erkläre ich es mir, warum große körperliche Anstrengung mich so schnell aufheitert. Es ist dann eine Art von Gleichgewicht im physischen und moralischen Menschen.[19]

Nahezu besessen arbeitete Humboldt Tag und Nacht. Dem Hofrat und Schriftsteller Georg August Ebell[20] in Hannover berichtete er am 10. Juni 1794 aus Goldkronach:

> Immer umherstreifend auf einem wilden Gebirge, kaum zwei bis drei Tage an einem Orte, mehr unter als über Tage, muss ich meine [naturwissenschaftlichen] Lieblingsstudien fast ganz aufgeben. Als ich Ihren lieben Brief vom 5. Januar empfing, war ich krank. Mein jugendlicher Körper erlag unter der Anstrengung der Winterarbeit. Ich hatte sechs Wochen lang ein schleichendes Fieber. Kaum war ich hergestellt, so erhielt ich königliche Aufträge, Salzschächte an der Ostseeküste und in Polen

Bad Steben. Der Hofer Künstler Richter fertigte 1837 diese Lithografie des Ortes an, der 1832 den Titel des Königlich Bayerischen Staatsbades verliehen bekam. Humboldt schätze diesen Ort, in dem er während seiner fränkischen Jahre oft wohnte: „Steben hat einen so wesentlichen Einfluss auf meine Denkart gehabt, ich habe so große Pläne dort geschmiedet, mich dort so meinen Gefühlen überlassen", schrieb er im Winter 1795 an seinen Freund Karl Freiesleben.

> abzuteufen. Seit dem April schwärmte ich nun in Pommern bei Colberg, West- und Südpreußen herum. [...] So ist mein Leben ein echtes Nomadenleben.[21]

Humboldts eigentliche Amtstätigkeit in Franken, die ohnehin schon aus vielen Reisen in die einzelnen Reviere bestand, wurde oft durch solche längeren Exkursionen unterbrochen. So fuhr er im Herbst 1792 in die Alpen bis nach Wien, und auf der Rückreise nach Polen und Schlesien. Nach einer weiteren einmonatigen bergmännischen Untersuchungsreise, die ihn im Mai 1794 nach Polen und Mähren führte, nahm ihn Hardenberg im Juli mit nach Frankfurt am Main. Dort beteiligte er sich an den diplomatischen Verhandlungen, die Preußen und Österreich mit der Französischen Revolutionsarmee führten. Zwei Jahre später sandte ihn Hardenberg zu weiteren Verhandlungen mit den Franzosen nach Württemberg und war sehr angetan von der erfolgreichen Mission des jungen Humboldt, der es erreicht hatte, dass Frankreich die Neutralität der preußischen Besitzungen in Hohenlohe respektierte.[22]

Alexander von Humboldts rastlose Energie stand in Gegensatz zu seinem nicht sehr robusten und oft durch Krankheiten geschwächten Körper. Während seiner fränkischen

Zeit hatte er nicht nur zahlreiche Verletzungen infolge von Unfällen in Bergwerken zu beklagen, sondern auch einige ernstere Erkrankungen wie „Flussfieber und Nervenübel"[23], die ihn für mehrere Wochen ins Bett zwangen. Georg Forster hatte bereits kurz nach der gemeinsamen Reise im Jahr 1790 notiert:

> Er sagt zwar, dass er seit fünf Jahren immer krank sei, und nur unmittelbar nach einer großen Krankheit sich etwas besser befinde, dann aber immer wieder schlechter würde, bis der Ausbruch einer neuen Krankheit ihn von neuem von dem Übermaß verdorbener Säfte auf einige Zeit befreit; ich bin aber fest überzeugt, dass bei ihm der Körper leidet, weil der Geist zu tätig ist, und weil die logische Erziehung der Herren Berliner [seine Hauslehrer] seinen Kopf gar zu sehr mitgenommen hat.[24]

Erst während seiner amerikanischen Reise ließ Humboldt alle gesundheitlichen Probleme hinter sich. Aus Venezuela schrieb er an Reinhard und Christiane von Haeften über sich und seinen Reisebegleiter Aimé Bonpland: „Unsere Gesundheit hat nie den kleinsten Anstoß gehabt. Ich bin froher, gesunder und stärker (fetter) als in Europa."[25]

Von einem „Geist der Unruhe[26]" war Alexander von Humboldts gesamtes Leben bestimmt. Schon in Hamburg, kurz vor seiner Bewerbung im preußischen Bergwesen, hat-

Quelle der Sächsischen Saale am Waldstein bei Zell im Fichtelgebirge. Lithografie von C. W. Arldt nach einer Zeichnung von Julius Fleischmann. Aus dem Buch von Karl Heinrich Wilhelm Münnich: „Die malerischen Ufer der Saale", Dresden: Adler und Dietze, 1848. Die Saalequelle war, nach Beendigung der Bergbauaktivitäten, um die Mitte des 19. Jahrhunderts ein beliebtes Ausflugsziel. Das Gelände des ehemaligen Gelbkreidebergwerks wurde parkähnlich gestaltet, verfiel in späterer Zeit aber wieder.

te er gegenüber seinem Freund Wilhelm Gabriel Wegener bekannt: „Es ist ein Treiben in mir, dass ich oft denke, ich verliere mein bisschen Verstand. Und doch ist dies Treiben so notwendig, um rastlos nach guten Zwecken hinzuwirken."[27] An anderer Stelle notierte er: „Möge ich nur halb so viel leisten, als ich mir zu leisten vornehme."[28] Später, im Jahr 1806, gestand er: „Voller Unruhe und Erregung freue ich mich nie über das Erreichte, und ich bin nur glücklich, wenn ich etwas Neues unternehme, und zwar drei Sachen mit einem Mal."[29] Aus diesem Getriebensein schöpfte Alexander von Humboldt seine kreative Energie. Seine extreme Rastlosigkeit quälte ihn einerseits, aber sie trieb ihn auch zu immer neuen Leistungen an.

„Er wird nie mit sich zufrieden sein, weil er fühlt, dass er sich selbst nicht auszufüllen vermag" [30], hatte sein Bruder 1791 geschrieben. Auf gewisse Weise bestätigte Caroline von Humboldt diese Einschätzung, als sie im Jahr 1827 Alexander von Humboldts Kosmos-Vorträge besuchte, die er vor mehreren hundert Zuhörern in der stets bis auf den letzten Platz besetzten Berliner Singakademie hielt:

> Alexander war so befangen die erste Viertelstunde lang, dass es mich tief rührte. Auch sein Vortrag hatte für mich Anklänge der tiefsten Wehmut. Ein so wahrhaft guter, so grenzenlos gelehrter Mensch, dass, wie er einem die unermesslichen Räume des Weltalls mit der Gewalt seines Geistes erschließt, man zugleich in die wunderbare Tiefe des menschlichen Fassungsvermögens blickt und einen die Ahndung lichthell überfliegt, nach außen und nach innen gleiche Unendlichkeit – ach, und doch nicht glücklich.[31]

Der Sankt-Georg-Stollen bei Arzberg, ein ehemaliger Entwässerungsstollen, kann auch heute noch ein Stück weit begangen werden. In diesem Revier, dem Humboldt von Anfang an die besten Aussichten für eine gute Ausbeute gegeben hatte, förderte man nach seinem Wirken noch über 150 Jahre lang Eisenerz. Dann machten allerdings die hohen Förderkosten dem Bergbau ein Ende.

Die Altstadt von Ansbach, 1826. Kolorierte Lithografie von Gustav Kraus. Des Öfteren musste Humboldt nach Ansbach fahren, um dort Bericht zu erstatten. Im dortigen markgräflichen Residenzschloss residierte sein fränkischer Dienstherr, der Dirigierende Minister Freiherr von Hardenberg.

Wilhelm und Alexander von Humboldt und Goethe bei Schiller in Jena, 1796. Holzstich von Andreas Müller in: Die Gartenlaube 1860, Nr. 15. Oft fuhr Alexander von Humboldt von Franken aus nach Jena, dem Wohnort seines Bruders und Friedrich Schillers. Dort lernte er auch Goethe kennen. Dieser notierte begeistert: „Alexander von Humboldt, längst erwartet, von Bayreuth ankommend, nötigte uns ins Allgemeinere der Naturwissenschaft."

„Ich glaube, nun bald den gordischen Knoten des Lebensprozesses zu lösen.“ – Humboldts Forschungen während der fränkischen Zeit

Bis zur Erschöpfung hat sich Alexander von Humboldt in Franken für den Bergbau eingesetzt. Und obwohl er bei der Bevölkerung den Eindruck erweckte, dass er „acht Beine und vier Hände habe“ [1], fand er doch noch Zeit zu intensiven wissenschaftlichen Studien. „Wenn man so immer fort in und mit der Natur lebt, experimentiert, reist, liest, so kommt man in den Besitz von vielen Dingen, die fruchtbare Resultate liefern“ [2], schrieb er am 15. Juli 1795.

Humboldts Forschungsgebiete

Bereits im Jahr 1790, noch während seiner Studienzeit, war seine erste wissenschaftliche Buchpublikation, die *Mineralogischen Beobachtungen über einige Basalte am Rhein*, erschienen. In Franken arbeitete er nun zwischen 1792 und 1797 gleichzeitig an mehreren Dutzend Beiträgen für Zeitschriften[3] und einigen Büchern, von denen vor seiner Abreise nach Amerika 1799 vier realisiert werden sollten. Zusätzlich stellte er in Franken verschiedene wissenschaftliche Forschungs- und Publikationsprogramme auf: Konzeptionen, die ihn sein ganzes weiteres Leben lang beschäftigen sollten. Während seiner Studienzeit in Freiberg hatte er, wie er schrieb, „die glückliche Gelegenheit gehabt“, seine „Kenntnisse von Bergbau, Gebirgskunde, Chemie, selbst Pflanzenkunde zu vermehren“.[4] Dort hatte er auch ein Buch über die unterirdischen Pflanzenarten begonnen. Dieses galt es nun in Franken zu vollenden. Mitte Januar 1793 teilte er aus Berlin dem Herausgeber der *Annalen der Botanik*, Paul Usteri, seinen Plan mit:

> Im April gehe ich nach Bayreuth zurück aufs Fichtelgebirge, wo ich *Oberbergmeister* geworden bin. Sie werden finden, dass dies für einen Botanisten eine sonderbare Bestimmung ist – aber sie vereinigt alles, was ich liebe, versetzt mich in eine angenehme gebirgige Gegend. Ich werde künftig in Steben auf dem Fichtelgebirge wohnen, und alle meine Muße soll dort den Pflanzen geschenkt sein, besonders der chemischen Physiologie derselben.[5]

Tatsächlich gehörte Humboldts wissenschaftliches Interesse zu Beginn seiner fränkischen Zeit zunächst auch weiterhin den Pflanzen. Doch dort begann er bald auch die Arbeit an einem Buch über die „gereizte Muskel- und Nervenfaser“. Zudem verfasste er in Franken ein Werk zu sicherheitstechnischen Bergbauthemen und eines über die chemische Zerlegung der Luft. Er begann ein weiteres *Über Construction des Erdkörpers im mittleren Europa, besonders über die Schichtung und Lagerung der Gebirgsmassen*[6] und eines mit dem Titel *Über die Vegetation im Innern des Erdkörpers, ein Fragment aus der allgemeinen Naturbeschreibung*.[7] Diese Themen spiegeln einen großen Teil der wissenschaftlichen Interessen wider, die Humboldt auch später sein ganzes Leben beschäftigen sollten.

Was ist Leben?

Hinter allen Arbeiten, mit denen sich Alexander von Humboldt in Franken befasste, stand die Frage „Was ist Leben?". Dieses Thema bewegte damals die gesamte Gelehrtenwelt. In seinem Buch *Über den Bildungstrieb* hatte Humboldts Göttinger Lehrer Johann Friedrich Blumenbach wenige Jahre zuvor formuliert, „dass in allen belebten Geschöpfen, vom Mensch bis zur Made und von der Zeder bis zum Schimmel herab, ein besonderer eingeborener, lebenslang wirksamer Trieb liegt, ihre bestimmte Gestalt anfangs anzunehmen, dann zu erhalten, und wenn sie ja zerstört worden, wo möglich wieder herzustellen."[8]

Was war dieser „Trieb"? Was war die Ursache dieses „Triebs"? War es das Licht? Waren es bestimmte Chemikalien? War es der Sauerstoff? Diese Fragen nach dem Geheimnis des Lebens bewegten Alexander von Humboldt während seiner fränkischen Zeit.

Eigentlich war es die Biologie, der Humboldts Hauptinteresse galt. Doch diesen Begriff gab es damals noch nicht. Für die Erforschung des Lebens verwendete man andere Ausdrücke. So wurde die Beschreibung und Systematisierung von Mineralien, von Tieren und Pflanzen im Sinne von Carl von Linné als „Naturgeschichte" bezeichnet.[9] „Zootomie" betrieben diejenigen, die die Tiere zergliederten und deren innere Organe beschrieben. Wer die Gesetzmäßigkeiten und Lebensprozesse von Organismen erforschte, bezeichnete seine Tätigkeit als „zoologische oder botanische Physiologie". Auch Humboldt benutzte diese Begriffe. Erst um 1800 prägten mehrere Gelehrte unabhängig voneinander den Begriff „Biologie" für die moderne wissenschaftliche Disziplin vom Leben.[10]

Die Physiologie der Pflanzen

Humboldts erster Schritt zur Erforschung des Lebens galt den unterirdischen Pflanzen, wie er sie in den Freiberger Bergwerken zum ersten Mal gesehen hatte. Wie war es möglich, dass selbst in den tiefsten, lichtlosen Schächten Pflanzen existieren konnten? Die am Verbauholz in den Stollen wachsenden Pflanzen waren Teil einer Gruppe von Gewächsen, die man als „Cryptogamina" bezeichnete. Dies war eine der 23 von Linné eingeführten botanischen Klassen, in der er alle Gewächse zusammenfasste, deren Geschlechtsorgane „nicht mit bloßem Auge zu unterscheiden" oder von „völlig abweichender Bauart" waren. Zu dieser Klasse gehörten Algen, Pilze, Flechten, Moose, Farne und andere.[11] Gegen Ende des 18. Jahrhunderts wurde die Erforschung der Kryptogamen zu einer wahren Modeerscheinung.[12] Alexander von Humboldt befasste sich systematisch mit ihnen und legte dazu in den Freiberger Bergwerken sogar Pflanzungen an. Zu Vergleichszwecken brachte er dorthin auch Pflanzen, die normalerweise im Sonnenlicht

Berneck. Kolorierter Kupferstich eines unbekannten Künstlers. In einem Stollen des Bernecker Alaunwerkes experimentierte Humboldt mit seiner Grubenlampe, die auch bei Sauerstoffmangel nicht erlöschen sollte. Dabei wurde er ohnmächtig. Er wurde gerettet und kommentierte später: „Ich habe die Lampe beim Erwachen noch brennen sehen. Das war wohl der Ohnmacht wert."

wuchsen. Ebenso untersuchte er, wie sich unterirdische Gewächse verhielten, wenn man sie dem Tageslicht oder verschiedenen Chemikalien aussetzte.

Nachdem er seine Studienzeit in Freiberg am 26. Februar 1792 beendet hatte, arbeitete er in Berlin, in Franken und während seiner Reisen durch Deutschland und Europa am Manuskript für sein Buch weiter. Das in Latein verfasste Werk erschien etwa ein Jahr später, im Mai 1793, in Berlin unter dem Titel *Florae Fribergensis specimen. Plantas cryptogamicas praesertim subterraneas exhibens accedunt Aphorismi ex doctrina physiologiae chemicae plantarum* [Beispiele der Flora Freibergs, bei denen vor allem unterirdische kryptogamische Pflanzen dargestellt werden, mit Aphorismen aus der Lehre der chemischen Physiologie der Pflanzen].

Der erste Teil des Werkes trägt den Titel *Plantae Cryptogaminae Florae Fribergensis.* Darin beschreibt Humboldt kryptogame Pflanzen aus der Umgebung Freibergs. 258 Arten unterirdisch lebender Pflanzen waren es, die er glaubte, dort gefunden zu haben. Wie sich erst lange nach Humboldts Tod herausstellen sollte, waren es jedoch nur 56. Erst in der zweiten Hälfte des 19. Jahrhunderts erkannte man, dass die meisten in Bergwerken und Höhlen gefundenen Pilze von oberirdischen Arten abstammten. Deren Sporen bilden in den unterirdischen Räumen stark abgewandelte und missgestaltete „Lichtmangelformen" aus. Humboldt hatte sie irrtümlich als neue Arten interpretiert, wie zum Beispiel die vielgestaltigen Mycelstränge des Pilzes Hallimasch (Armillarelia mellea), einem damals wie heute gefürchteten Forstschädling.[13] Diese Publikation war ein verdienstvoller Schritt bei der Erforschung der unterirdischen Vegetation. Mit ihr begründete Humboldt einen neuen Forschungszweig: die Höhlenbotanik.[14] Auch vier Kupfertafeln mit Abbildungen von Kryptogamen veröffentlichte er in dem Buch. Sie sind allerdings nur ein kleiner Teil der geplanten 40 Tafeln, für die er Zeichnungen angefertigt hatte.

Dem zweiten Teil der *Florae Fribergensis* gab Humboldt den Titel *Aphorismi ex doctrina physiologiae chemicae plantarum*. Er enthält Beobachtungen und Ideen zur botanischen und zur allgemeinen Physiologie und ist im Grunde ein vom ersten Teil unabhängiges Werk. Er erschien deshalb auch im Jahr 1794 als eigenständige Publikation unter dem Titel *Aphorismen aus der chemischen Physiologie der Pflanzen* in einer deutschen Übersetzung.[15] In diesem Text befasste sich Humboldt in erster Linie mit dem Rätsel der „Lebenskraft". Angeregt dazu hatte ihn nicht nur das Leben der unterirdischen Pflanzen, sondern besonders auch seine Begegnung mit Christoph Girtanner im Jahr 1790 in London. Dankbar schrieb ihm Humboldt im März 1793, kurz vor Erscheinen seiner *Flora Fribergensis*:

> Ihre chemisch-physiologischen Entdeckungen haben mich über alles interessiert. [...] Ich fing sogleich an, selbst zu experimentieren, habe seit zwei Jahren mit größter mir möglicher Anstrengung alles studiert, was sich nur irgend darauf bezieht, und bin von dem Oxygen [= Sauerstoff] als Prinzip der Lebenskraft (trotz des noch so rätselhaften, gewiss nicht magnetischen oder elektrischen galvanischen Fluidums) ebenso überzeugt wie Sie es waren, als Sie mir in Green Park zuerst davon erzählten. [...] Alle meine Muse ist jetzt der Chemie und zwar der chemischen Pflanzenphysiologie gewidmet, wozu ich mit guten Apparaten versehen bin. Sie soll es künftig auch sein. Ich habe eine Reihe von Versuchen über das Wachsen und Keimen der Pflanzen in verschiedenen Substanzen angestellt, von denen man behauptet, dass sie unwirtbar [= schädlich] wären.[16]

Girtanner hatte Humboldt in London die moderne Chemie des Franzosen Antoine Laurent de Lavoisier nahegebracht. Kurz zuvor, im Jahr 1789, hatte Lavoisier mit seiner Sauerstoff- oder Oxidationstheorie gezeigt, dass die Verbrennung ein Prozess ist, bei dem eine Substanz eine Verbindung mit Sauerstoff eingeht. Mit seinen Experimenten hatte er zudem die Rolle des Sauerstoffs bei der tierischen und pflanzlichen Atmung nachgewiesen. Lavoisiers Erklärung der Verbrennung versetzte der bis dahin geltenden Phlogiston-Theorie den Todesstoß. Phlogiston war ein vermeintlicher „Wärmestoff", eine hypothetische Substanz, von der man bis zum Ende des 18. Jahrhunderts vermutet hatte, dass sie allen brennbaren Körpern bei der Verbrennung entweicht. Mit seinen Erkenntnissen hatte Lavoisier

Ceratophora fribergensis. Kupferstiche von Johann Stephan Capieux nach Zeichnungen Alexander von Humboldts. Tafel 1 aus Humboldts Buch: „Florae Fribergensis specimen […]“, Berlin: Rottmann, 1793. Bei der von Humboldt vermeintlich neu entdeckten Pilzart, die er hier in Gesamtansicht, Auswüchsen und in Längs- und Querschnitt dargestellt hat, handelt es sich in Wahrheit um eine Dunkelform der Fenchel-Tramete (Osmoporus aduratus). Der Pilz wächst bevorzugt auf Fichten- und Tannenholz und kann auch in Bergwerken an Grubenholz beträchtlichen Schaden anrichten.

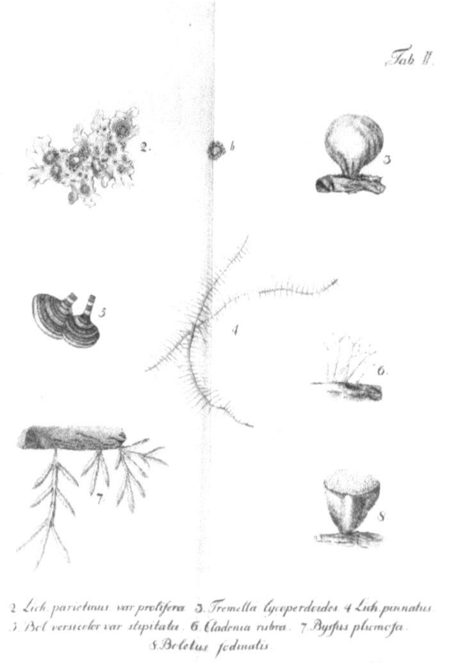

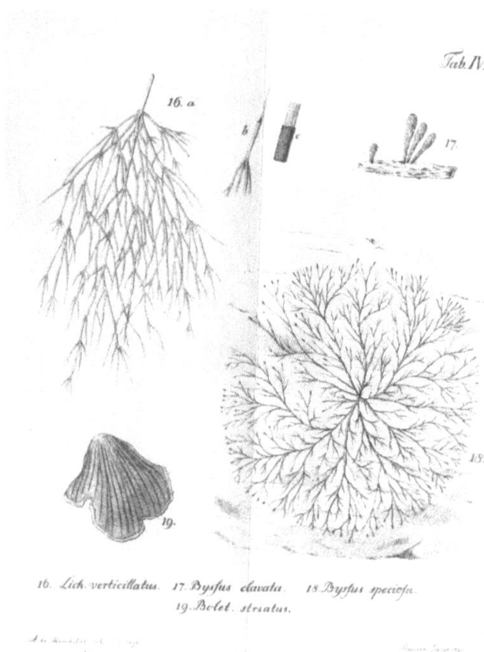

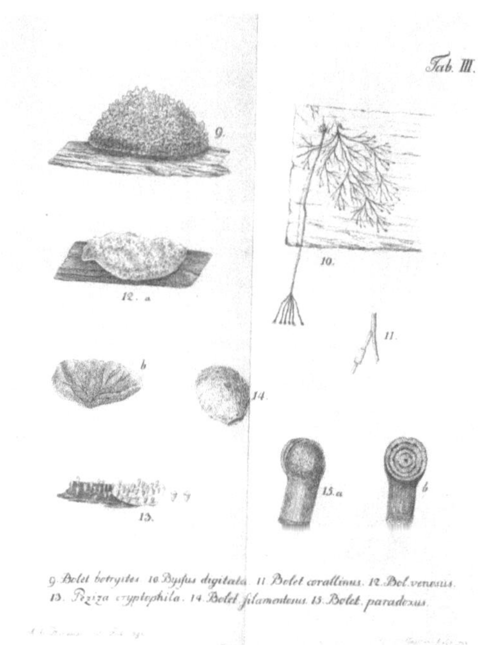

Kryptogamen der Freiberger Flora. Kupferstiche von Johann Stephan Capieux nach Zeichnungen Alexander von Humboldts. Tafeln 2, 3 und 4 aus Humboldts Buch: „Florae Fribergensis specimen [...]“, Berlin: Rottmann, 1793. Die Figuren 2 und 3 stellen Sporenpflanzen der Erdoberfläche dar. Die übrigen Zeichnungen geben Mycelbildungen und Fruchtkörperformen von Pilzen aus verschiedenen Bergwerksstollen wieder: Bei den Figuren 4 und 16 handelt es sich vermutlich um Rhizomorpha-Stränge des Forstschädlings Hallimasch (Armillariella mellea), bei seiner „Boletus versicolor var. stipiata“ (Figur 5) zweifelsfrei um den Schmetterlings-Porling (Trametes versicolor).

die letzten Reste der Alchemie abgeschüttelt und aus der Chemie eine moderne Naturwissenschaft gemacht. Bereits 1791 hatte Humboldt über Lavoisier notiert:

> Ich habe [seinen] *Traité élémentaire [de chimie]* nun schon dreimal hintereinander durchstudiert, und immer finde ich ihn philosophischer und schöner. Welch ein behutsamer Gang im Raisonnement, welche Aussichten über die vegetabilische Organisation.[17]

Inspiriert von dessen Versuchen, aber auch denjenigen Carl Wilhelm Scheeles und Joseph Priestleys, die unabhängig voneinander 1771 und 1774 den Sauerstoff entdeckt hatten, vollzog Humboldt deren Experimente nach. Er befasste sich aber auch mit den Publikationen anderer bedeutender Chemiker seiner Zeit und stand mit vielen von ihnen in brieflichem und persönlichem Austausch. Besonders mit dem Mainzer Arzt und Anatom Samuel Thomas von Soemmerring, den er 1789 im Haus Georg Forsters kennengelernt hatte, sowie mit den Berliner Chemikern Martin Heinrich Klaproth und Sigismund Friedrich Hermbstaedt stand er in intensivem Kontakt. Humboldt entwickelte auch selbst viele neue Experimente, mit denen er die Einflüsse bestimmter chemischer Reize auf verschiedene Pflanzen sowie auf deren Samen und Keime erforschte. So untersuchte er noch im Februar 1793, kurz vor der Publikation seiner *Flora Fribergensis*, zusammen mit Hermbstaedt in dessen Berliner Labor die Gasbildung aus Schwämmen.[18]

Mit seinen *Aphorismen aus der chemischen Physiologie der Pflanzen* stellte Humboldt seine eigene Theorie der Lebensprozesse pflanzlicher Organismen und die Beziehung von belebter und unbelebter Materie vor. In dem Werk versuchte er, durch einen Vergleich zwischen der chemischen Analyse von Steinen und organischen Stoffen den Nachweis für einen qualitativen Unterschied zwischen lebender und nicht lebender Natur zu erbringen. In der nicht lebenden Natur waren, so meinte Humboldt damals, die chemischen Elemente, aus denen sie bestand, bestimmte Verbindungen eingegangen. In den belebten Körpern hingegen wurden diese chemischen Elemente durch eine Kraft, nämlich die Lebenskraft, gehindert, derartige Verbindungen einzugehen: „Diejenige innere Kraft“, schrieb Humboldt, „welche die Bande der chemischen Verwandtschaft auflöst, und die freie Verbindung der Elemente in den Körpern hindert, nennen wir Lebenskraft. Daher gibt es kein untrüglicheres Zeichen des Todes als die Fäulnis, durch welche die Urstoffe in ihre vorigen Rechte eintreten und sich nach chemischen Verwandtschaften ordnen.“[19] Die Lebenskraft gab der lebenden Natur, so meinte Humboldt, eine Art Struktur, die sie am Leben erhielt.

Mit seinen *Aphorismen aus der chemischen Physiologie der Pflanzen* wollte er unter anderem auch „eine neue Theorie über den Reiz des Lichts und des Wasserstoffs und die Art, den Sauerstoff aus Pflanzen zu gewinnen“[20], präsentieren. Einige seiner Aussagen haben bis heute Bestand, andere jedoch sind unter heutigen wissenschaftlichen Gesichtspunkten überholt. So verteidigte Humboldt beispielsweise das Vorhandensein der belebten Muskelfaser in den Pflanzen und verglich das Holz „mit den Knochen der Tiere nach Entstehung, Alter, Substanz, Krankheiten usw.“[21]. Auch die Rolle des Sonnenlichts und des Sauer- und des Kohlenstoffs im Stoffwechsel der Pflanzen konnte er nicht richtig erklären. Allerdings nahm er damals schon zu Recht an, dass die Pflanzen den Kohlenstoff aus der Atmosphäre und nicht durch die Wurzeln aufnehmen. Den Beweis dafür lieferte erst Nicolas Théodore de Saussure im Jahr 1804. Und erst 1837 erkannte der französische Experimentator René Dutrochet, dass das Kohlendioxid der Luft von grünen, chlorophyllhaltigen Pflanzenteilen absorbiert wird. Es sollte jedoch noch bis zum Jahr 1912 dauern, bis Richard Willstätter und Otto Warburg begannen, den komplizierten Prozess der Photosynthese zu verstehen.[22] Bis zum heutigen Tag ist er Gegenstand der Forschung. Die Geheimnisse des Lebens, denen Humboldt auf die Spur kommen wollte, sind noch längst nicht entschlüsselt.

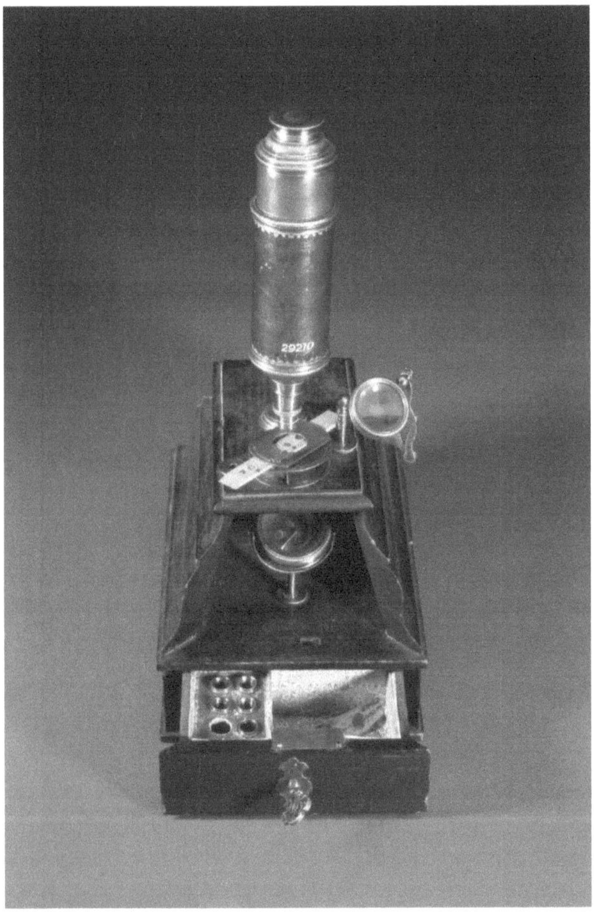

Mikroskop, um 1790 hergestellt von Samuel Gottlieb Hofmann in Leipzig. Besonders für seine botanischen Studien benutzte Humboldt ein solches Exemplar. Auch später, während der amerikanischen Reise, diente ein Mikroskop von Hofmann vor allem Aimé Bonpland für seine Pflanzenstudien.

Die Geographie der Pflanzen

Mit der Veröffentlichung der *Florae Fribergensis specimen* und der *Aphorismen* war für Humboldt die Beschäftigung mit diesen Themen bei Weitem nicht abgeschlossen. Im Gegenteil: Sie lieferten ihm die Grundlage für weitere Forschungen auf dem Gebiet der Pflanzen- und Tierphysiologie, aber auch auf einem anderen Gebiet, das in seiner Einleitung zur *Florae Fribergensis specimen* in einer ausführlichen Fußnote[23] zum ersten Mal in einer seiner Publikationen auftaucht: das Programm einer „Pflanzengeographie“ („Geographia plantarum“). Diese sollte sich, so forderte Humboldt dort, von der herkömmlichen Naturgeschichte unterscheiden und Teil einer umfassenden „Erdkunde“ sein. Er plante, diese Idee später weiterzuentwickeln. Eineinhalb Jahre später, in einem Brief an den Mathematiker Johann Friedrich Pfaff, am 12. November 1794 aus Goldkronach, erwähnte er erstmals den Plan eines Buches mit dem Titel: *Ideen zu einer künftigen Geschichte und Geographie der Pflanzen oder historische Nachricht von der allmählichen Ausbreitung der Gewächse über den Erdboden und ihren allgemeinsten geognostischen Verhältnissen*[24]. Humboldt selbst hielt diese Idee für „einen ungeheuren Plan". „In zwanzig Jahren" solle das Buch erscheinen. Es sollte ein Werk sein, „das die Pflanzenschöpfung in Verbindung mit der ganzen übrigen Natur schildern soll, nebst ihrem Einfluss auf den empfindenden Menschen".[25] Dieses Konzept realisierte Humboldt dann während seiner amerikanischen Reise. Im Jahr 1803 fertigte er eine Aquarellskizze an, die als Vorlage der berühmten, im Jahr 1807 veröffentlichten *Geographie der Pflanzen in den Tropenländern* diente. Mit dieser Publikation begründete er eine neue wissenschaftliche Disziplin, die Pflanzengeographie.

In den fränkischen Jahren plante er noch ein weiteres Buch. Es sollte den Titel *Über die Vegetation im Innern des Erdkörpers, ein Fragment aus der allgemeinen Naturbeschreibung* tragen. Dafür setzte er seine Studien unterirdisch wachsender Pflanzen in den fränkischen Minen und Höhlen fort. „In des Rosenmüllers Höhle" bei Muggendorf fand er beispielsweise, so berichtet er, nicht nur „Knochen im dichten Kalkstein selbst, die älter als das Gestein und also aus einer ganz anderen Epoche als die in der Höhle gefundenen sind", sondern auch „eine von mir neu entdeckte unterirdische Pflanze".[26] Auch in Goldkronach führte er seine Studien an Kryptogamen fort, zum Beispiel in der Grube „Schickung Gottes" im Zoppatental, in der Antimonit abgebaut wurde.[27] Dieses geplante Werk wurde allerdings nie fertiggestellt. Drei dafür verfasste Aufsätze blieben als Manuskript erhalten: über „Ausdünstungs Gefäße (= Spaltöffnungen) ", zur „Pflanzenanatomie" sowie: „Plantae subterranea Europ. 1794. cum Iconibus". Erst im Jahr 1967 wurden sie von dem Botaniker Klaus Dobat der Öffentlichkeit zugänglich gemacht.[28]

Galvanismus und Lebenskraft

Entscheidende neue Impulse für seine naturwissenschaftlichen Forschungen hatte Humboldt während seiner fast viermonatigen „halurgischen" Reise erhalten, die er im Herbst 1792 im Auftrag des Berliner Bergdepartements unternahm. Sie führte ihn durch Bayern, Österreich, Polen und Schlesien. Seine Hauptaufgabe dabei war es eigentlich, sich über den Salzbergbau zu informieren. Die Begegnungen während seines Aufenthalts in Wien vom 27. Oktober bis 9. November 1792 sollten wegweisend für seine weitere Forschungsarbeit werden. Begeistert schrieb er von dort an Freiesleben: „Die neue Chemie hat hier ihren Sitz. Alles *oxygeniert*, der junge [Chemiker und Botaniker Joseph Franz von] Jacquin lehrt sie öffentlich, das Phlogiston ist verschwunden."[29] Hier, in der österreichischen Hauptstadt, erfuhr er auch erstmals von Luigi Galvanis Versuchen über die „tierische Elektrizität" bei Fröschen. Durch Zufall hatte der italienische Physiologe und Physiker entdeckt, dass das präparierte Bein eines toten Frosches bei der Berührung mit zwei verschiedenen Metallen zuckte. Nach weiteren Versuchen ging Galvani davon aus, dass sich im Froschschenkel eine Elektrizitätsquelle befinden müsse.

Kaum war Alexander von Humboldt nach Franken zurückgekehrt, begann auch er mit galvanischen Versuchen. Sie eröffneten ihm neue Perspektiven auf sein wichtigstes Untersuchungsfeld, das Geheimnis des Lebens. Hatte er sich zuvor der Lebenskraft der Pflanzen gewidmet, war sein Ziel nun, die Lebenskraft der Tiere zu ergründen. Selbst auf seine Dienstreisen nahm er nun galvanische Instrumente mit, um jederzeit experimentieren zu können und allerorts dem Rätsel der Lebenskraft auf die Spur zu kommen:

> Der Galvanische Apparat, ein Paar Metallstäbe, Pinzetten, Glastafeln und anatomische Messer sind so bequem (selbst zu Pferde) bei sich zu führen, dass ich selten ohne sie reiste. [...] Wie viele Erscheinungen der Körperwelt bleiben darum ununtersucht, weil viele Reisende nur das untersuchen, was sie mit nach Hause tragen können, weil viele nur an ihrem Schreibtisch, nur mit äußerer Bequemlichkeit arbeiten![30]

Hier zeigt sich Humboldt als Mitbegründer moderner wissenschaftlicher Expeditionsmethoden. Für seine späteren großen Forschungsreisen erweiterte und vervollkommnete er solche Techniken und wurde damit das Vorbild für ganze Generationen von Forschungsreisenden.

Ungefähr 3 000 Tiere wurden in den nächsten drei Jahren Objekte und Opfer seiner Versuche.[31] Mit Fischen, Ziegen, Ratten, Mäusen, Kröten und vielen anderen Tieren experimentierte er, vor allem aber mit Fröschen. Aufgrund ihrer guten Verfügbarkeit, ihres starken Nerven- und Muskelbaus und ihrer leichten Sezierbarkeit eigneten sie sich am besten für diese Versuche. Nachdem er sie getötet hatte, untersuchte Humboldt ihre Organe durch Reizen bestimmter Nerven und Muskeln auf ihre Erregbarkeit.[32] Er schreckte auch nicht davor zurück, seinen eigenen Körper als Untersuchungsobjekt zu nutzen. In schmerzhaften Selbstversuchen ersetzte er Galvanis Frösche gewissermaßen durch sich selbst:

> Ich ließ mir zwei Blasenpflaster auf den Rücken anlegen, den Trapezmuskel und den Deltamuskel bedeckend, jedes von der Größe eines Laubtalers. Ich selbst lag dabei flach auf dem Bauche ausgestreckt. Als die Blasen aufgeschnitten waren, fühlte ich bei der Berührung mit Zink und Silber ein heftiges schmerzhaftes Pochen, ja der Musculus cucularis [Trapezmuskel] schwoll mächtig auf, so dass sich seine Zuckungen bis ans Hinterhauptbein und die Stachelfortsätze des Rückenwirbelbeins fortsetzten. Eine Berührung mit Silber gab mir vier einfache Schläge, die ich deutlich unterschied, Frösche hüpften auf meinem Rücken, wenn ihr Nerv auch gar nicht den Zink unmittelbar berührte, einen halben Zoll von demselben ablag und nur vom Silber getroffen wurde. Meine Wunde diente zum Leiter, und dann fand ich nichts dabei. Meine rechte Schulter war bisher am meisten gereizt. Sie schmerzte heftig, und die durch Reiz häufiger herbeigelockte lymphatisch seröse Feuchtigkeit war rot gefärbt und, wie bei bösartigen Geschwüren, so scharf geworden, dass sie, wohin sie den Rücken herablief, denselben in Striemen entzündete. – Das Phänomen war zu auffallend, um es nicht zu wiederholen. Die Wunde meiner linken Schulter war noch mit ungefärbter Feuchtigkeit gefüllt. Ich ließ mich auch dort mit Metallen stärker reizen, und in vier Minuten waren heftiger Schmerz, Entzündung, Röte und Striemen da. Der Rücken sah, rein abgewaschen, mehrere Stunden wie der eines Gassenläufers [= Spießrutenläufers] aus.[33]

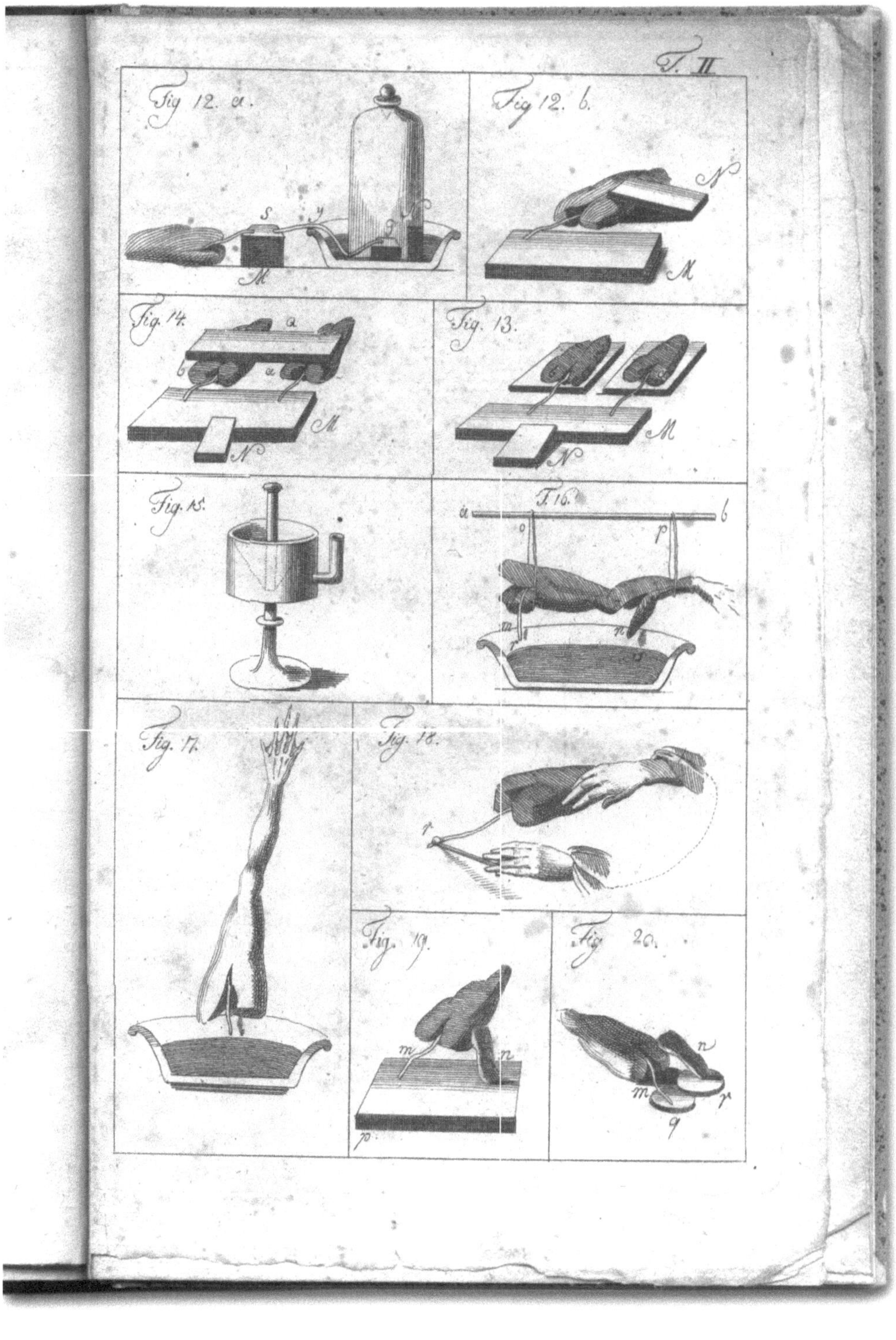

Versuchsanordnungen Humboldts zum Nachweis der tierischen Elektrizität. Kupferstiche aus Alexander von Humboldts Buch: „Versuche über die gereizte Muskel- und Nervenfaser nebst Vermuthungen über den chemischen Process des Lebens in der Thier- und Pflanzenwelt", Bd. 1, Posen: Decker; Berlin: Rottmann, 1797, Tafel II.

Humboldt über seine Selbstversuche zur gereizten Muskel- und Nervenfaser:

Herr Dr. Schallern [der als praktischer Arzt in Wunsiedel Humboldts Assistent und Zeuge bei seinen Versuchen war] experimentierte wohl dreiviertel Stunden lang auf meinem Rücken. Kaum ging das nicht wenig schmerzhafte Geschäft, Galvanisieren der Wunde auf meinem Rücken mittels Zink und Silber, an, so quoll die seröse Feuchtigkeit häufiger heraus, sie wurde sichtbar dunkler gefärbt, und in wenigen Sekunden entzündete sie in ihrem Laufe den Rücken in blutroten Striemen. Ich versuchte aus Unvorsichtigkeit die entzündeten Stellen mit kaltem Wasser zu waschen. Sie nahmen aber unter unseren Augen an Intensität der Farbe und Größe so gewaltsam zu, dass diese Erscheinung dem Arzte und mir selbst bedenklich wurde und wir den Rücken, obgleich ohne großen Erfolg, mit lauwarmer Milch bestrichen. So war denn das Experiment unwiderruflich an mir selbst bestätigt.[34]

Auch an mehreren Handwunden und in der Kinnbackenhöhle eines ausgezogenen Zahns stellte Humboldt wiederholt Selbstversuche an. Er versuchte, seine gereizten Nerven so lange weiter zu reizen, bis kein Schmerz mehr zu spüren war. Allerdings gelang ihm das nicht. Im Gegenteil: die Schmerzen nahmen immer weiter zu.[35] Nicht zum letzten Mal zeigt sich bei diesen Experimenten seine Bereitschaft, beachtliche persönliche Risiken einzugehen, um zu neuen wissenschaftlichen Erkenntnissen zu gelangen.

Eine zusätzliche Motivation für seine physiologischen Forschungen erhielt er durch die persönliche Begegnung mit Alessandro Volta. Auf seiner zweiten großen Reise während der fränkischen Jahre, die er von Juli bis November 1795 zusammen mit seinem Freund Reinhard von Haeften durchführte, besuchte Alexander von Humboldt den berühmten Physiologen im August 1795 am Comer See. Gemeinsam mit Volta führte er dort zahlreiche

Alessandro Volta. Kupferstich von Ambroise Tardieu nach einem Gemälde von Nicolo Bettoni, um 1825. Im August 1795 besuchte Humboldt den Gelehrten am Comer See und führte dort mit ihm Froschschenkelversuche durch. Er hielt ihn für einen „großen Mann, dem ich so gern nachstände".

Froschschenkelversuche durch.[36] Ein halbes Jahr später schrieb er begeistert an Freiesleben: „Ich glaube, nun bald den gordischen Knoten des Lebensprozesses zu lösen."[37] Resultat all dieser Experimente waren seine im Jahr 1797 und 1798 veröffentlichten *Versuche über die gereizte Muskel- und Nervenfaser.*

Wie auch Galvani kam Humboldt zu dem Schluss, Elektrizität sei den Muskeln und Nerven eigen. Dessen Kollege Volta hingegen schrieb das Zucken der Froschschenkel dem Kontakt ungleichartiger Metalle zu, auf die der Froschschenkel als Elektroskop reagiere. Humboldt hingegen glaubte mit Galvani an eine tierische Elektrizität, die nicht von außen durch die elektrischen Apparate in den Körper hineingelenkt wurde. Erst als Volta in den Jahren 1799 und 1800 die später nach ihm benannte Voltasche Säule entwickelte, war der Weg für die Unterscheidung zwischen der durch reagierende Metalle erzeugten elektrischen Ströme und der tierischen Elektrizität frei: Die Voltasche Säule, ein Vorläufer der elektrischen Batterie, konnte stationären Strom mithilfe unterschiedlicher, chemisch miteinander reagierender Metalle liefern. Dass jedoch auch die tierische Elektrizität, die Humboldt mit seinen zahlreichen Versuchen nachweisen

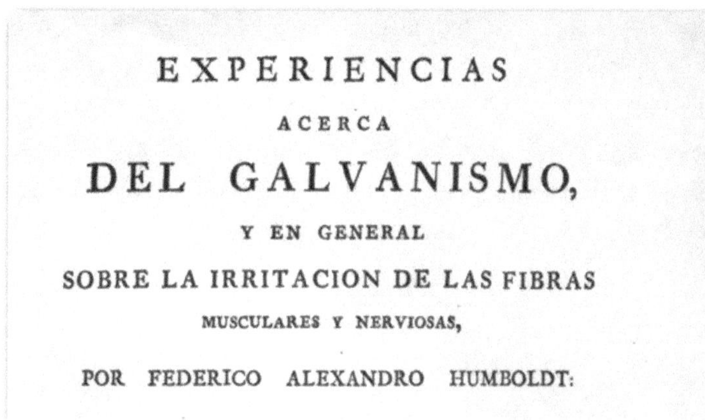

EXPERIENCIAS
ACERCA
DEL GALVANISMO,
Y EN GENERAL
SOBRE LA IRRITACION DE LAS FIBRAS
MUSCULARES Y NERVIOSAS,
POR FEDERICO ALEXANDRO HUMBOLDT:
TRADUCIDO DEL ALEMAN AL FRANCES, Y PUBLICADO CON ALGUNAS ADICIONES
POR J. FR. N. JADELOT, PROFESOR DE MEDICINA;
Y EN CASTELLANO
POR D. A. D. L. M.

TOMO PRIMERO.

CON LICENCIA EN MADRID
EN LA IMPRENTA DE LA ADMINISTRACION DEL REAL ARBITRIO DE BENEFICENCIA.
AÑO DE 1803.

Die spanische Ausgabe seines Buches über die gereizte Nerven- und Muskelfaser wurde im Jahr 1803 publiziert. Bereits im Jahr 1799 war das Buch in französischer Übersetzung erschienen. Obwohl das Buch aus wissenschaftshistorischer Sicht keine bleibenden Erkenntnisse lieferte, war es doch in seiner Zeit eine wichtige Anregung für den internationalen Diskurs bei der Erforschung des Lebens.

wollte, tatsächlich existierte, konnte erst bewiesen werden, als man feinere Messmethoden entwickelt hatte. Im Jahr 1842 gelang dem deutschen Physiologen Emil Du Bois-Reymond, der mit Humboldt in engem Austausch stand, und gleichzeitig mit ihm auch dem italienischen Physiker und Physiologen Carlo Matteucci der physikalische Nachweis der Bioelektrizität.[38] Im Nachhinein stellte sich damit heraus, dass auch Galvani mit seiner Theorie der tierischen Elektrizität recht hatte. Seine Froschschenkel hatten allerdings nicht gezuckt, weil sie selbst elektrischen Strom produzierten, sondern, weil sie auf die äußerliche Erregung durch den Spannungsunterschied der beiden Metalle reagierten.

Während Humboldt im ersten Band seiner *Versuche über die gereizte Muskel- und Nervenfaser* die galvanische Reaktion noch als unmittelbare Wirkung der „Lebenskraft" sah, verzichtete er im zweiten Band darauf, eine eigene Kraft zu nennen. Er beschränkte sich darauf, physische Erscheinungen nur noch physisch zu erklären, ohne Zuflucht zu einer unbekannten Materie.[39] Ergebnis seiner Suche nach der Lebenskraft war, so Humboldt, dass es nicht ein einzelner Stoff ist, der diese bedingt, da Leben das Resultat mehrerer Kräfte und mehrerer Stoffe ist, sondern dass das Zusammenwirken dieser Kräfte[40] das Leben verursacht: „In einem belebten Organe ist alles belebt. Die vitalen Funktionen hängen daher nicht von einzelnen Stoffen, sondern von der Zusammenwirkung aller ab. Wir dürfen uns nicht einzelne Substanzen auswählen und diesen zuschreiben, was das gemeinsame Resultat der ganzen Mischung ist."[41] Damit rückte er von einer monokausalen Erklärung der Lebenserscheinungen ab. Am Ende des zweiten Bandes fasst er seine Ergebnisse zusammen:

> Das Gleichgewicht der Elemente in der belebten Materie erhält sich nur so lange und dadurch, dass diese Teil des Ganzen ist. Ein Organ bestimmt das andere, eines gibt dem andern die Temperatur, in welcher diese und keine anderen Affinitäten wirken. Ein Metall oder ein Stein kann zertrennt werden, und bleiben die äußeren Bedingungen dieselben, so werden die zertrennten Stücke auch die Mischung behalten, welche sie vor der Trennung hatten. Nicht so jedes Atom der belebten Materie, es sei starr oder tropfbar flüssig. Die gegebene Definition schließt sich unmittelbar an die Idee des unsterblichen Denkers an, »dass im Organismus alles wechselseitig Mittel und Zweck sei«.[42]

Goethe und Schiller

Auch den Dichter und Naturforscher Johann Wolfgang von Goethe bewegte zu jener Zeit die Frage, wie sich das Geheimnis des Lebens naturwissenschaftlich erklären lasse. Auf Vermittlung von Wilhelm von Humboldt lernte er dessen Bruder im März 1794 bei einem Besuch in Jena kennen. In seinen „Tag- und Jahresheften" berichtet Goethe: „Alexander von Humboldt, längst erwartet, von Bayreuth ankommend, nötigte uns ins Allgemeinere der Naturwissenschaft." [43] Im Dezember 1794 und dann im April und Dezember 1795 trafen sich die beiden erneut. Zusammen mit Goethe und seinem

Johann Wolfgang von Goethe. Gemälde von Johann Heinrich Meyer, um 1794. Das Porträt zeigt den Dichter und Naturforscher in der Zeit, als er Alexander von Humboldt in Jena kennenlernte. „Da Ihre Beobachtungen vom Element, die meinigen von der Gestalt ausgehen, so können wir nicht genug eilen, uns in der Mitte zu begegnen," schrieb Goethe im Juni 1795 an Humboldt.

Bruder Wilhelm besuchte Alexander von Humboldt dann im Winter 1794/95 in Jena Vorlesungen des Anatomen Justus Christian Loder.[44] Gemeinsam führten sie unzählige galvanische Experimente durch. Auch Wilhelm trieb damals, wie Alexander feststellte, „praktische Anatomie mit kannibalischer Wut,"[45] und er notierte begeistert in Jena:

> Goethe hat Wort gehalten und kam um meinethalben herüber. Er war drei Tage bei uns, unendlich freundlich gegen mich. Er wollte mich mit Gewalt mit nach Weimar nehmen, weil es ihm der Herzog eingeprägt hatte, mich mitzubringen. Aber so gern ich mit Goethe bin (er ist mir eigentlich hier der liebste), so wären denn doch leicht die Feiertage darauf gegangen.[46]

Im Mai 1795 sandte Humboldt Goethe aus Bayreuth als Geschenk die *Florae Fribergensis specimen* und die deutsche Version seiner *Aphorismen aus der chemischen Physiologie der Pflanzen.* Er schrieb dazu:

> Endlich habe ich es über meine Schüchternheit gewonnen, Ihnen, Verehrungswerter Herr Geheimer Rat, meine *opera omnia* zu überreichen. Sie haben zu viel Nachsicht mit mir, um als strenger Richter aufzutreten. Stil, Zusammenhang der Teile werden Sie überall vermissen, nicht aber Liebe zur Prüfung und Wunsch, „das Schweifende und Irrende (mehr ist unsere Naturkenntnis wohl nicht!) nützlich zu verbinden." [...] Ich werde ein botanisches Werk unter dem Titel *Über die Vegetation im Innern des Erdkörpers, ein Fragment aus der allgemeinen Naturbeschreibung*, herausgeben. Ich dachte, das *Leben*, nicht die Form der lichtscheuen Pflanzen darzustellen und hier eine Probe zu liefern, wie nach meinen Einsichten organische Wesen behandelt werden müssen. Es ist eine Lieblingsidee von mir, diese obskure Schrift Ihnen zuzueignen.[47]

Wie bereits erwähnt, hat Humboldt dieses Werk nie vollendet. Nur drei Abschnitte und der handschriftliche Entwurf des Titelblattes mit der Widmung an Goethe sind erhalten.

In einem Dankesbrief äußerte sich Goethe über ihre verschiedenen Ansätze: „Da Ihre Beobachtungen vom Element, die meinigen von der Gestalt ausgehen, so können wir nicht genug eilen, uns in der Mitte zu begegnen."[48] In der Tat gehen Goethes Beobachtungen, wie besonders sein *Versuch die Metamorphose der Pflanzen zu erklären* zeigt, von einer ganzheitlichen Sichtweise aus. Alexander von Humboldt hingegen betonte die einzelnen Fakten, die er mit Hilfe von Messinstrumenten, Versuchsaufbauten und Berechnungen sammeln und ergründen wollte, und suchte dann in der Fülle dieser beobachteten Daten nach ordnenden Strukturen und Beziehungen zwischen den Phänomenen.[49] Aus diesen verschiedenen Ansätzen schöpften Alexander von Humboldt und Goethe, die von nun an in einem lebenslangen Austausch blieben, eine immer wieder neue gegenseitige Inspiration. Seine Begegnung mit Goethe trug dazu bei, dass auch Humboldt fortan die Gesamtheit der Natur mehr in den Blick nahm als zuvor. Während er sich in seinen frühen Schriften noch weitaus mehr auf Detailfragen der Natur konzentriert hatte, begann er nun allmählich, die dynamisch-organische Natur als belebtes Ganzes zu begreifen und ihre Wechselbeziehungen zu untersuchen.[50] Humboldts Ziel war

Verstürzte Granitblöcke der Luisenburg im Fichtelgebirge. Zeichnung von Johann Wolfgang von Goethe, 1820. Ein besonderes Interesse des Dichters und Naturforschers galt der Geologie und den Gesteinen des Fichtelgebirges. Dorthin reiste er im Jahr 1785, und später noch einmal im Jahr 1820. Mit diesen Zeichnungen versuchte er, die ursprüngliche Lage und Gestalt der Felsbrocken zu rekonstruieren. Später bestätigte es sich, dass er deren Form völlig korrekt als Ergebnis von Verwitterungsprozessen interpretiert hatte.

es von nun an, wie er es später im *Kosmos* formulierte, „den Geist der Natur zu ergreifen, welcher unter der Decke der Erscheinungen verhüllt liegt. Auf diesem Wege reicht unser Bestreben über die enge Grenze der Sinnenwelt hinaus, und es kann uns gelingen, die Natur begreifend, den rohen Stoff empirischer Anschauung gleichsam durch Ideen zu beherrschen."[51]

Aber auch Alexander von Humboldt beeinflusste Goethe. So inspirierte er ihn beispielsweise im Januar 1796 zu einem „ersten Entwurf einer allgemeinen Einleitung in die vergleichende Anatomie, ausgehend von der Osteologie"[52]. Im Sommer 1796 verfasste Goethe dann seine Arbeit über die Wirkung des Lichts auf organische Körper und seine fragmentarische Abhandlung „Vorarbeiten zu einer

Goethes Utensilien für naturwissenschaftliche Studien und Experimente im Goethe-Nationalmuseum Weimar. Das Arsenal von Humboldts Instrumenten dürfte sich zu dieser Zeit kaum von demjenigen Johann Wolfgang von Goethes unterschieden haben.

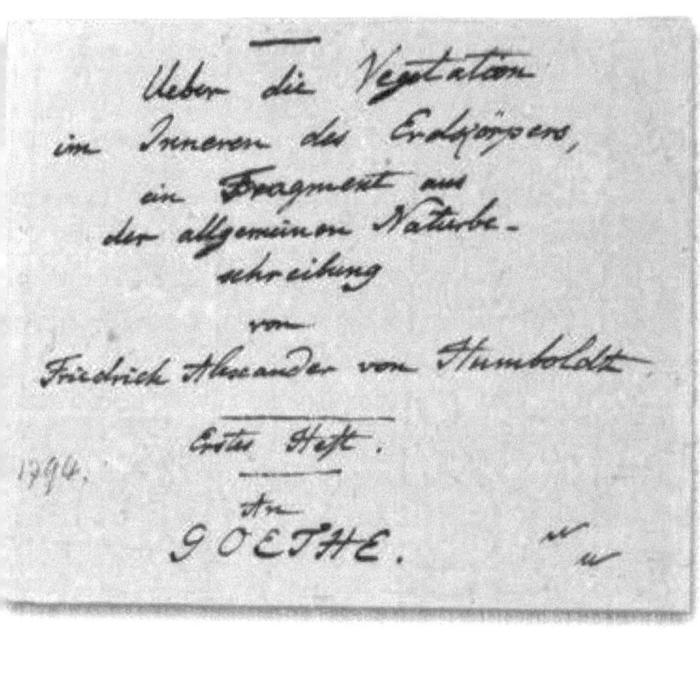

Alexander von Humboldts Entwurf zum Titelblatt seines geplanten Buches „Über die Vegetation im Innern des Erdkörpers, ein Fragment aus der allgemeinen Naturbeschreibung". Humboldt beabsichtigte, das Werk Goethe zu widmen. Wie viele seiner Pläne hat er auch diese Arbeit nicht vollendet. Nur wenige Manuskriptseiten haben sich erhalten.

Physiologie der Pflanzen". Beide Aufsätze wurden allerdings erst lange nach Goethes Tod veröffentlicht.[53] Als Humboldt sich dann Ende Februar 1797 entschloss, Franken endgültig zu verlassen und nach Jena zu übersiedeln, schrieb Goethe, der sich damals überwiegend dort aufhielt, begeistert: „Dabei bringt noch die Gegenwart des jüngeren von Humboldt, die allein hinreichte, eine ganze Lebensepoche interessant auszufüllen, alles in Bewegung, was nur chemisch, physisch und physiologisch interessant sein kann, so dass es mir manchmal recht schwer ward, mich in meinen Kreis zurückzuziehen."[54]

Auch mit Friedrich Schiller kam Humboldt in Jena in intensiveren Kontakt. Der Dichter lud ihn ein, für seine Zeitschrift *Die Horen* einen Beitrag zu verfassen. Humboldt wählte dafür das Thema, das ihn zu dieser Zeit wie kein anderes beschäftigte: die

Jena. Kupferstich von Wiederhold, Göttingen, um 1800. Die kleine Universitätsstadt erlebte eine wissenschaftliche Blüte, als Wilhelm von Humboldt dort wohnte und sein Bruder Alexander auf Besuchen zwischen 1794 und 1797 sich mit Goethe austauschte und dort mit ihm zusammen experimentierte.

Lebenskraft. Diese Arbeit wurde seine erste und einzige nichtwissenschaftliche, literarische Veröffentlichung. Er gab ihr den Titel „Die Lebenskraft oder der Rhodische Genius. Eine Erzählung". Im Grunde setzte Humboldt darin seine in den *Aphorismen aus der chemischen Physiologie der Pflanzen* vertretene Ansicht in eine künstlerisch gestaltete Form um: In der im antiken Griechenland angesiedelten Erzählung stellte er allegorisch das Gleichgewicht der Elemente in der belebten Materie dar. Eine „Lebenskraft" bewirkte, dass sich die chemische Anziehungskraft zwischen den Elementen in der Materie aufhob und so lebendige Strukturen entstehen konnten. Beim Entschwinden der Lebenskraft, die Humboldt symbolisch als Schmetterling und Fackel darstellte, vereinten sich die miteinander verwandten anorganischen Stoffe und lösten die organisierende Kraft des Lebendigen auf. Die Arbeit, auch ein Beweis für Alexanders klassizistische Kunstauffassung, wurde zwar 1795 gedruckt, sie stieß jedoch, möglicherweise aufgrund literarischer Mängel, bei Schiller auf wenig Anerkennung. Dass Humboldt von seinem Werk jedoch auch weiterhin überzeugt war, zeigt dessen Wiederveröffentlichung im Jahr 1826 in der zweiten und 1849 dann auch in der dritten Auflage seiner *Ansichten der Natur.*

Obwohl Alexander von Humboldt Schiller sehr bewunderte, insbesondere wegen dessen Freiheits-Idealen, schätzte dieser seine wissenschaftlichen Ideen und Arbeiten nicht besonders. Schiller äußerte einmal über Humboldts wissenschaftlichen Ansatz: „Es ist der nackte, schneidende Verstand, der die Natur, die immer unfasslich und in allen Punkten ehrwürdig und unergründlich ist, schamlos ausgemessen haben will und mit einer Frechheit, die ich nicht begreife, seine Formeln, die oft nur leere Worte und immer nur enge Begriffe sind, zu ihrem Maßstabe macht. Kurz, mir scheint er für seinen Gegenstand ein viel zu grobes Organ und dabei ein viel zu beschränkter Verstandesmensch zu sein. Er hat keine Einbildungskraft, und so fehlt ihm nach meinem Urteil das notwendigste Vermögen zu seiner Wissenschaft – denn die Natur muss angeschaut und empfunden werden, in ihren einzelnsten Erscheinungen wie in ihren höchsten Gesetzen.“[55] Der Grund für Schillers rigoroses Urteil liegt wohl weniger in Humboldts empirischem Ansatz begründet als in seiner Rivalität gegenüber dem jungen Wissenschaftler. Allzusehr hatte Humboldt zu jener Zeit Goethes Aufmerksamkeit beansprucht und von Schiller abgelenkt. Goethe hingegen brachte dem 20 Jahre jüngeren Gelehrten eine tiefe, lebenslange Bewunderung entgegen, auch wenn er im Plutonismus-Neptunismus-Streit, im Gegensatz zu Alexander, nie von seiner neptunistischen Überzeugung abwich.

Viele Jahre später, im Jahr 1826, äußerte Goethe gegenüber seinem Sekretär Johann Peter Eckermann: „Alexander von Humboldt ist diesen Morgen einige Stunden bei mir gewesen. Was für ein Mann! Ich kenne ihn so lange, und doch bin ich von neuem über ihn in Erstaunen. Man kann sagen, er hat an Kenntnissen und lebendigem Wissen nicht seinesgleichen. Und eine Vielseitigkeit, wie sie mir gleichfalls noch nicht vorgekommen ist! Wohin man rührt, er ist überall zu Hause und überschüttet uns mit geistigen Schätzen. Er gleicht einem Brunnen mit vielen Röhren, wo man überall nur Gefäße unterzuhalten braucht und wo es uns immer erquicklich und unerschöpflich entgegenströmt. Er wird einige Tage hier bleiben, und ich fühle schon, es wird mir sein, als hätte ich Jahre verlebt.“[56]

Die unterirdischen Gasarten – Experimente und Erfindungen unter der Erde

Ein weiteres Buch, an dem Humboldt in Franken arbeitete, trug den Titel *Über die unterirdischen Gasarten und die Mittel, ihren Nachtheil zu vermindern. Ein Beytrag zur Physik der praktischen Bergbaukunde.* Es war einerseits Ausdruck von Humboldts wissenschaftlichem und technischen Interesse, andererseits aber auch ein Beispiel für sein soziales

Engagement. „Wenn es ein Genuss ist, durch neue Entdeckungen das Gebiet unseres Wissens zu erweitern", schreibt er darin, „so ist es eine weit menschlichere und größere Freude etwas zu erfinden, das mit der Erhaltung einer arbeitsamen Menschenklasse, mit der Vervollkommnung eines wichtigen Gewerbes in Verbindung steht."[57]

Im ersten Teil des Buches[58] entwirft Humboldt, wie sein Bruder Wilhelm, der das Vorwort dazu beisteuerte, schrieb, „die Grundzüge zu einer unterirdischen Meteorologie" und deckt damit „einen bisher noch fast ganz unbekannten Teil der Natur auf".[59] Dieser Teil besteht aus sechs Kapiteln. Im siebten Kapitel, das ebensoviele Seiten wie die vorhergehenden sechs einnimmt, beschäftigt sich Humboldt mit den „Mitteln, verderbte Grubenwetter respirabel [atembar] und lichterhaltend zu machen".[60] Für ihn war die oft schlechte Atemluft in den Schächten – in der Bergmannssprache als „Wetter" bezeichnet – Auslöser für zahlreiche Krankheiten:

> Unter den vielen Übeln, gegen welche der praktische Bergbau zu kämpfen hat, schien mir eines der wichtigsten aus der Verbreitung nicht atembarer und lichterlöschender Luftarten zu entspringen. [...] Wie vieler Menschen Gesundheit wird durch Störung des Respirations-Geschäfts langsam gestört! Knaben von blühendem Ansehen habe ich (z. B. im Wunsiedler Bergwerks-Revier) mit fürchterlichen Knochenkrankheiten befallen gesehen, bei anderen bringen die bösen Wetter Bleichsucht, Verhärtung der Drüsen, Paralysie der Extremitäten, herpetische Hautausschläge, oder frühzeitiges Asthma hervor. Die groß Summe dieser Übel ist darum bisher weniger öffentlich bemerkt worden, weil es mehr reisende Mineralogen als reisende Bergleute gibt, und weil die ersteren, also ‚die schreibende Klasse sich selten um die physische Konstitution des Bergvolks, oder um arme Krankenhäuser (welche dazu nur selten sind) bekümmern.[61]

Humboldt beschreibt verschiedene Maßnahmen zur Abhilfe: spezielle Schacht- und Grubenbaue, die für die Bewetterung angelegt werden; Benutzung des Feuers zur Verbesserung der Wetter; Gebrauch von Wasser zur Verbesserung der Wetter; Entfernung unterirdischer Pflanzen; Verbesserung der Luftarten durch Salze; lichterhaltende Lampen für böse Wetter; einfaches Grubengeleuchte, besonders in matten Wettern; ein Respirations-Rohr bzw. eine Rettungsmaschine. Am Ende des Buches nennt er einige Mittel gegen Erstickung in Bergwerken.

Zusammen mit dem Goldkronacher Berggeschworenen Eberhard Friedrich Jacob Killinger (siehe oben Seite 68) unternahm er in den fränkischen Bergwerken zahlreiche nicht ungefährliche Versuche. So ließ er im Schmidten-Stollen der Fürstenzeche in einem zuvor abgedichteten Bereich altes Grubenholz zwei Monate lang faulen:

> Man kann denken, was sich da für Wetter bildeten! Als ich mit Herrn Killinger die Blende [den Verschluss] samt der Lutierung [Verkittung] abriss, verlöschten sogleich unsre Grubenlichter. Das Thermometer stand kurz vorher auf 11° R [13,75° C]. Ich kroch nun mit Herrn Killinger auf das faule Holz. Wir ließen die Blende hinter

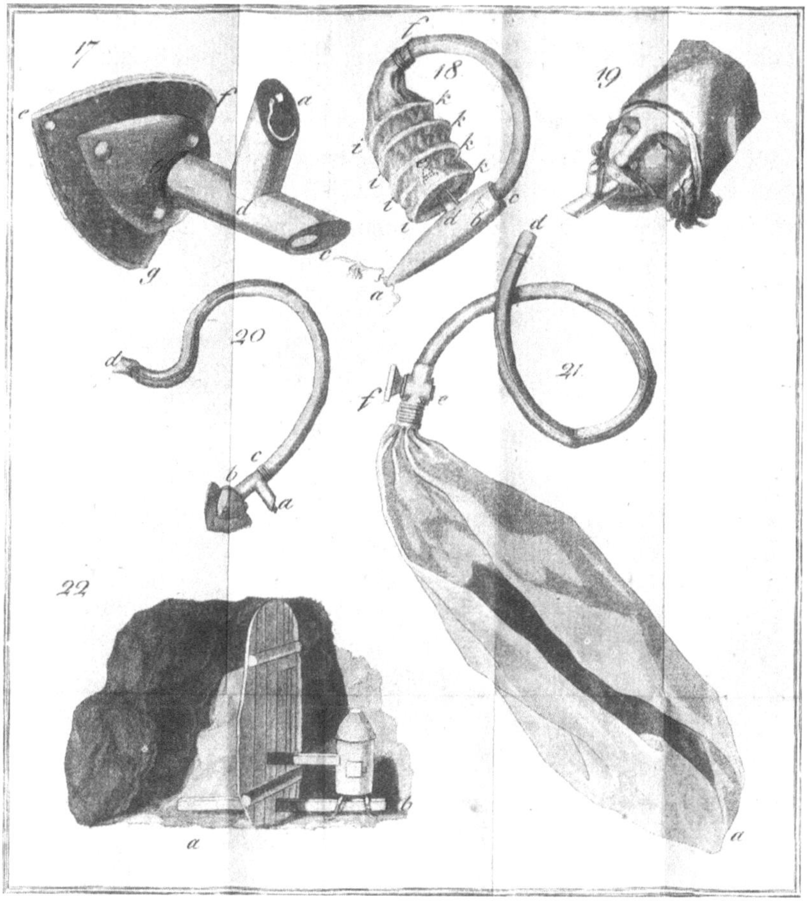

Humboldts Atemgerät zur Rettung verunglückter Bergleute. Kupferstich aus Humboldts Buch: „Ueber die unterirdischen Gasarten und die Mittel, ihren Nachtheil zu vermindern. Ein Beytrag zur Physik der praktischen Bergbaukunde", Braunschweig: Vieweg, 1799, Tafel III. Über ein Ventil werden ausgeatmete und aus einem Luftsack eingeatmete Luft getrennt.

uns schließen. Die Beängstigung und Ermüdung, die wir fühlten, war sehr groß. Bei jedem Atemzuge spürten wir einen sonderbaren Reiz in der Lunge, ein unnatürliches Stechen und Prickeln. Um uns die Respiration [Atmung] zu fristen [erleichtern], öffneten wir Bouteillen [Flaschen] von Lebensluft [Sauerstoff] und hielten sie in der Nähe des Mundes. Wir glaubten schon fünf Bouteillen ausgegossen zu haben, die Blende war zwei bis drei Zoll offen, und doch brannten die Lichter noch nicht. Merkwürdig war es, dass die Lebensluft nur mit großer Mühe aus den Bouteillen entweichen wollte. Nicht die größere spezifische Schwere der Lebensluft war daran schuld, sondern die bösen, schweren, unmischbaren Wetter hielten sie so zurück, dass nur wenig Kubikzoll entwichen. Und welche Wohltat waren uns nicht schon diese! Stellte sich die Beängstigung wieder ein, so pochten wir an die Blende, ließen uns frische Bouteillen mit Lebensluft in den Verschlag reichen, und stellten diese ungepfropft hin. Jedesmal aber schlossen wir die Blende wieder genau hinter uns zu.[62]

Mit solchen Experimenten versuchte Humboldt herauszufinden, wie groß die Menge an Sauerstoff war, die der Mensch zum Atmen benötigte, und welche Mengen davon in schlecht belüfteten Schächten zum Arbeiten notwendig waren. Auch berechnete er genau die Höhe der Kosten, die sich beim Gewinnen des Sauerstoffs aus Salpeter (Kaliumnitrat) oder Braunstein (Mangandioxid) ergaben. Er kam dabei zu dem Schluss, dass der dauerhafte Einsatz von Sauerstoff in Bergwerken sich aus Kostengründen nicht lohnte. Auch war die Gefahr für die Gesundheit der Bergleute nicht nur wegen möglicher Explosionen viel zu hoch:

> Hierzu kommt, dass der Genuss der Lebensluft dem in dem Verschlag arbeitenden Bergmann für die Folge höchst schädlich werden würde; der Reiz des Sauerstoffs auf die Lunge und die Muskeln ist zu groß, als dass er nicht Zerstörung der Gesundheit bewirken müsste. Für eine Stunde lang ist es in der Ruhe schon schädlich, reine Lebensluft einzuatmen, bei weitem schädlicher ist es noch in heftiger Bewegung und Arbeit.[63]

Im Zuge dieser Experimente entwickelte er eine Atemmaske mit Luftreservoir, die er „Respirationsmaschine" nannte. Und er konstruierte eine Berglampe, die auch ohne Luftzufuhr von außen nicht erlosch. Er nannte sie „Lichterhalter". Diese Erfindungen sollten der Rettung verunglückter Bergleute in sauerstoffarmen Schächten dienen. Über seine Experimente mit der Rettungslampe schrieb er an Freiesleben:

> Fast wäre ich vorgestern ein Opfer meiner Versuche geworden. [...] Die Sache war so: Es gibt im Bernecker Alaunwerk Wetter, die allein noch meiner Lampe trotzten. [...] Die Rettungslampe brannte hell in den bösen Wettern. Ich war neugierig, wollte bis an das faule Holz vor Ort fahren, wo wir den Schwefel verbrannt haben. Ich kroch hinein. Killinger musste zurückbleiben, weil er noch von einem ähnlichen Versuch krank ist, den er in dem Nailaer Revier machte. Ich kam bis vor Ort, setzte meine Lampe hin und freute mich unendlich ihres Lichtes. Mir wurde müde, sehr wohl, betaumelt, ich sank in die Knie neben die Lampe. Ich soll Killinger gerufen haben, ich weiß nichts davon. Er tappte im Finstern nach und fand mich ohnmächtig bei der Lampe. Er zog mich hinaus. Schon bei der Blende kam ich zu mir. Mir war wie besoffen und matt, zwei Tage matt, doch spüre ich keine üblen Folgen mehr. Ich mochte Dir die Geschichte lieber selbst erzählen, als dass Du sie einmal vergrößert von anderen hörtest. Ich war freilich schuld, aber durch häufiges Fahren [Begehen von Bergwerken] in solchen Wettern dreist, kurz, es ist vorbei, und ich habe die Lampe beim Erwachen noch brennen sehen. Das war wohl der Ohnmacht wert.[64]

Als Befüllungen der Rettungslampe und der Atemmaske verwendete Humboldt versuchsweise Sauerstoff und normale Luft. Er entschied sich dann aber in beiden Fällen für die Luft: „Hierdurch wird der Gebrauch dieses Apparats einfacher (da man der Luftbereitung überhoben ist), wohlfeiler und schonender für die Gesundheit."[65] In dem „Nachtrag" seines Buches gibt eine Liste Auskunft „über die Preise der Lampen, bei Christian Hassauer in der Judenstraße in Bayreuth zu bekommen". In der Liste findet sich auch Humboldts „Maske mit Respirationsrohr"[66]. Weiter heißt es: „Modelle der eben erwähnten Art sind in Berlin, Breslau, Freiberg, Clausthal, Salzburg, München, Ingelfingen, Bayreuth und mehreren andern Orten zu sehen."[67] Da die Geräte jedoch zu groß und zu schwer und die Luftbehälter zudem in beiden Fällen zu klein waren, setzten sich beide Erfindungen in der Praxis nicht durch.

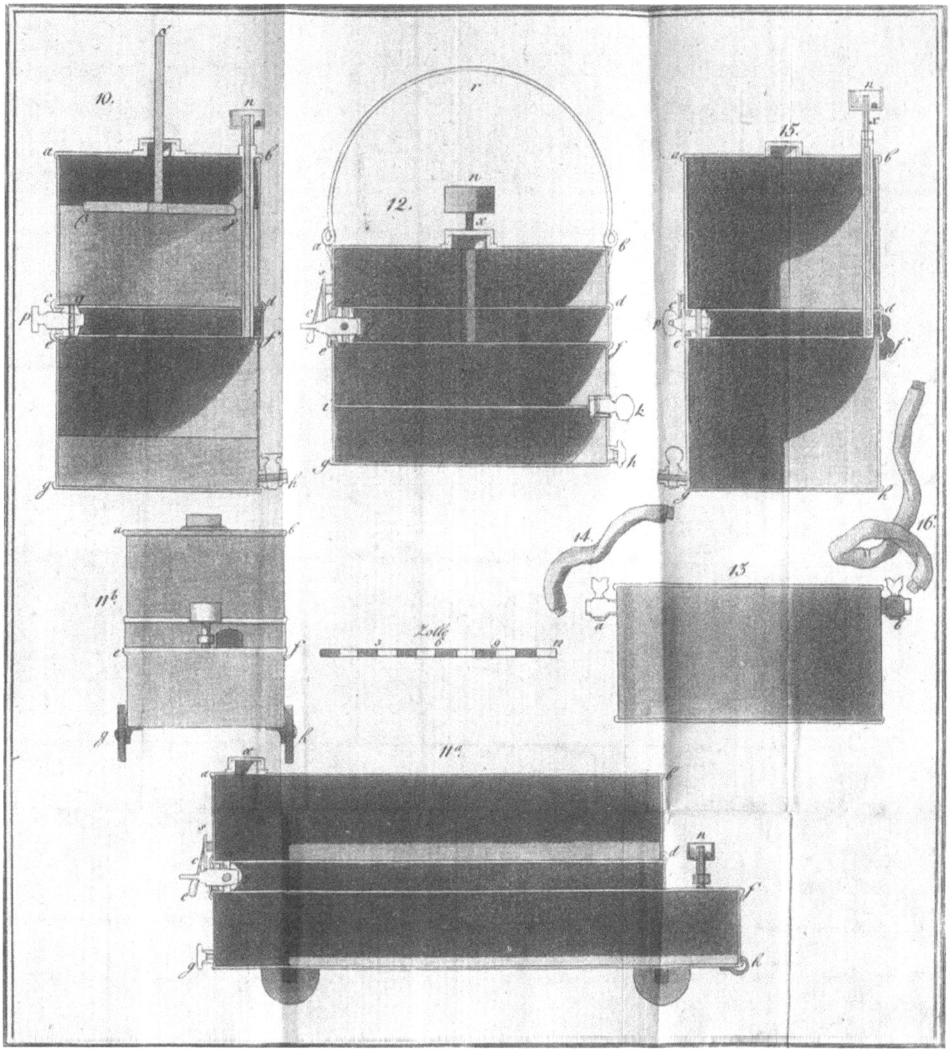

Humboldts Sicherheitslampe zum Aufenthalt in nicht atembarer Luft. Kupferstich aus Humboldts Buch: „Ueber die unterirdischen Gasarten [...]", Braunschweig: Vieweg, 1799, Tafel II. Die Lampe besteht aus zwei getrennten Kammern: Das Wasser in der oberen Kammer verdrängt gleichmäßig die Luft in der unteren Kammer. Diese steigt durch ein Rohr auf und versorgt so die von einem Ölvorrat zehrende Flamme mit Sauerstoff.

Wie Humboldt am 10. September 1794 Freiesleben mitteilte, arbeitete er in Franken auch an einem anderen Buch zur Bergwerkskunde: „an einem „großen mineralogischen Werke, einer Art geognostischer Ansicht von Deutschland [...] über Schichtung und Lagerung".[68] Im Dezember 1797 teilte er Willdenow den Titel mit: *Über Construction des Erdkörpers im mittleren Europa, besonders über die Schichtung und Lagerung der Gebirgsmassen.*[69] Dieses Buch wurde allerdings genausowenig vollendet wie sein Werk *Über die Vegetation im Innern des Erdkörpers.* Hier zeigt sich Humboldts Arbeitsphilosophie, die er bereits im März 1794 gegenüber Heinitz formuliert hatte: „Ich hielt es für besser, etwas zu leisten, als nichts zu versuchen, weil man nicht alles leisten kann."[70]

Das vierte Buch, an dem Humboldt während seiner fränkischen Zeit arbeitete, wurde im Jahr 1799 publiziert. Es trägt den Titel: *Versuche über die chemische Zerlegung des Luftkreises und über einige andere Gegenstände der Naturlehre*. Es enthält eine Sammlung kleiner Schriften über die Atmosphäre. Die Idee hierzu war im Herbst 1796 in Zusammenhang mit chemischen und barometrischen Studien entstanden.[71] Gegenüber seinem Freund Willdenow charakterisierte Humboldt die Arbeit im Dezember 1796 wie folgt:

> Im Winter gebe ich einen Teil chemischer Abhandlungen heraus, die fertig liegen: Versuche über den Lichtstrahl und das Stickgas; Verwandlung der Morcheln in Talg durch Behandlung mit Salpetersäure; ein neu erfundenes Barometer, das sich auf ein neues Prinzip gründet, und mit dem hier schon sehr glückliche Messungen gemacht sind; Arbeiten über den Phosphor als Eudiometer; über zwei neue Gasarten, oxygenierte Kohlensäure und Azoture de Phosphore oxydée ...[72]

Humboldts Sicherheitslampe zum Aufenthalt in nicht atembarer Luft. Eine Originallampe aus Humboldts Zeit hat sich in der Bergakademie in Freiberg erhalten. Vermutlich handelt es sich dabei um ein Exemplar, das Humboldt selbst angefertigt hat.

Humboldts internationales Netzwerk und weitere Entdeckungen

Neben den Büchern veröffentlichte er während seiner fränkischen Zeit von 1792 bis 1797 mehr als 60 Beiträge in Zeitschriften,[73] zum Teil in Grens *Journal der Physik*, teilweise auch in den von Lorenz Crell herausgegebenen *Chemischen Annalen* sowie in zahlreichen anderen wissenschaftlichen Periodika. Sein Beitrag „Über die grüne Farbe der unterirdischen Vegetabilien“[74], in dem er über das physiologische Problem des Erbleichens und Wiederergrünens von Blättern berichtete, erschien 1792 sogar in Jean-Claude Delamétheries *Journal de Physique, de chimie, d'histoire naturelle et des arts* in Paris[75], der führenden wissenschaftlichen Zeitschrift jener Zeit.

Viele der in Zeitschriften publizierten Ergebnisse waren in intensivem brieflichem Austausch mit Kollegen entstanden. In Briefen an Wissenschaftlerkollegen entwickelte er aber auch weitere Ideen, die er später ausarbeiten und vervollkommnen wollte. So teilte er im November 1794 aus Goldkronach dem Helmstedter Mathematikprofessor Johann Friedrich Pfaff[76] und seinem Freund Freiesleben[77] seine Theorie des Einflusses der Ekliptik auf das Klima der Erde mit.[78] Als Ekliptik bezeichnet man in der Astronomie den Kreis, der den jährlichen Lauf der Sonne an der Himmelskugel darstellt, wie er von der Erde aus gesehen wird. Die Ebene dieses Kreises, genannt Ebene der Ekliptik, schneidet den Himmelsäquator (die Projektion des Erdäquators an die Himmelskugel) in einem Winkel von etwa 23° 27‘. Dieser Neigung (Schiefe der Ekliptik) verdanken wir unsere Jahreszeiten mit ihren unterschiedlichen Einstrahlungsverhältnissen der Sonne und damit ihren unterschiedlichen Temperaturen. Humboldt war der Meinung, dass eine Schwankung dieses Winkels Ursache für Klimaveränderungen auf der Erde war. Ein Indiz für ein früher wärmeres Klima in der nördlichen Region waren für ihn die Pflanzen, die zur Bildung der Kohlenflöze beigetragen hatten. Sie waren in einem wesentlich wärmeren Klima gewachsen, als es heute hier vorherrscht. Da dieser Winkel über Millionen von Jahren allerdings nahezu konstant bleibt, kann er nicht Ursache für die von Humboldt vermuteten Klimaschwankungen sein. Vielmehr liegt sie in der Kontinentalverschiebung, die 1912 von Alfred Wegener entdeckt wurde. Schon im Jahr 1807 aber, mehr als 100 Jahre vor Wegener, hatte Humboldt in seinen *Ideen zu einer Geographie der Pflanzen* die Vermutung geäußert, dass Südamerika und Afrika einst verbunden gewesen sein mussten: Die Geographie der Pflanzen „macht es wahrscheinlich, dass Süd-Amerika sich [...] von Afrika getrennt, und dass beide Kontinente mit ihren östlichen und westlichen Ufern einst, gegen den Nordpol hin, zusammengehangen haben.“[79]

Nach den heutigen Kenntnissen über die Plattentektonik[80] wissen wir, dass die Kontinentalschollen, getrieben durch Kräfte im Erdinnern, über die Erdkugel driften. Im Karbon[81], dem Steinkohlezeitalter vor 355 bis 290 Millionen Jahren, waren die meisten dieser Kontinentalplatten in einer großen Landmasse vereinigt, dem Gondwana. Südamerika und Afrika lagen, wie Humboldt vermutete, beieinander. Mit dem größten Teil dieses Superkontinents befanden sie sich auf der Südhalbkugel. Die nordamerikanische und europäische Platte aber reichten bis über den Äquator hinaus und waren in diesem langen Zeitraum dem Tropenklima ausgesetzt. Damals wuchsen dort ungeheure tropische Wälder, aus deren Resten sich dann die großen Steinkohlelager dieser Kontinente bildeten. Später zerbrach Gondwana, die Kontinente drifteten wieder auseinander und Europa wanderte nach Norden, wo es sich heute in gemäßigten Breiten befindet. Diese Klimageschichte erklärt Humboldts Beobachtung von Palmen und anderen tropischen Gewächsresten in den Steinkohleflözen. Die Klimaforschung wurde später eines seiner wichtigen Arbeitsfelder, zu dem er grundlegende Beiträge liefern sollte.

Auch zur Begründung der Geothermie als Teilbereich der Geowissenschaften trug Humboldt bei. Seine systematischen Temperaturmessungen in den Bergwerken bei Freiberg und in Franken regten dazu an, dass seit 1828 solche Messungen regelmäßig in verschiedenen Gruben in Preußen durchgeführt wurden.[82]

Der Magnetberg

„Ich eile Dir zu melden, mein guter Karl, dass ich die größte Entdeckung meines Lebens gemacht. Ich [...] habe eine *ganze Gebirgsmasse* entdeckt, welche eine *ungeheure* magnetische Polarität [Wirkung] zeigt."[83] So schrieb Humboldt noch am Tag des Ereignisses, dem 14. November 1796, seinem Freund Karl Freiesleben. Was hatte er gefunden? Schon einen Monat später publizierte Humboldt seine Entdeckung in der *Allgemeinen Literatur-Zeitung* in Jena:

> Auf einer kleinen geognostischen Reise, welche ich mit zwei Freunden, dem Herrn Münzmeister *Gödeking*, und dem Herrn Ober-Bergmeister *Killinger*, durch das *Oberpfälzische* und *angrenzende* Gebirge gemacht, haben wir eine Felsmasse entdeckt, die *vielleicht* zu den *auffallendsten* Erscheinungen des mittlern Europa gehört. Diese Masse besteht aus einem lauchgrünen, sehr *reinen Serpentinstein*, der in wenigen Stellen sich dem Chloritschiefer nähert. Sie zeigt eine so ungeheure *magnetische Polarität*, dass sie die Magnetnadel schon in einer Entfernung von 22 Fuß [7 Metern], aus ihrer natürlichen Lage reißt.[84]

Sowohl seinem Brief an Freiesleben, wie auch dieser Veröffentlichung, in der er seine Entdeckung am Haidberg bei Zell nahe Gefrees der Fachwelt mitteilte, ist die Faszination Humboldts für dieses Naturphänomen anzumerken. Legenden um magnetische Berge gab es schon im Altertum. Auch in mittelalterlichen Ritterepen ist von einem Magnetberg mitten im Ozean die Rede, der den Schiffen, die sich ihm nähern, die Eisennägel entzieht, sodass sie auseinanderfallen und mit ihren Besatzungen jämmerlich untergehen. Humanistische Gelehrte des 16. Jahrhunderts hatten die Existenz eines riesigen Magnetbergs am Nordpol angenommen. Immerhin zeigte ja der Kompass[85] verlässlich in diese Richtung. Die Begeisterung, mitten in Franken einen solchen Magnetberg entdeckt zu haben, spricht aus Humboldts Texten. Seinem Lehrer Abraham Gottlob Werner in Freiberg schickte er die erste Gesteinsprobe: „Sie sind der erste Mineraloge, welcher diese Seltenheit besitzt. Wem aber hätte ich dieselben auch früher anbieten sollen, als Ihnen, dem ich für meine wissenschaftliche Kultur so unendlich viel verdanke."[86] Bereits in seiner ersten Mitteilung rief Humboldt die wissenschaftliche Gemeinschaft dazu auf, bei der Klärung des Phänomens mitzuwirken. Er stellte dafür Gesteinsproben zur Verfügung, die „der Herr Bergamtsgegenschreiber *Linz* zu *Goldkronach* [an] Freunde der Mineralogie" gegen eine Abgabegebühr verschickte. Dabei demonstrierte Humboldt einmal mehr, wie sich Wissenschaft und soziales Engagement vereinen lassen: „Der ganze Ertrag des Absatzes ist zu einem Fond bestimmt, welcher unter öffentlicher Autorität steht, und aus welchem arme Bergleute unterstützt werden."[87]

Das Phänomen des fränkischen Magnetberges wurde kontrovers diskutiert, Vermutungen über die Ursachen geäußert, Kritik und Zweifel[88] ebenfalls. Humboldt nahm dazu mehrmals Stellung[89]. Das ganze Jahr 1797 war eine Diskussion im Gange, die „in Deutschland Veranlassung zu vielem, freilich harmlosen, literarischem Streite"[90] gab, wie sich Humboldt noch Jahrzehnte später im *Kosmos* erinnerte. Eine physikalische Theorie des Magnetismus existierte zu dieser Zeit noch nicht, selbst ein quantitativ exaktes Messverfahren war noch nicht gefunden. Aus diesem Grund verlief die Diskussion letztlich ohne schlüssiges Ergebnis im Sande. Der Erdmagnetismus allerdings wurde eines der großen Themen seines Lebens. Bei allen Expeditionen und Reisen führte Humboldt ein ganzes Arsenal von Kompassen, Magnetnadeln, Deklinatorien und Inklinometern mit sich, um überall Richtung und Intensität des Erdmagnetfeldes zu messen. Mit seinem Kollegen Carl Friedrich Gauß initiierte er später ein weltweites Netz von Messstationen zur Überwachung des Erdmagnetismus, das bis heute besteht. Am Ende seines langen Forscherlebens hat Humboldt selbst seine erdmagnetischen Arbeiten als eine seiner drei wirklich bleibenden wissenschaftlichen Leistungen betrachtet.[91] Am Haidberg hier in Franken hatte seine Beschäftigung mit dem Erdmagnetismus ihren Ausgang genommen.

Die „Idee einer physischen Weltbeschreibung" und die Pasigraphie

Im Januar 1796 taucht erstmals in einem von Humboldts Briefen die „Idee einer physischen Weltbeschreibung" („physique du monde") auf.[92] Diese Konzeption, die er dem Schweizer Naturwissenschaftler Marc-Auguste Pictet mitteilte, sollte bald zu Humboldts wissenschaftlicher Leitidee werden: „Ich wollte die Länder, die ich besuchte", schrieb er später, „einer allgemeineren Kenntnis zuführen; und ich wollte Tatsachen zur Erweiterung einer Wissenschaft sammeln, die noch kaum skizziert ist und ziemlich unbestimmt bald Physik der Welt, bald Theorie der Erde, bald Physikalische Geographie genannt wird."[93] Zudem entwickelte er eine spezielle graphische Darstellungsform, die er „Pasigraphie" nannte. Mit ihrer Hilfe werden geographische Erscheinungen durch Buchstaben, Richtungspfeile, Symbole und Abkürzungen für Formationen und Gesteine dargestellt. Humboldt nutzte sie vor allem bei der Wiedergabe von Schnitten durch Landschaften, sogenannten Landschaftsprofilen. Durch den Bergbau war er zu der Idee inspiriert worden, „ganze Länder darzustellen wie ein Bergwerk".[94]

Durch seine Reisen, durch Briefe, aber auch durch viele Beiträge in internationalen Zeitschriften bekam Humboldt, obwohl er in Franken eigentlich weitab von den Zentren der Forschung arbeitete, Kontakt mit vielen bedeutenden europäischen Wissenschaftlern. Mit seinen in Goldkronach, Steben, Arzberg und Bayreuth geschriebenen Briefen, seinen in Franken verfassten Beiträgen für wissenschaftliche Zeitschriften und seinen Buchpublikationen gab er der Wissenschaft in Europa wichtige Impulse. Vor allem seine pflanzenphysiologischen und die galvanischen Arbeiten waren es, mit denen Humboldt sich am internationalen wissenschaftlichen Diskurs beteiligte und die ihn damals in der Wissenschaftswelt bekannt machten. Sie trugen wesentlich zum Aufbau seines internationalen Netzwerks bei.

Im Juni 1793 wurde Humboldt in die „Kaiserlich Leopoldinisch-Karolinische Akademie der Naturforscher" aufgenommen, und im selben Monat erhielt er für seine *Florae Fribergensis specimen* die „Kursächsische Prämienmedaille für Kunst und Wissenschaft in Gold". Im Jahr 1795 benannte der dänische Botaniker Martin Vahl einen ostindischen Baum nach Alexander von Humboldt „*Humboldtia laurifolia*", „zur Erinnerung an den bedeutenden Botaniker Fr. A. von Humboldt, den Verfasser der „Flora Fribergensis".[95] Unzählige solche Namensgebungen, von Pflanzen und Tieren, Bergen und Flüssen, Landstrichen, Städten und anderen Plätzen, sollten später folgen und seinen Namen bis heute in die ganze Welt tragen. Dem preußischen Kammerpräsidenten in Bayreuth und Ansbach, Friedrich von Schuckmann, berichtete er im Oktober 1796 stolz:

> Schrieb ich Ihnen schon, dass Fourcroy, Vauquelin und Morveau sich ganz mit meinen Versuchen über den chemischen Lebensprozess, besonders mit Reizung der Nerven durch Alkalien, beschäftigen? Van Mons schreibt: „Alles befasst sich hier mit den Experimenten, die Humboldt publiziert hat und die er dem Nationalinstitut präsentiert hat. Wir haben unendlich interessante Ergebnisse gefunden." Das heißt Autor-Eitelkeit![96]

Bei den drei Genannten handelte es sich um führende Chemiker in Frankreich; Jean Baptiste van Mons war ein angesehener Professor der Chemie und Physik in Brüssel. Kurz vor Erscheinen des ersten Bandes seiner *Versuche über die gereizte Muskel- und Nervenfaser* im April 1797 schrieb Humboldt an Freiesleben: „Man fängt sich an zu überzeugen, dass diese Versuche einmal Grundlage der praktischen Heilkunde werden können, und dass ich dadurch eine neue Wissenschaft (vitale Chemie) begründen kann."[97] Im Jahr 1799 wurden seine *Versuche über die gereizte Muskel- und Nervenfaser* dann sogar ins Französische und 1803 auch ins Spanische übersetzt.

Im Nachhinein gesehen setzten die Ergebnisse seiner Forschungen zwar keine wissenschaftlichen Meilensteine wie diejenigen Luigi Galvanis oder Alessandro Voltas. Trotzdem waren Humboldts pflanzenphysiologische und galvanische Experimente und Publikationen zur damaligen Zeit wichtige Schritte auf dem Weg, das Geheimnis des Lebens zu ergründen. Für sein Ansehen in der Wissenschaftswelt, für seine weiteren Forschungsarbeiten und künftigen Forschungsreisen sollten diese Arbeiten von elementarem Nutzen sein.

Abschied von Franken

Muggendorf und Umgebung. Holzstich von Kaeseberg & Oertel nach einer Zeichnung von Richard Püttner, 2. Hälfte des 19. Jahrhunderts. Die romantische Gegend um Muggendorf faszinierte nicht nur die beiden Dichter Ludwig Tieck und Wilhelm Heinrich Wackenroder, die hier 1793 Station machten. Auch Humboldt betrieb hier geologische und botanische Studien.

Der Bergdienst in Franken war für Humboldt eine von vornherein eingeplante Zwischenstation in seinem Lebensplan. Sein Wunsch nach Freiheit und Unabhängigkeit war ungebrochen, das wussten alle seine Freunde und engen Vertrauten. Bereits in Freiberg nannte er gegenüber seinem Freund Archibald McLean „die Unabhängigkeit das Ziel meiner Wünsche“[98], und wenig später schrieb er ihm: „[...] unter uns, im engsten Vertrauen. Ich bin noch ungewiss, ob ich in öffentlichen Diensten bleibe oder nicht. Wenn ich keinen weiten Wirkungskreis vor mir sehe, so leb ich für mich“.[99] Im Juli 1793 bekannte er gegenüber seinem russischen Freund Vladimir Sojmonov Jurevič in einem Brief aus Goldkronach:

> Ich sehe, dass Sie dabei sind, Deutschland zu verlassen. Wie ich Sie um Ihr Schicksal beneide! Welch glückliches Mittel, die große Natur zu sehen! In Ihrem letzten Brief fragten Sie mich in einem ganz bestimmten Ton, „ob es jemals möglich sein würde, Sie in diesem Teil Asiens zu sehen?“ – Wollen Sie, dass ich aufrichtig bin, mein lieber Freund? Dass Sie es nicht wollten! Nun, ich verheimliche Ihnen nicht, dass dies seit drei Jahren einer meiner geheimsten Wünsche ist. Ich habe kaum Grund, mit meinem Vaterland unzufrieden zu sein. Man legt mir hier viel mehr Bedeutung bei, als ich verdiene. Ich habe Familienverbindungen, ein kleines Vermögen, das mich vor jeder Unbill des Schicksals schützt [...]. Ich habe nur sehr geringe Bedürfnisse, ich habe nur ein Ziel, nur den Ehrgeiz, für den Fortschritt der Naturgeschichte zu arbeiten. Deswegen fliehe ich die Städte, um in den Tiefen der Gebirge zu leben; deswegen ergreife ich jede Gelegenheit, die Welt zu sehen. [...] Naturforscher wie ich sind vielleicht im Ausland nicht selten, aber ich wage kühn zu behaupten, dass

> es wenige gibt, die mir gleichkommen können im Eifer, in der Liebe zu den Wissenschaften, in der Geduld, alle Strapazen zu ertragen, in der Erforschung der Natur. [...] Ich bereite mich unaufhörlich auf ein großes Ziel vor. [...] Ich strebe nach keinem Titel, keiner festen Pension – ich will nur das Mittel, die Natur im Großen zu sehen, sei es als Geschworener oder Bergmeister oder Naturforscher oder Offizier – all das ist mir gleich.[100]

Es war nicht allein der Wunsch, seinen Kindheitstraum einer Reise in die Tropen zu verwirklichen; Humboldt hatte, wie er auch gegenüber Freiesleben im April 1794 bekannte, noch andere Ziele: „Meine alten Pläne bleiben dieselben; ich nehme in zwei Jahren den Abschied und gehe nach *Russland (Sibirien)* oder sonst wohin, *dies wahrscheinlich.*“[101] Ein gutes halbes Jahr später schrieb er seinem Freiberger Freund: „Die zwei Jahre, die ich hier gebunden bin, waren bereits im Sommer verflossen. Ich bleibe aber, um alles auszuführen, und das meiste ist mir gelungen, bis Juni 1795 hier. Dann denke ich, um höhere wissenschaftliche Pläne auszuführen, den Dienst zu verlassen.“ [102]

Vor allem auf Drängen seiner Dienstherren (siehe oben S. 68 f) blieb Humboldt nochmals eineinhalb Jahre. Vom Plan einer „amerikanischen Reise“ ist in seinem Brief an seinen Bayreuther Freund Reinhard von Haeften die Rede, den er „in den Nächten vom 1. bis 4. Januar 1796“ verfasst hatte.[103] Dieses Projekt teilte Humboldt insgeheim auch anderen Freunden und Vertrauten mit.[104] Anlass für seine Befreiung aus den „öffentlichen Diensten“ war der Tod seiner Mutter. Marie Elisabeth von Humboldt starb am 19. November 1796. Wilhelm erreichte die Nachricht in Jena, Alexander in Franken. An Freiesleben schrieb er:

> Ich kann heute nur hinzusetzen, dass gestern die Nachricht von dem Tode meiner Mutter kam. Vorbereitet war ich längst. Betroffen hat es mich nicht, aber beruhigt, dass sie so wenig litt. Sie war nur einen Tag krank, hatte nur einen Tag heftigere Schmerzen als sonst. Sie verschied sanft. Du weißt, mein Guter, dass mein Herz von der Seite nicht empfindlich getroffen werden konnte. Wir waren uns von jeher fremd, aber wen hätte das unselige, endlose Leiden der Verschiedenen nicht rühren sollen.[105]

Freiesleben war realistisch und ehrlich genug, ihm in seiner Antwort nicht nur seine Anteilnahme auszusprechen, sondern auch hinzuzufügen: „Freuen muss es mich doppelt, da dieser Tod nicht bloß an sich wohltätig, sondern auch insbesondere für dich erwünscht sein muss.“[106] Die Mutter hinterließ ein bedeutendes Vermögen. Während Wilhelm unter anderem Schloss Tegel erbte, konnte Alexander sein ebenfalls beträchtliches Erbteil zur Verwirklichung seines lange erträumten Planes nutzen. Sofort begann er, ihn in die Tat umzusetzen. Nur einen Monat später schrieb er an Carl Ludwig Willdenow:

> Meine Reise ist unerschütterlich gewiss. Ich präpariere mich noch einige Jahre und sammle Instrumente, ein bis anderthalb Jahr bleibe ich in Italien, um mich mit Vulka-

Die Muggendorfer Höhle. Holzstich eines unbekannten Künstlers, 2. Hälfte des 19. Jahrhunderts. In dieser Höhle glaubte Humboldt 1794 „eine von mir neu entdeckte unterirdische Pflanze“ gefunden zu haben.

nen genau bekannt zu machen, dann geht es über Paris nach England, wo ich leicht auch wieder ein Jahr bleiben könnte (denn ich eile schlechterdings nicht, um recht präpariert anzukommen), und dann mit englischem Schiffe nach Westindien [Amerika]. Erlebe ich das Ende dieser Pläne nicht, nun so habe ich wenigstens tätig begonnen und die Lage benutzt, in die mich glückliche Verhältnisse gesetzt haben.[107]

Ohne jedes Zögern, ohne Gewissensbisse und Wehmut beendete Alexander von Humboldt Ende 1796 seine vielversprechende Karriere im preußischen Dienst, die ihm wahrscheinlich bald das Amt eines Staatsministers eingebracht hätte. Die Erbschaft seiner Mutter eröffnete ihm die Möglichkeit, nun endlich ohne jede Einschränkung seine eigenen Pläne zu verwirklichen. Von jetzt an war er immer bemüht, seine Unabhängigkeit zu bewahren und sich einen möglichst großen Freiraum für seine wissenschaftlichen Projekte zu schaffen. In den Staatsdienst kehrte er nie mehr zurück. Drei Jahre später schrieb er aus Venezuela:

> Im Besitz eines ansehnlichen Vermögens nach dem Tode meiner Mutter habe ich meine Stelle in preußischen Diensten aufgegeben, um als Privatmann und als Bürger eines Staates, von dessen Freiheit wir damals träumten, halb wachend mich oft noch träumt, ein menschliches, freies, hilfreichnützliches Leben zu führen.[108]

Federico Alejandro Barón de Humboldt, Bergrat seiner Majestät des Königs von Preußen und Mitglied verschiedener wissenschaftlicher Akademien. Ölgemälde von Rafael Ximeno y Planes, 1803. Während seines Aufenthalts in Mexiko-Stadt entstand dieses Porträt Humboldts, das ihn in der Uniform des preußischen Oberbergrats und mit seinem Sextanten, einem seiner wichtigsten Messinstrumente, zeigt.

Die Welt in Franken - Franken in der Welt

Aufbruch

Ende Februar 1797 verließ Alexander von Humboldt Franken endgültig und siedelte nach Jena über. Hier konnte er Goethe näher sein, der sich oft in der Stadt aufhielt, und sich mit ihm über die gemeinsamen Interessen, vor allem über Anatomie und die Erforschung der Lebenskraft, austauschen. Drei Monate lang sahen sich die beiden nun fast täglich. Im Laboratorium der Naturforschenden Gesellschaft Jena und im „Anatomischen Theater" bei Justus Christian Loder präparierte Humboldt „täglich fast 6-7 Stunden"[1] und stellte umfangreiche Versuche zum Galvanismus und über die Wirkung von Chemikalien auf Tiere und Pflanzen an. In Jena beendete Humboldt auch seinen ersten Band der *Versuche über die gereizte Muskel- und Nervenfaser*. Nicht nur für Goethe hielt er Vorträge über den Galvanismus, auch Herzog Carl August von Weimar führte er, als dieser am 8. März 1797 in Jena weilte, galvanische Experimente vor.[2]

Nachdem sich Alexander von Humboldt mit dem Ende des Jahres 1796 offiziell von den Pflichten des preußischen Staatsdiensts hatte befreien lassen und nun auch genügend Mittel besaß, seinen lange gehegten Traum in die Tat umzusetzen, begann er mit den Vorbereitungen seiner amerikanischen Reise. Dass auch auf der anderen Seite des Atlantiks die Erforschung des Rätsels des Lebens ein zentraler Arbeitsbereich bleiben sollte, teilte er Karl Freiesleben mit: „Da ich mich zu meiner westindischen Reise jetzt sehr ernsthaft vorbereite und mich dort vorzüglich mit den organischen Kräften abzugeben gedenke, so ist Anatomie mein Hauptstudium."[3] Angeleitet vom Direktor der Sternwarte von Gotha, Franz Xaver von Zach, lernte er den Umgang mit allen wichtigen geodätischen, geophysikalischen und astronomischen Messinstrumenten, insbesondere den Gebrauch des Sextanten zur geographischen Ortsbestimmung.[4] „Ich habe alle Maulwurfshügel hier herum gemessen"[5], schrieb er am 14. Mai 1797.

Mit einer beachtlichen Sammlung von Instrumenten im Gepäck, die er in mehreren Kisten verstaut hatte, brach Alexander von Humboldt Ende Juli 1797 von Dresden aus zu seiner großen Reise auf. Zunächst begleiteten ihn sein Bruder Wilhelm mit Familie sowie Reinhard und Christiane von Haeften mit ihren kleinen Kindern. Erstes Ziel der Reise war Rom. Wilhelm wollte sich eine Zeit lang in der Ewigen Stadt aufhalten, und Alexanders Wunsch war es, dort ebenfalls einige Zeit mit der Familie Haeften zu leben. Mitte Oktober 1797 allerdings berichtete er seinem Freund Freiesleben aus Wien: „Unsere Reisepläne haben sich garstig gekreuzt, und unsere Reisegesellschaft ist auseinander geflohen."[6] Die Napoleonischen Feldzüge in Italien hatten es unmöglich gemacht, Rom zu erreichen. Im Herbst und Winter 1797/98 machte Humboldt in Salzburg Station, zunächst noch in Begleitung der Familie Haeften. Am 1. April 1798 schrieb er von dort:

> Nachdem wir drei Monate in Wien auf den Frieden vergeblich geharrt hatten, entschloss sich mein Bruder aus Ungeduld, erst nach Paris und dann nach Italien zu

gehen. *Haeftens* und ich wollten unsern Plan durchsetzen und hier in Salzburg den Moment des möglichen Vordringens über die Alpen abwarten.[7]

Der Salzburger Aufenthalt war ganz der intensiven Vorbereitung auf die geplante Expedition gewidmet. Humboldt übte sich unentwegt in der astronomischen Ortsbestimmung mit dem Sextanten und der barometrischen Höhenmessung. Am Ende konnte er die geographische Breite von Salzburg und anderen Städten im Salzburger Land mit hoher Präzision bestimmen und die bis dahin bekannten Werte deutlich korrigieren.[8] Gemeinsam mit seinem Freund, dem später berühmten Geologen und Paläontologen Leopold von Buch, besuchte er die Salzburgischen Salinen und Salzbergwerke in Ischl, Hallstatt, Aussee, Berchtesgaden und anderen Orten.[9] Humboldt nutzte die ruhige Zeit in der Stadt an der Salzach auch, um sein Manuskript zum zweiten Band seiner *Versuche über die gereizte Muskel- und Nervenfaser* zu vollenden. Die Familie Haeften allerdings entschloss sich, von hier nach Bayreuth zurückzufahren (vgl. dazu auch oben S. 83). Allein zurückgelassen, musste sich Humboldt nun entscheiden: Die amerikanische Reise war jetzt das wichtigste Ziel. Der Weg dahin war jedoch nach wie vor unklar.

Paris – die wissenschaftliche Hauptstadt der Welt

Über München, Stuttgart und Straßburg erreichte er schließlich am 12. Mai 1798 Paris. Hier sah er seinen Bruder und dessen Familie wieder, die sich bereits seit Mitte November 1797 in der französischen Metropole aufhielten. Seit Alexanders erstem Aufenthalt im Jahr 1790 mit Georg Forster hatte sich das Leben hier sehr verändert. Während der Wirren der Französischen Revolution hatten Tausende ihr Leben unter der Guillotine verloren, darunter auch so einzigartige Wissenschaftler wie der Chemiker Antoine de Lavoisier. Trotz allem war Paris noch immer die wissenschaftliche Metropole der Welt.

Sofort nach seiner Ankunft nahm Alexander Kontakt zu den angesehensten französischen Naturwissenschaftlern auf. Viele kannten seinen Namen bereits durch seine französischsprachigen Publikationen, die er während der fränkischen Jahre veröffentlicht hatte. Sie luden ihn zu Vorträgen, vor allem in die Akademie der Wissenschaften, ein. Dort sprach er unter anderem über seine galvanischen Experimente und über die Zusammensetzung der Atmosphäre.

Zu seinen Gesprächspartnern zählte nahezu die gesamte wissenschaftliche Prominenz in Paris. So traf er hier den berühmten Naturforscher und Herausgeber des *Journal de Physique, de chimie, d'histoire naturelle et des arts*, Jean-Claude Delamétherie, bei dem er bereits einen Aufsatz veröffentlicht hatte. Er lernte nun auch die Chemiker Antoine-François de Fourcroy, Louis Bernard Guyton de Morveau und Nicolas Louis Vauquelin persönlich kennen, von denen er schon 1796 in Franken erfahren hatte, dass sie seine „Versuche über den chemischen Lebensprozess" wiederholt hatten.[10] Die Namen vieler Naturforscher, die Humboldt persönlich kennenlernte – etwa Jean-Charles de Borda, Antoine Laurent de Jussieu oder Georges Cuvier – haben bis heute einen hellen Klang.

Paris von der Seine. Kolorierter Stahlstich, Kunstanstalt des Bibliographischen Instituts, Hildburghausen, um 1830. Paris war zu Humboldts Zeit die wissenschaftliche Metropole der Welt. Hier traf er nach seiner fränkischen Zeit die wichtigsten Wissenschaftler. Nach der Rückkehr von seiner amerikanischen Reise lebte und forschte er hier mehr als zwanzig Jahre.

In der französischen Hauptstadt lernte er durch Zufall den vier Jahre jüngeren Mediziner und Botaniker Alexandre Aimé Goujaud Bonpland kennen und lud ihn ein, ihn auf seine Forschungsreise zu begleiten. Bonpland sollte schließlich das einzige Expeditionsmitglied werden, das Humboldt von Beginn bis zum Ende der amerikanischen Reise im Jahr 1804 begleitete. Hier in Paris, dessen Instrumentenindustrie erfolgreich mit derjenigen von London und Genf konkurrierte, konnte Humboldt auch seine Expeditionsausrüstung weiter ergänzen und seine Messtechniken verfeinern. Verschiedentlich zeichneten sich Gelegenheiten ab, durch den Anschluss an andere geplante Expeditionen seinem eigentlichen Ziel, einer Reise in die Tropen der neuen Welt, näher zu kommen. Deshalb drängte es ihn, die beiden noch nicht abgeschlossenen Buchpublikationen, die *Unterirdischen Gasarten* und die *Chemische Zerlegung des Luftkreises* so rasch als möglich fertigzustellen. Fieberhaft arbeitete er bis zu seiner Abreise aus Paris im Oktober 1798 an den Manuskripten, und sogar aus Marseille sandte er noch im Dezember 1798, kurz vor seiner Weiterreise nach Spanien, Resultate seiner Salzburger Versuchsreihen nach Deutschland. Letztendlich war es das Verdienst seines Bruders, dass die beiden Veröffentlichungen im Jahr 1799 bei Vieweg in Braunschweig erscheinen konnten. Wilhelm von Humboldt überwachte die Drucklegung und schrieb auch das Vorwort für die *Unterirdischen Gasarten.*[11] Einmal mehr bewahrheitete sich, was Humboldt im Jahr zuvor Friedrich von Schuckmann, gegenüber dem Kammerpräsidenten in Bayreuth und Ansbach, bekannt hatte: „Sie kennen meine geschäftlose Geschäftigkeit, dies Treiben und Laufen, was mich immer beginnen und nie vollenden lässt.“[12]

Ein Reisepass von der spanischen Krone und die Bedeutung des Bergbaus

Während sein Bruder in Paris noch mit diesen Buchprojekten beschäftigt war, konnte Alexander im Frühjahr 1799 erreichen, dass ihm vom spanischen Königshaus ein Reisepass ausgestellt wurde mit der Erlaubnis, die spanischen Kolonien ohne jede Einschränkung zu bereisen und zu erforschen. Sein diplomatisches Geschick, sein gewinnendes Auftreten und vor allem seine Kenntnisse im Bergbau waren dafür ausschlaggebend. Seit ihm am 1. Mai 1795 der Titel „Oberbergrat“ verliehen worden war, hatte er diesen immer häufiger bei der Bezeichnung seiner Autorschaft in deutsch- und französischsprachigen wissenschaftlichen Zeitschriften genutzt. Auch am spanischen Hof stellte er sich als „Consejero Superior de minas de S. M. el Rey de Prusia“ vor und trat in der Uniform eines königlich-preußischen Oberbergrates auf. Mit dem Ausscheiden aus diesem Amt war er eigentlich Privatmann geworden, und durch seine Erbschaft, die er nun zur Finanzierung seiner Expedition einsetzte, war er ein unabhängiger Forschungsreisender. Der offizielle Titel und die Uniform öffneten ihm jedoch wesentlich leichter Tür und Tor bei den Repräsentanten des Staates. Auch später, bei offiziellen Anlässen in Lateinamerika, trug er diese Uniform. Und in Quito und Mexiko-Stadt ließ er sich in ihr porträtieren. Nach seiner amerikanischen Reise hatte sie ausgedient. In Amerika jedoch spielte die amtliche Position, manifestiert durch das Berghabit, und zudem der Titel eines Barons, zu dessen Führung er eigentlich gar nicht berechtigt war[13], eine wichtige Rolle. Humboldt war – in heutiger Terminologie – ein Meister des Selbstmarketings. In seinem spanischen Reisepass heißt es:

> Gemäß dem Entschlusse des Königs [Carlos IV. von Spanien] sei es dem Hrn. Alexander Friedrich Freiherrn von Humboldt, Oberbergrat Seiner Majestät des Königs von Preußen, gestattet, in Begleitung seines Gehilfen oder Sekretärs A[imé] Bonpland nach Amerika und anderen überseeischen Besitzungen seines Reichs zu gehen, um seine bergmännischen Studien fortzusetzen und für den Fortschritt der Naturwissenschaften wertvolle Sammlungen, Beobachtungen und Entdeckungen zu machen. Demgemäß befiehlt Seine Majestät den Generalkapitänen, Kommandanten, Gouverneuren, Intendanten, Oberrichtern und allen sonstigen Gerichtsbehörden oder Personen, welche es angeht, dass sie besagtem Hrn. Alexander Friedrich Baron von Humboldt auf seiner Reise keine Hindernisse in den Weg stellen.[14]

Die spanische Krone versprach sich von Humboldts Expedition Hinweise auf eine bessere wirtschaftliche Nutzung der Kolonien, besonders der zahlreichen Bergwerke. „Nie war einem Reisenden eine umfassendere Erlaubnis zugestanden worden, nie hatte die spanische Regierung einem Fremden größeres Vertrauen bewiesen“,[15] notierte

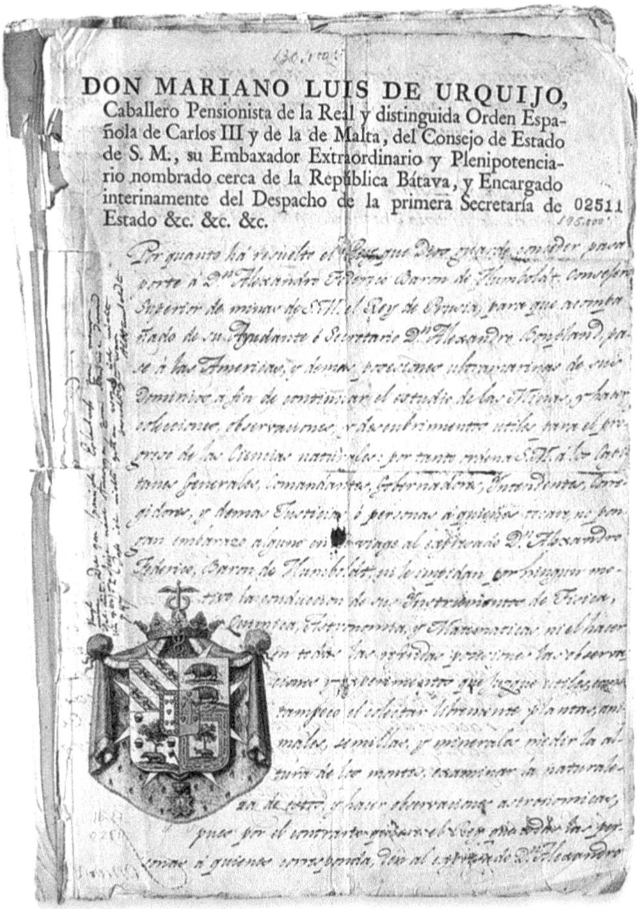
DON MARIANO LUIS DE URQUIJO,
Caballero Pensionista de la Real y distinguida Orden Española de Carlos III y de la de Malta, del Consejo de Estado de S. M., su Embaxador Extraordinario y Plenipotenciario nombrado cerca de la República Bátava, y Encargado interinamente del Despacho de la primera Secretaría de Estado &c. &c. &c.

Humboldts Reisepass, ausgestellt in Aranjuez, am 7. Mai 1799. Darin wurde ihm ausdrücklich gestattet, „seine bergmännischen Studien fortzusetzen und für den Fortschritt der Naturwissenschaften wertvolle Sammlungen, Beobachtungen und Entdeckungen zu machen". Die spanische Krone versprach sich von Humboldts Expedition Hinweise auf eine bessere wirtschaftliche Nutzung der Kolonien, besonders der zahlreichen Bergwerke.

Humboldt später. Als er von Madrid aus in die Neue Welt aufbrach, war zum ersten Mal ein unabhängiger Forschungsreisender unterwegs. Die Finanzierung der Reise aus eigener Tasche und der Reisepass lieferten die Voraussetzungen. Er hatte vollkommen freie Hand in der Wahl seiner Reiseroute, der Reisebegleiter und der Verkehrsmittel. Diese Art des Reisens enthob ihn der Verantwortung für Schiff und Mannschaft und eröffnete ungeahnte Möglichkeiten der Improvisation. Es war die Unabhängigkeit Alexander von Humboldts, die diese Reise so einzigartig machen sollte. Nach Unabhängigkeit hatte er sich während seiner Jugendzeit immer gesehnt. Nun wurde sie zum entscheidenden Merkmal eines neuen Typus des Forschungsreisenden. Seine Vorgänger wie die Naturforscher Joseph Banks, Reinhold und Georg Forster, Thaddäus Haenke oder Louis Née begleiteten staatlich finanzierte Expeditionen. Sie waren deshalb von den auftraggebenden Regierungen abhängig und damit in ihrem Aktionsradius, ihren Forschungsaufgaben und ihren späteren Publikationsmöglichkeiten eingeschränkt. Man erwartete von ihnen, dass sie ihre Untersuchungen in den Dienst ihres Landes stellten und die gewonnenen Ergebnisse später ihren Auftraggebern zur Nutzung überließen. Humboldts Expedition stand dazu in absolutem Gegensatz. Sie diente nicht einer bestimmten europäischen Nation, sondern, wie er selbst immer wieder betonte, einzig und allein „dem Fortschritt der Naturwissenschaften"[16]. „Nie, nie hat ein Naturalist mit solcher Freiheit verfahren können"[17], schrieb er später.

Das Forschungsprogramm der amerikanischen Reise

Am 11. April 1799 skizzierte Humboldt in einem Brief aus Madrid sein Forschungsprogramm:

> Mein großer Apparat von chemischen, physikalischen und astronomischen Instrumenten begleitet mich. Werfen Sie einen Blick auf den Weltteil, den ich von Kalifornien an bis zum Patagonenlande zu durchlaufen (messen und zerlegen) gedenke – welch ein Genuss in dieser wunderbar großen und neuen Natur! So unabhängig, so frohen Sinnes, so regsamen Gemüts hat wohl nie ein Mensch sich jener Zone [der Tropen] genähert. Ich werde Pflanzen und Tiere sammeln, die Wärme, die Elastizität, den magnetischen und elektrischen Gehalt der Atmosphäre untersuchen, sie zerlegen, geographische Längen und Breiten bestimmen, Berge messen – aber alles dies ist nicht Zweck meiner Reise. Mein eigentlicher, einziger Zweck ist, das Zusammen- und Ineinander-Weben aller Naturkräfte zu untersuchen, den Einfluss der toten Natur auf die belebte Tier- und Pflanzenschöpfung. Diesem Zwecke gemäß habe ich mich in allen Erfahrungskenntnissen umsehen müssen. Daher die Klagen derer, welche nicht wissen, was ich treibe, dass ich mich mit zu vielen Dingen zugleich abgebe. [...] Ich weiß wohl, dass ich meinem großen Werke über die Natur nicht gewachsen bin, aber dieses ewige Treiben in mir (als wären es 10 000 Säue) wird nur durch die stete Richtung nach etwas Großem und Bleibendem erhalten.[18]

Der Text ist ein Schlüssel zu Alexander von Humboldts Werk. Einmal mehr nennt er darin auch „dieses ewige Treiben in mir“. Seine Energie konnte er nun für ein großes Ziel einsetzen: das Schaffen von einem „großen Werke über die Natur“. Dass er sich dabei – wieder einmal – einen Anspruch auferlegte, den er vermutlich nicht erfüllen konnte, war ihm bewusst: „Ich weiß wohl, dass ich meinem großen Werke über die Natur nicht gewachsen bin.“

Mit dem Programm, das er im ersten Teil seines Briefes skizzierte, begründete Humboldt die moderne Ökologie. Der Begriff „Ökologie“ wurde erst im Jahr 1866 durch Ernst Haeckel geprägt. Obwohl Humboldt ihn noch nicht kannte, erfüllt die Definition seines Forschungsprogramms voll und ganz die Bedeutung dieses Begriffes. Mit seinem Plan verweigerte er sich auch der Vereinnahmung durch eine einzige Disziplin. Dies machte Humboldt auch viele Jahre später nochmals im *Kosmos* deutlich, in dem er rückblickend die wissenschaftlichen Vorbereitungen auf seine amerikanische Expedition schildert:

> Wenn durch äußere Lebensverhältnisse und durch einen unwiderstehlichen Drang nach verschiedenartigem Wissen ich veranlasst worden bin, mich mehrere Jahre und scheinbar ausschließlich mit einzelnen Disziplinen: mit beschreibender Botanik, mit Geognosie, Chemie, astronomischen Ortsbestimmungen und Erdmagnetismus als Vorbereitung zu einer großen Reise-Expedition zu beschäftigen, so war doch immer

Madrid. Kolorierter Stahlstich von Saulnier, um 1830. In der spanischen Hauptstadt erhielt Humboldt die Erlaubnis, die spanischen Kolonien ohne jede Einschränkung zu bereisen. „Nie, nie hat ein Naturalist mit solcher Freiheit verfahren können", schrieb er.

> der eigentliche Zweck des Erlernens ein höherer. Was mir den Hauptantrieb gewährte, war das Bestreben die Erscheinungen der körperlichen Dinge in ihrem allgemeinen Zusammenhange, die Natur als ein durch innere Kräfte bewegtes und belebtes Ganzes aufzufassen. Ich war durch den Umgang mit hochbegabten Männern früh zu der Einsicht gelangt, dass ohne den ernsten Hang nach der Kenntnis des Einzelnen alle große und allgemeine Weltanschauung nur ein Luftgebilde sein könne.[19]

Die Anlagen seiner Wissenschaft von der Erde, seiner „physischen Weltbeschreibung", hatte Humboldt in Franken entwickelt. Es war eine Wissenschaft, in deren Mittelpunkt die Wechselbeziehungen innerhalb der Natur im Allgemeinen und zwischen Mensch und Natur im Besonderen standen. Geleitet vom Gedanken der Einheit der Natur, sah Humboldt ihre Phänomene als Netzwerk, als „eine allgemeine Verkettung nicht in einfach linearer Richtung, sondern in netzartig verschlungenem Gewebe"[20]. „Nichts steht für sich allein", schrieb er, „ein gemeinsames Band umschlingt die ganze organische Natur."[21]

Fünf Jahre lang, von 1799 bis 1804, erforschte er, zusammen mit seinem Reisegefährten Bonpland, amerikanische Regionen, die heute die Namen Venezuela, Kuba, Kolumbien, Ecuador, Peru und Mexiko tragen, und beendete die Expedition mit einem Abstecher in die USA.

Der Bergbau in Amerika

Indianische Bergarbeiter in Guanajuato. Holzstich aus dem Buch von Hermann Klencke: „Alexander von Humboldt's Leben und Wirken, Reisen und Wissen", Leipzig: Otto Spamer, 1870. In sein Reisetagebuch notierte Humboldt: „Unglückliche Abkömmlinge eines Geschlechts, das man seines Eigentums beraubte. Wo hat man Beispiele, dass eine ganze, ganze Nation alles Eigentum verlor?"

Humboldts Wissenschaft schloss den Menschen ein und zielte letztendlich, wo immer dies möglich war, auf einen praktischen Nutzen für die Gesellschaft. Diese Verbindung zwischen Theorie und Praxis, zwischen Forschung und Anwendung, praktizierte Humboldt erstmals im Bergbau in Franken. In kaum einer anderen Disziplin – heute trägt sie den Namen Montanwissenschaft – waren, auch während seiner Expeditionen, gleichzeitig so viele Anknüpfungspunkte zu Landschaft und Gesellschaft möglich.

Als erster Schritt bei der Erforschung einer Landschaft waren seine Erfahrungen im Bergbau von elementarer Bedeutung. Alle seine Studien während der Expeditionen durch Amerika, Russland und Sibirien, und auch alle Untersuchungen der europäischen Regionen, die er durchreiste, begannen mit dem bergmännischen Blick auf die geologischen Strukturen. Erst danach befasste sich Humboldt mit der Fauna und Flora, mit dem jeweiligen Klima und der Kultur der dort lebenden Menschen, um dann in einem weiteren Schritt die erforschte Landschaft durch astronomische Messungen im Gradnetz der Erde kartographisch zu verorten.

Aber nicht nur für seine natur- und kulturwissenschaftlichen Studien war der Bergbau ein ideales Zugangsinstrument. Wegen der praktischen Anwendbarkeit waren Humboldts Kenntnisse im Bergbau überall auch eine soziale Eintrittskarte: Missionare,

Indianer, Beamte, Wissenschaftler, Politiker ließen sich – mehr oder weniger gerne – von Humboldt belehren und zeigten Respekt vor seinen theoretischen und praktischen Kenntnissen.[22]

In Venezuela beispielsweise wurde er in der Nähe eines Kapuzinerklosters bei Caripe gebeten, eine vermeintliche Goldmine zu untersuchen. Das angebliche Gold war allerdings Schwefelkies. Er bedauerte die Mönche, die dieses Mineral dort schon „seit Jahren mit Quecksilber quälten“ [23]:

> Wie die armen Menschen erstaunten, als ich, statt die Goldmine anzustaunen, von Vitriolen und Alaun redete. Meinem Auftrage gemäß, die Produkte zu untersuchen und nützliche Kenntnisse zu verbreiten, erklärte ich, dass solcher Goldminen gar viele in dieser Provinz wären, dass das Fossil [Mineral] allerdings auf Vitriol und Alaun, wenn man es röstete, benutzt werden könne. [...] Diese Rede missfiel sehr sichtlich, und mit geheimnisvollen Blicken fuhren die Indianer fort, jedem Steinchen nachzuspäen, das in dem Bache ihnen entgegen leuchtete.[24]

An anderer Stelle, auf dem Weg von Caracas zum Orinoco, als ihm wieder einmal eine „Goldschlucht“ gezeigt wurde, notierte er: „Es ist allerdings wahrscheinlich, dass sich hier im Glimmerschiefer, wie bei Goldkronach in Franken und im Salzburgischen, goldhaltige Gänge finden; aber wie will man wissen, ob die Lagerstätte abbauwürdig ist, oder ob das Erz nur in Nestern vorkommt, und zwar desto seltener, je reicher es ist?“[25] Und er bemerkte:

> Goldkörner kommen überall im Gebirgslande zwischen dem Rio Yaracuy, der Stadt San Felipe, Nirgua und Barquisimeto vor, besonders aber im Río Santa Cruz, in dem die indianischen Goldwäscher zuweilen Goldklumpen von vier bis fünf Piastern Wert finden. Kommen im anstehenden Glimmerschiefer- und Gneisgestein wirkliche Gänge vor, oder ist das Gold auch hier, wie im Granit von Guadarrama in Spanien und im Fichtelgebirge in Franken, durch die ganze Gebirgsart zerstreut? Das durchsickernde Wasser mag die zerstreuten Goldblättchen zusammenschwemmen, und in diesem Fall wären alle Bergbauversuche fruchtlos.[26]

Während seiner amerikanischen Reise besichtigte er viele Gruben und Bergwerke und übte, wie in Franken, heftige Kritik. Diese betraf einerseits die mangelhafte Technik, andererseits aber auch die Behandlung der Bergleute: in den meisten Fällen Indios, die zwar nicht als Sklaven, jedoch in sklavenähnlichen Verhältnissen zu arbeiten gezwungen waren. Seine Kritik am dortigen Bergbau war auch eine Kritik am Kolonialsystem. Immer wieder reflektierte er in seinen Tagebüchern und später auch in seinen Publikationen den Zusammenhang zwischen der Haltung der Kolonialregierung und den Lebensbedingungen der Ureinwohner: „Die Indianer verminderten sich durch Grausamkeiten, die man bis ins 17te Jahrhundert gegen sie ausübte, Minen von Mariquitá und S[anta] Ana [im Gebiet des heutigen Kolumbien], nach denen man sie schleppte, Pocken, Gebrauch als Lastvieh und im allgemeinen, weil eine schlechte Regierung immer am schwersten die ärmste, hilfloseste Menschenklasse bedrückt."[27] Überall kritisierte Humboldt den unsystematischen Erzabbau und den Mangel an guten Grubenplänen. Über die Mine Valenciana in Mexiko schrieb er beispielsweise:

> Da man keinen Grubenriss hat [...], so ist an eine regelmäßige, die kürzesten Wege suchende Grubenvorrichtung nicht zu denken. Man durchläuft das ganze Haus, um von einem Zimmer in das benachbarte zu kommen. [...] Was ich hier gegen den Grubenbau in Valenciana sage, gilt im Ganzen von Neu-Spanien [Mexiko]. Überall fehlen innere Schächte, überall nur Tagesschächte. [...] Alle Schächte in Neu-Spanien sind zu weit, alle haben 6, 7, 8 Varas [5 m, 5,8 m, 6,7 m] im Durchmesser, daher ungeheure Kosten des Absinkens, Geld- und Zeitverlust, Schwierigkeit, so große Weitungen zu spannen, zu sichern. [...] Warum teilt man nicht den Schacht mit Stoßbäumen in 4 bis 6 Gemächer ab, steckt die [Erz-]Säcke in Tonnen, welche mit Rollen versehen sind? [...] In den Planes de San Bernardo muss man (so habe ich schriftlich geraten) durch eine Hauptstrecke die ganze Grube aufschließen, einen Hundslauf [Förderkarren auf Rädern] anlegen, die Erze von oben abbauen, durch Rollen auf die Hauptstrecke herabstürzen.[28]

Die unergiebig gewordenen Silberbergwerke von Hualgayoc in Peru verglich er mit „Kaninchenhöhlen“ und notierte: „In vielen Gruben riss man aus Geiz und Unverstand die Zimmerung, die Pfeiler oder firsterhaltenden Mittel nieder, und Grube und Bergleute verstürzten.“ Er habe niemals einen „unhaushälterischeren Bergbau gesehen“, schrieb Humboldt: „Wenn man in Hualgayoc von allem, was man bisher getan, genau das Gegenteil täte, so würde man sich einer guten Vorrichtung nähern.“[29]

Sozialkritik

Die Zeit in Guanajuato, wo er sich vom 7. August bis zum 6. September 1803 fast täglich in den Minen aufhielt, bezeichnete er als „einen der anstrengenden Zeitabschnitte“ seines Lebens, und er notierte in sein Tagebuch: „Ich habe in Fraustros einen sehr gefährlichen Sturz getan, indem ich auf den Rücken gefallen bin, wovon ich 14 Tage lang danach wegen einer Verstauchung des Steißbeins stärkste Schmerzen verspürt habe.“[30] Über die Arbeit der Tenateros, der Erzträger, schrieb er:

> Ein Tenatero trägt gewöhnlich 9 arrobas [circa 100 kg]. Diese 9 arrobas, welche die Regel sind, werden mit 1 real bezahlt, nämlich eine Reise [Wegstrecke] von der Förderstelle in der Mine bis zum Abgabeplatz. Ein Tenatero macht in einer Schicht 9 bis 10 Reisen. Aus Geiz tragen die Tenateros bis 14 arrobas [circa 160 kg] und ersteigen damit über 1800 Stufen. Alles Indios oder Mestizos [Menschen mit weißen und indianischen Vorfahren]. Und man beschuldigt die indianische Rasse der Schwäche! Ein wundersamer Anblick, in den Treppenschächten von Valenciana Herden von 40 bis 60 solcher Tenateros zu begegnen, groß und klein, alle beladen, Knaben von 10 Jahren mit 3 bis 4 arrobas [35 bis 45 kg], sich voreilend, um mehr Reisen zu tun,

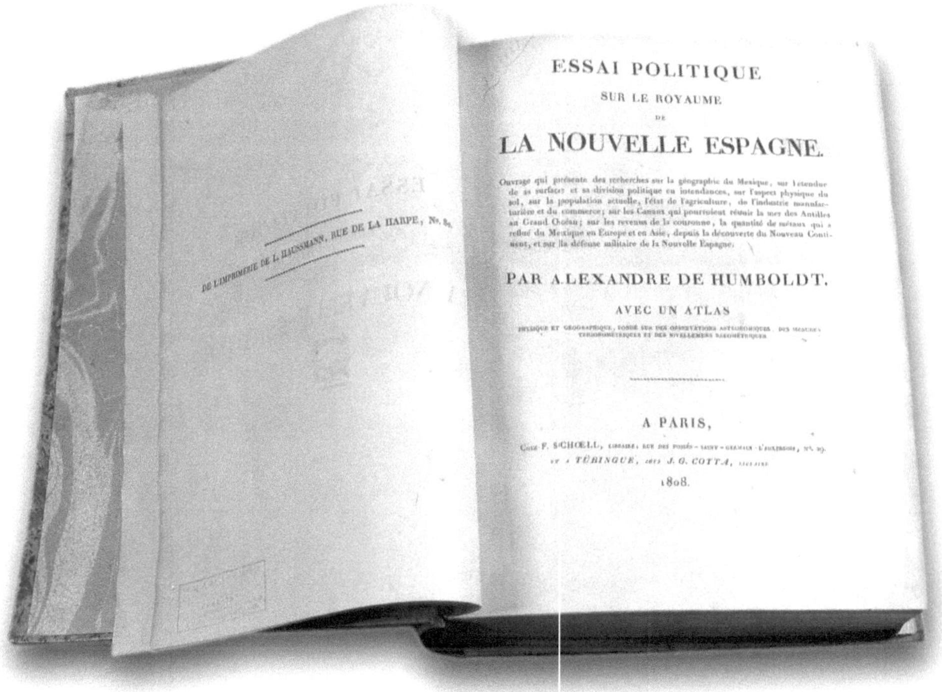

Alexander von Humboldt: Politischer Essay über das Vizekönigreich Neu-Spanien, Paris, F. Schoell, 1808. In dieser Publikation forderte Humboldt unter anderem auch massive Reformen des Bergbaus in den spanischen Kolonien. Scharf kritisierte er die Ausbeutung der indianischen Bergarbeiter: „Sie starben ohne Nachkommenschaft gleich so vielen tausend afrikanischen Sklaven, welche aus Entkräftung und Mangel an Nahrung und Schlaf in den Antillen dahinsinken."

> kriechend, seufzend, klagend, lustig schimpfend, alles abwechselnd, außer den Hosen ganz nackt, fürchterlich schwitzend, meist auf einen kleinen Stock, kaum 10 Zoll [27 cm] lang, gelehnt und auf den Treppen so vorgestreckt, dass sie auf allen Vieren zu gehen scheinen. Unglückliche Abkömmlinge eines Geschlechts, das man seines Eigentums beraubte. Wo hat man Beispiele, dass eine ganze, ganze Nation alles Eigentum verlor?[31]

Wie bereits zehn Jahre zuvor in Franken, setzte sich Humboldt auch in Lateinamerika für technische und soziale Verbesserungen ein, nicht nur, um die Rentabilität der Bergwerke zu erhöhen, sondern auch, weil dadurch die Kräfte der dortigen Bergarbeiter, wie er schrieb, „auf eine für die Gesellschaft weit vorteilhaftere und für die Gesundheit der Individuen nicht so schädliche Weise angewendet werden könnten"[32]. Diese Kritik äußerte er nicht nur vor Ort gegenüber den Repräsentanten des Kolonialsystems, sondern später auch öffentlich, in seinem *Politischen Essay über das Vizekönigreich Neu-Spanien*, der zwischen 1808 und 1811 auf Französisch in Paris, und später auch in anderen Sprachen erschien. Darin heißt es unter anderem:

Die Bergschule in Mexiko-Stadt. Gemälde von Pedro Gualdi, 1840. Den sogenannten „Palacio de Minería", der sich während Humboldts Besuch gerade im Bau befand, verspottete der Forscher als „Festung". Seiner Ansicht nach wäre es besser gewesen, man hätte diese Schule in Guanajuato gebaut, wo sich Theorie und Praxis, wie in der Freiberger Bergakademie oder in seinen fränkischen Bergschulen, besser hätten vereinen lassen und ein vertrauteres Verhältnis zwischen Lehrern und Bergleuten hätte entstehen können.

> Lange hat man die Arbeiten in den Bergwerken als eine der Hauptursachen von Amerikas Entvölkerung angesehen, und es würde wirklich schwer werden, den Umstand in Zweifel zu setzen, dass viele Indianer in den ersten Zeiten der Eroberung und selbst noch im 17. Jahrhundert den übermäßigen Arbeiten erlegen sind, welche man ihnen in den Minen zumutete. Sie starben ohne Nachkommenschaft gleich so vielen tausend afrikanischen Sklaven, welche aus Entkräftung und Mangel an Nahrung und Schlaf in den Antillen dahinsinken.[33]

Seine Vorschläge zu Reformen der Fördertechnik und zur Verbesserung der sozialen Lage der indianischen Arbeiter fanden bei den Verantwortlichen zwar Gehör, wurden aber kaum in die Tat umgesetzt. Seine Statistiken über die reichen Erzvorkommen lockten später zahlreiche europäische Unternehmer und Abenteurer ins Land. Sie intensivierten zwar die Ausbeutung der Minen, zeigten jedoch an sozialen Verbesserungen wenig Interesse.[34]

In Mexiko arbeitete Humboldt eng mit den Mineralogen Fausto d'Elhuyar, dem Gründer der dortigen Bergbauhochschule, und Andrés Manuel del Río zusammen, die beide, wie Humboldt, an der Bergakademie in Freiberg in Sachsen studiert hatten. Mit del Río hatte ihn schon während seiner Studienzeit eine herzliche Freundschaft verbunden. Als Gast nahm Humboldt im November 1803 an den Prüfungen der Bergbauhochschule in Mexiko-Stadt teil. Deren neues Gebäude, den „Palacio de Minería", der sich zu dieser Zeit dort gerade im Bau befand, verspottete Humboldt allerdings als „Festung"[35]. Es wäre ihm lieber gewesen, wenn die neue Bergbauhochschule in Guanajuato entstanden wäre, wo sich Theorie und Praxis, wie in der Freiberger Bergakademie oder in seinen fränkischen Bergschulen, besser hätten vereinen lassen und ein vertrauteres Verhältnis zwischen Lehrern und Bergleuten hätte entstehen können.

Eine seiner wichtigsten Veröffentlichungen, die während der amerikanischen Reise entstand, war seine *Introducción a la Pasigrafía geológica*, die Andrés Manuel del Río im zweiten Band seiner *Elementos de Orictognosía* im Jahr 1805 in Mexiko-Stadt publizierte.[36] Humboldt hatte die „Pasigraphie" während seiner fränkischen Zeit entwickelt. Es war eine spezielle graphische Darstellungsform, mit deren Hilfe er geographische Erscheinungen in Schnitten durch Landschaften darstellte. In dem Text schreibt er: „Die anschaulichste Projektion für die Geognosie ist die vertikale. Anfang 1795 habe ich begonnen, ganze Länder darzustellen wie ein Bergwerk."[37] Nach seiner Reise veröffentlichte

Andrés Manuel del Río: Elementos de orictognosia [...] [= Elemente der Mineralogie], Mexiko-Stadt: Zuñiga y Ontiveros, 1805. In dem Text schreibt er: „Die anschaulichste Projektion für die Geognosie ist die vertikale. Anfang 1795 habe ich begonnen, ganze Länder darzustellen wie ein Bergwerk."

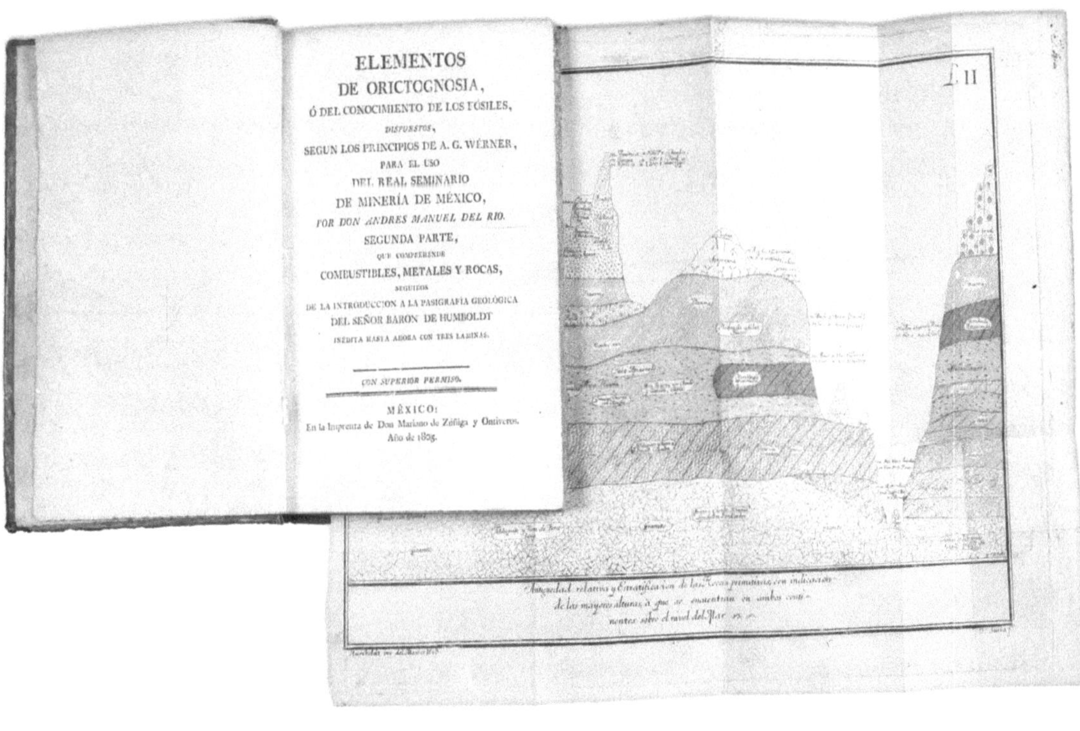

METER
HÖHEN-MESSUNGEN in verschiedenen Welttheilen
CULTUR DES BODENS nach Verschiedenheit der Höhe
DRUCK DER LUFT in Barometer-Höhen.
TOISEN
Geographie der
ein
gegründet auf Beobachtungen und Messungen, welche vom
von ALEXANDER VON

ME-TER
THIERE, geordnet nach der HÖHE IHRES WOHNORTS
GEOGNOSTISCHE ANSICHT der Tropen-Welt
TOI-SEN
n den Tropen-Ländern ;
er Anden,
Grade südlicher Breite angestellt worden sind, in den Jahren 1799 bis 1803.
und A. G. BONPLAND.

Abb. auf der vorangehenden Doppelseite: *Geographie der Pflanzen in den Tropen-Ländern*, ein Naturgemälde der Anden von Alexander von Humboldt und Aimé Bonpland, kolorierter Kupferstich von Louis Bouquet nach einer Zeichnung von Lorenz Adolf Schönberger und Pierre Jean François Turpin auf der Grundlage einer Skizze von Humboldt, Paris 1805. Die Grundidee zu diesem Werk entstand in Franken. Mit ihm begründete Humboldt eine neue wissenschaftliche Disziplin: die Pflanzengeographie.

Humboldt Dutzende solcher Landschaftsprofile. Darunter waren auch Schnitte durch Neu-Spanien, das spätere Mexiko, durch die spanische Halbinsel, durch Teneriffa und die Äquator-Region der Anden. Das berühmteste dieser Profile ist die „Geographie der Pflanzen in den Tropenländern". Die Grundidee zur Pflanzengeographie hatte er schon in Franken entwickelt.

Die fränkische Landschaft als Referenz

Besonders bei geologischen Vergleichen bediente sich Humboldt gerne der fränkischen Landschaft als Referenz. So schrieb er über das Kloster Caripe in Venzuela:

> Das Kloster lehnt sich an eine ungeheure, senkrechte, dicht bewachsene Felswand. Das blendend weiße Gestein blickt nur hin und wieder hinter dem Blätterwerk hervor. Man kann sich kaum eine malerischere Lage denken; sie erinnerte mich lebhaft an die Täler der Grafschaft Derby und an die höhlenreichen Berge bei Muggendorf in Franken.[38]

Auch die Höhle der Guácharos verglich er mit der Muggendorfer Höhle:

> In diesem Teil der Höhle setzt der Bach eine schwärzlichte Erde ab, die große Ähnlichkeit hat mit dem Stoff, der in der Muggendorfer Höhle in Franken »Opfererde« heißt. Wir konnten nicht ausfindig machen, ob diese feine, schwammige Erde durch Spalten im Gestein, die mit dem Erdreich außerhalb in Verbindung stehen, herein fällt, oder ob sie durch das Regenwasser, das in die Höhle dringt, hereingeschwemmt wird. Es war ein Gemisch von Kieselerde, Tonerde und vegetabilischem Detritus.[39]

Ein Problem, das er bereits aus Franken kannte, begegnete ihm auch in Amerika: die Abholzung von Wäldern aufgrund des Holzhungers der Landwirtschaft und des Bergbaus. In sein Reisetagebuch notierte er: „Unbegreiflich, dass man im heißen, im Winter wasserarmen Amerika so wütig als in Franken abholzt (desmonta) und Holz und Wassermangel zugleich erregt", und er sprach vom „Menschenunfug [...], der die Naturordnung stört"[40]. In diesem Zusammenhang schuf Humboldt eine wegweisende Studie über die Wechselwirkung von Wald, Wasser und Klima. Durch sie wurde zum ersten Mal in der Geschichte eine weltweite Diskussion über die Gefährdung des Planeten Erde durch die Eingriffe des Menschen entfacht.[41]

Archivstudien – historische und politische Bezüge

Humboldts Forschung war nicht allein Feldforschung. Sobald sich ihm die Gelegenheit bot, in den Archiven der Großstädte zu forschen, nutzte er diese. Auch diese Me-

Der Valencia-See in Venezuela. Farblithographie von Anton Goering, 1873. Dieser See inspirierte Humboldt zu einer viel beachteten Klimastudie: „Fällt man die Bäume, so schafft man in allen Klimazonen kommenden Geschlechtern ein zwiefaches Ungemach: Mangel an Brennholz und Wasser." Mit den wirtschaftlichen Auswirkungen von mangelndem Brennholz für seine Hüttenwerke und Porzellanmanufakturen hatte er sich bereits in Franken auseinandersetzen müssen, wo zu seiner Zeit schon große Teile des Fichtelgebirges abgeholzt waren. Jetzt erkannte er auch die gravierenden ökologischen Folgen.

thode hatte er mit Erfolg in Franken praktiziert, wo ihm die Auswertung der historischen Archivalien, die auf der Plassenburg aufbewahrt wurden, wertvolle Hinweise für die Verbesserung des Bergbaus lieferte. In Mexiko-Stadt beispielsweise dienten ihm die Statistiken des früheren Vizekönigs von Neu-Spanien, Juan Vicente de Revillagigedo, zu volkswirtschaftlichen und demografischen Vergleichen. Humboldt ergänzte sie um viele weitere Statistiken und erstellte damit im Jahr 1803 seine *Tablas geográfico políticas del Reino de Nueva España*. Dieses Dokument begann bald, eine politische Wirkung zu entfalten. Noch während seines Aufenthalts in Mexiko überreichte er es dem neuen Vizekönig von Neuspanien, José de Iturrigaray. Bald kursierten davon auch handschriftlich kopierte Exemplare.[42] Diese Arbeit Humboldts nutzte nicht nur der Kolonialregierung, sondern auch denjenigen, die sie stürzen wollten, zeigte sie doch, dass Mexiko auch ohne das spanische Mutterland sehr gut leben konnte. Die Statistiken bildeten später die Grundlage zu Humboldts *Politischem Essay über das Königreich Neu-Spanien*, in dem er, ohne dies freilich direkt auszusprechen, den Beweis antrat, dass Neu-Spanien aufgrund seines wirtschaftlichen, wissenschaftlichen, kulturellen und sozialen Potenzials reif für die Unabhängigkeit war.

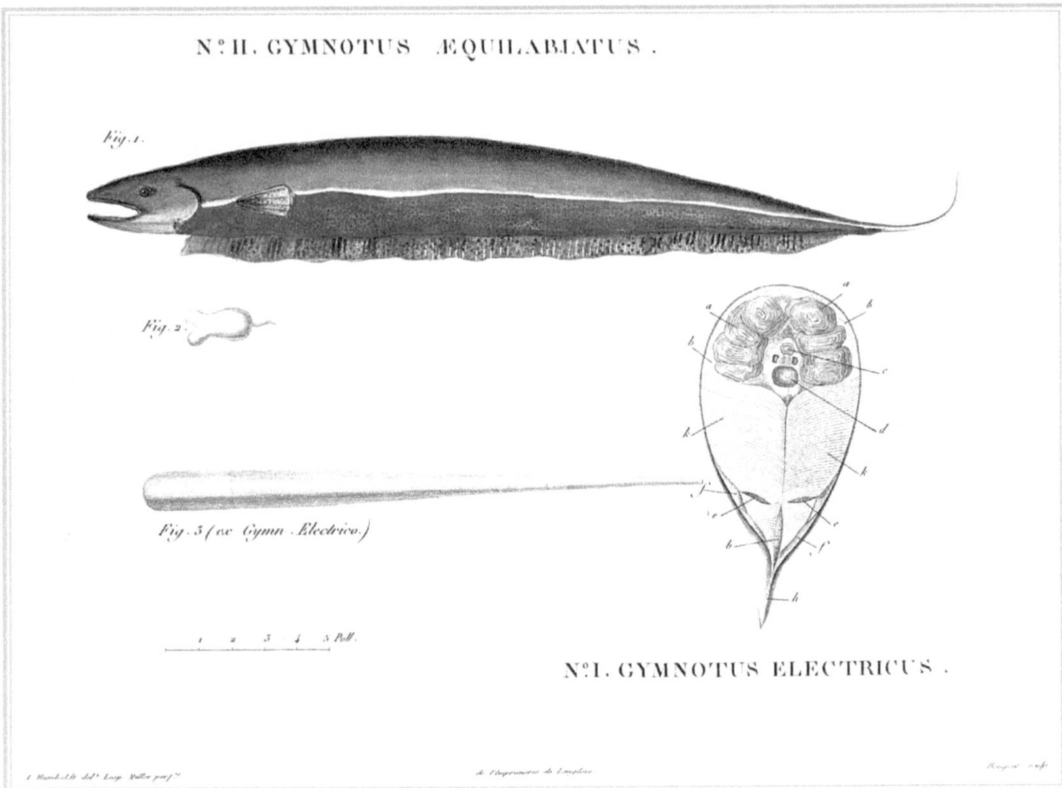

Zwei südamerikanische Gymnotus-Arten. Kolorierter Kupferstich von Louis Bouquet nach Skizzen Humboldts, Tafel 10 in dem Buch von Alexander von Humboldt und Aimé Bonpland: „Recueil d'observations de zoologie", Band 1, Paris: Schoell, 1811.

Physiologische Studien in den Tropen der Neuen Welt

Während der amerikanischen Reise griff Humboldt auch seine physiologischen Studien wieder auf. In seinem Reisebericht beschreibt er rückblickend – und nicht ohne Selbstkritik an seinen vorangegangenen wissenschaftlichen Irrwegen – seine Experimente mit Zitteraalen in den venezolanischen Llanos:

> Was uns [...] in Calabozo am meisten beschäftigte, das waren die Zitteraale, die lebendige elektrische Apparate sind. Mit der Begeisterung, die zum Forschen treibt, aber der richtigen Auffassung des Erforschten hinderlich wird, hatte ich mich seit Jahren täglich mit den Erscheinungen der galvanischen Elektrizität beschäftigt; ich hatte, indem ich Metallscheiben aufeinander legte und Stücke Muskelfleisch oder andere feuchte Substanzen dazwischen brachte, mir unbewusst, *Säulenbatterien* aufgebaut, und so war es natürlich, dass ich mich seit unserer Ankunft in Cumaná eifrig nach elektrischen Aalen umsah.[43]

Als Humboldt im Jahr 1817[44] diesen Bericht schrieb, war ihm bekannt, dass Alessandro Volta in den Jahren 1799 und 1800, während er selbst auf seiner amerikanischen

Expedition war, die Säulenbatterie, die sogenannte Volta'sche Säule, erfunden hatte. Dieser Vorläufer der elektrischen Batterie konnte stationären Strom mit Hilfe unterschiedlicher, chemisch miteinander reagierender Metalle liefern. Zwischen die Metallscheiben wurden feuchte Elemente geschichtet, wie Humboldt sie erwähnt. Es dürfte ihn getroffen haben, zu sehen, wie nahe er damals in Franken daran war, aus diesem Experiment die richtigen Schlüsse zu ziehen und somit eine bahnbrechende Erfindung zu machen.

Um die Zitteraale in den Llanos zu fangen, schlugen die Indianer, die Humboldt und seine Mitreisenden begleiteten, vor, die „elektrischen Fische" zu fangen, indem sie wilde Pferde in den Tümpel trieben, wo sich eine größere Anzahl Aale befand. Humboldt berichtet:

> Sie brachten ihrer etwa dreißig und trieben sie ins Wasser. Der ungewohnte Lärm vom Stampfen der Rosse treibt die Fische aus dem Schlamm hervor und reizt sie zum Angriff. Die schwärzlich und gelb gefärbten, großen Wasserschlangen gleichenden Aale schwimmen an der Wasseroberfläche hin und drängen sich unter den Bauch der Pferde. [...] Durch ihr wildes Geschrei und mit ihren langen Rohren scheuchen [die Indios] die Pferde zurück, wenn sie sich ans Ufer flüchten wollen. Die Aale

Fang der Zitteraale mit Pferden. Holzstich aus dem Buch von Hermann Klencke: Alexander von Humboldt's Leben und Wirken, Reisen und Wissen, Leipzig: Otto Spamer, 1870. In den venezolanischen Llanos setzte Humboldt seine in Franken begonnenen Studien über die tierische Elektrizität fort. „Die Aale", berichtet Humboldt, „betäubt vom Lärm, verteidigen sich durch wiederholte Entladung ihrer elektrischen Batterien."

Humboldt und Bonpland in der Urwaldhütte. Ölgemälde von Eduard Ender, 1856. Humboldt konnte sich mit diesem theatralisch inszenierten Gemälde, das entstand, als er 86 Jahre alt war, nie anfreunden. So stehen auf dem Tisch ein Theodolit – ein Instrument, das er nicht mit sich führte – und ein billiges Nürnberger Pappemikroskop. Trotzdem vermittelt das Bild einen stimmungsvollen Eindruck von der Feldarbeit der beiden Forscher am Orinoco.

> [...] verteidigen sich durch wiederholte Entladung ihrer elektrischen Batterien. Lange scheint es, als solle ihnen der Sieg verbleiben. Mehrere Pferde erliegen den unsichtbaren Schlägen [...]. Andere, schnaubend, mit gesträubter Mähne, wilde Angst im starren Auge, raffen sich wieder auf und suchen dem um sie tobenden Ungewitter zu entkommen; sie werden von den Indianern ins Wasser zurückgetrieben. [...] Ehe fünf Minuten vergingen, waren zwei Pferde ertrunken. [...] Ganz allmählich nimmt die Hitze des ungleichen Kampfes ab [...]. Die Gymnoten kamen scheu ans Ufer des Teichs geschwommen, und hier fing man sie mit kleinen, an langen Stricken befestigten Harpunen. [...] In wenigen Minuten hatten wir fünf große Aale, die meist nur leicht verletzt waren.[45]

Humboldt stellte verschiedene Versuche mit ihnen an und berichtete: „Soviel ist gewiss, dass Bonpland und ich, nachdem wir vier Stunden lang an Gymnoten experimentiert, bis zum anderen Tag Muskelschwäche, Schmerz in den Gelenken sowie eine allgemeine Übelkeit als Folge der heftigen Reizung des Nervensystems verspürten."[46] Wie jedoch die Elektrizität entstand, die sie abgaben, konnte er nicht erklären, und deren Intensität zu messen, war ihm nicht möglich. In einem der ersten Berichte nach seiner Reise, den er 1808 in Paris veröffentlichte, kam er zu folgendem Schluss:

> Auf der Wirkung des Gehirns und der Medullarsubstanz der Nerven beruht das große Geheimnis, worin die Phänomene der galvanischen Elektrizität der Fische gehüllt sind. Wir dürfen uns nicht schmeicheln, dass wir die wahren Ursachen dieser Erscheinungen vollkommen ergründen werden, bevor nicht die experimentale Physiologie bedeutendere Fortschritte in der Kenntnis des Nervensystems der Tiere gemacht hat.[47]

Wie bereits erwähnt (siehe oben S. 102), sollte es noch bis 1842 dauern, bis es Emil du Bois-Reymond und Carlo Matteucci gelang, die Bioelektrizität physikalisch nachzuweisen.[48] Mit beiden Wissenschaftlern stand Humboldt in engem Kontakt und verfolgte diesen Zweig der Forschung bis zu seinem Lebensende weiter.[49]

Nach seiner amerikanischen Reise hielt sich Humboldt vor allem in Paris auf. Hier war das Zentrum der Wissenschaften, und hier konnte er täglich mit seinen Kollegen kommunizieren und experimentieren. Auch sein 29-bändiges Reisewerk publizierte er hier. Es ruinierte nicht nur einige Pariser Verleger, sondern verschlang auch den Rest von Humboldts Vermögen. Als „arm wie eine Kirchenmaus"[50] bezeichnete er sich bereits im Jahr 1822. Dies war der Grund, weshalb er schließlich 1827 sein geliebtes Paris verlassen musste. In Berlin erwartete ihn eine bezahlte Stellung als Kammerherr des preußischen Königs und als Mitglied der Königlichen Akademie der Wissenschaften.

Das Gold der Welt und die russisch-sibirische Reise

Ein weiteres Thema, das für Humboldt in Franken seinen Anfang genommen hatte, war die Förderung und Verbreitung von Gold in den verschiedenen Teilen der Erde. Eine grundlegende Statistik zur Edelmetallproduktion in Amerika bis zum Jahr 1803 veröffentlichte er im Jahr 1811 in seinem *Politischen Essay über das Vizekönigreich Neu-Spanien.* Im selben Jahr publizierte er eine Landkarte mit den Wegen, auf denen die Edelmetalle über den Erdball transportiert wurden. Verschiedene statistische Diagramme erläutern die Karte. Vor allem diese Publikationen waren es, die viele Europäer dazu motivierten, ihr Geld in mexikanische Minen zu investieren.

Durch diese und andere Veröffentlichungen auf dem Gebiet der Edelmetallstatistik machte sich Humboldt auch als Finanz- und Währungsexperte einen Namen. Zu diesen Arbeiten gehörte auch das Gutachten zu Münz- und Währungsfragen in Franken, das Hardenberg 1794 in Auftrag gegeben hatte. Humboldts Kenntnisse auf diesem Gebiet veranlassten im Jahr 1827 den russischen Finanzminister Georg Graf von Cancrin, dessen Vater vor Humboldt bereits im Salinenwesen Frankens gearbeitet hatte, sich an den Gelehrten zu wenden. Cancrin bat Humboldt um Rat in der Frage, ob es sich für Russland lohne, Münzen aus Platin einzuführen. Von diesem Edelmetall waren größe-

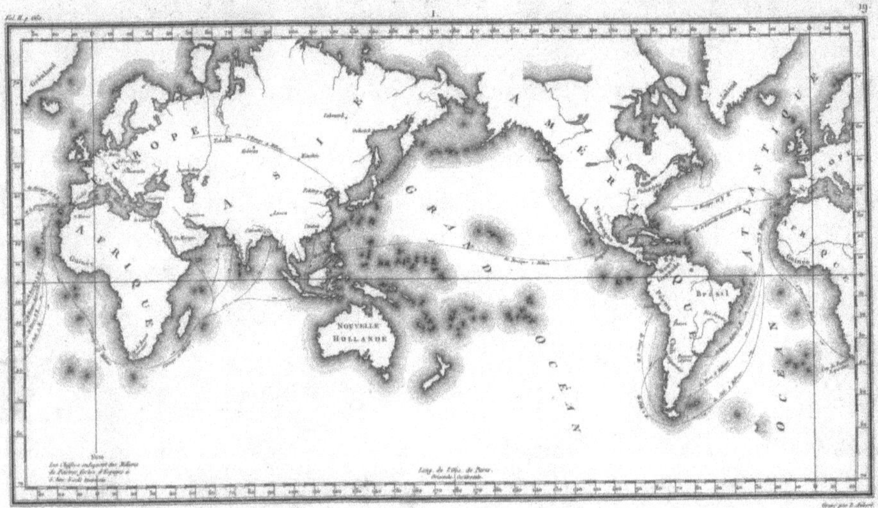

Carte des diverses Routes par lesquelles les richesses métalliques refluent d'un Continent à l'autre.

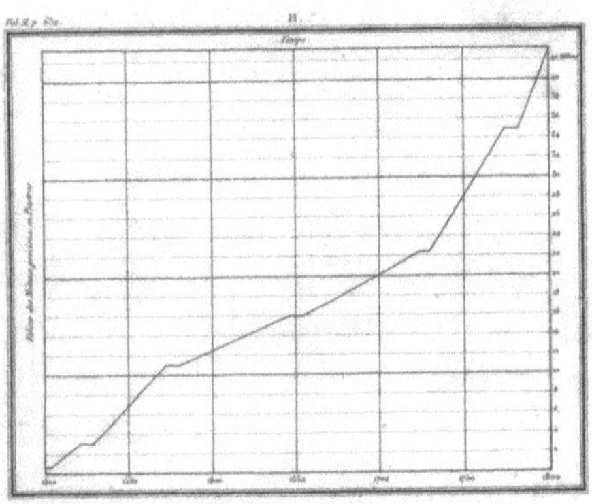

Produit des mines de l'Amérique depuis sa découverte.

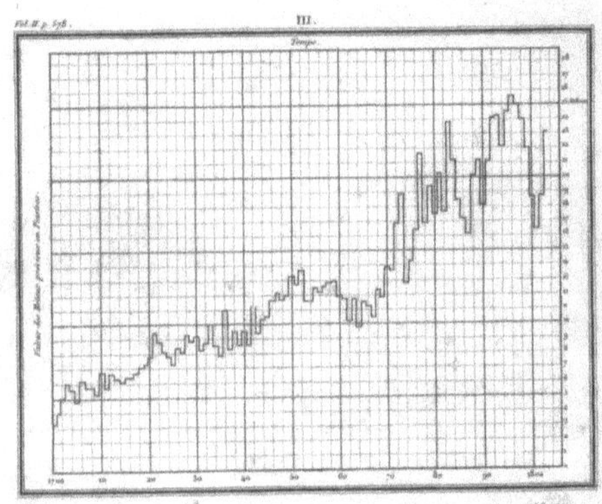

Quantité de l'Or et de l'Argent extraits des mines du Mexique.

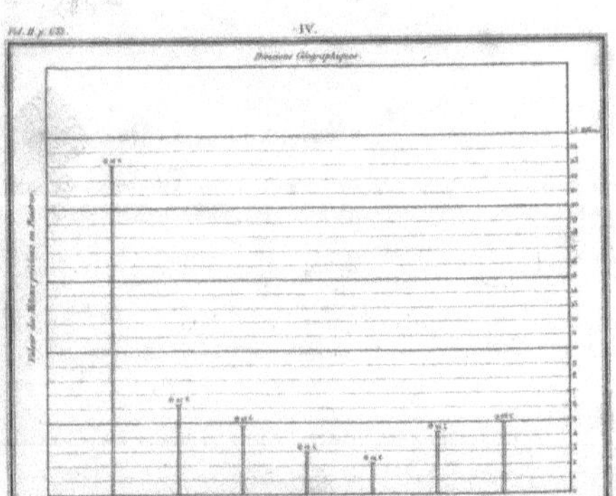

Proportion dans laquelle les diverses parties de l'Amérique produisent de l'Or et de l'Argent.

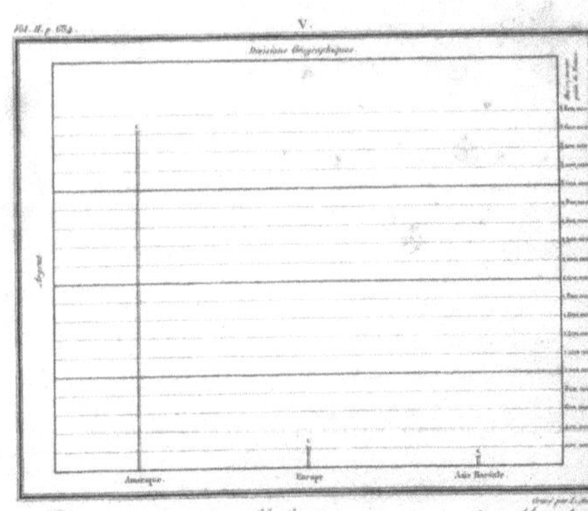

Proportion dans laquelle les diverses parties du Monde produisent de l'Argent.

re Vorkommen im Ural entdeckt worden.[51] In einem zehnseitigen Gutachten riet der Forscher von der Idee ab, da die Wertbeständigkeit dieses Edelmetalls wegen der noch weitgehend unbekannten globalen Vorkommen unsicher sei.[52] Er nutzte aber die Gelegenheit, Cancrin seinen lange gehegten Traum anzuvertrauen: „Mein heißester Wunsch ist, Ihnen in Russland selbst meine Aufwartung zu machen. Der Ural und der bald russische Ararat, ja selbst der Baikal-See schweben mir als liebliche Bilder vor.“[53] Dies war der Auftakt zu den Verhandlungen für Humboldts russisch-sibirische Reise. Im Geheimen hatte er bereits im Juli 1793 seinem Freund Vladimir Jurevič Sojmonov aus Goldkronach von diesem Traum berichtet.[54] Humboldt verwirklichte ihn von April bis Dezember 1829. In acht Monaten bereiste er mehr als 17 000 Kilometer – fast die halbe Länge des Äquators. Dabei kamen 12 244 Postpferde in schnellem Wechsel zum Einsatz.

Diese Expedition war das lange ersehnte Gegenstück zur amerikanischen Reise. Humboldts ständige Begleiter waren der Mineraloge Gustav Rose, der Mediziner, Zoologe und Botaniker Christian Gottfried Ehrenberg und sein Diener Johann Seifert. In diesem Falle forschte er allerdings nicht, wie in Amerika, als unabhängiger Wissenschaftler, sondern im Auftrag von Kaiser Nikolaus I., was seine Freiheiten in der Wahl der Untersuchungsbereiche und in den späteren Publikationen stark beschränkte. Auch während dieser Reise standen die bergmännischen Kenntnisse Humboldts im Vordergrund. Später berichtete er:

> Die bergmännische Untersuchung der Gold- und Platinlagerstätten, die Entdeckung von Diamanten außerhalb der Wendekreise (sie glückte am 5. Juli 1829), astronomische Ortsbestimmungen und magnetische Beobachtungen, geognostische und botanische Sammlungen waren die Hauptzwecke einer Unternehmung, in der ich von zweien meiner berühmten Freunde, [Christian Gottfried] Ehrenberg und Gustav Rose, begleitet war.[55]

Während der gesamten Expedition machte er immer wieder, wie schon in Franken und bei der amerikanischen Reise, auf die extreme Holzverschwendung im Berg- und Hüttenwesen aufmerksam.[56] Wie in Franken und Lateinamerika forschte Humboldt auch während der russisch-sibirischen Reise in Archiven und sammelte wertvolle Daten, wie zum Beispiel über die Goldproduktion in Jekaterinburg, wo seit 1754 Statis-tiken geführt wurden.[57] Die Erforschung der weltweiten Goldproduktion war eines der Themen Humboldts, das seinen Ursprung in Franken hatte, und das ihn bis zum Ende seines Lebens intensiv beschäftigte. Es war ein Bereich, in dem sich der wissenschaftlich *und* praktisch tätige Alexander von Humboldt, wie in kaum einem anderen wiederfand. In einem seiner letzten Briefe, verfasst am 23. Januar 1859, wenige Wochen vor seinem Tod, schrieb der 89-Jährige an den Berliner Bankier Alexander von Mendelssohn:

Links: *Alexander von Humboldts Karte der Wege, auf denen die Edelmetalle von einem Kontinent zum anderen gelangen.* Kupferstich von L. Aubert nach einer Zeichnung von J. B. Poirson auf der Grundlage einer Skizze von Humboldt. Tafel 19 aus Humboldts „Atlas géographique et physique de la Nouvelle Espagne“, Paris: Schoell, 1811. Die Förderung und Verbreitung von Gold in den verschiedenen Erdteilen beschäftigte Humboldt sein ganzes Leben lang. Verschiedene statistische Diagramme erläutern die Karte.

Steppenfahrt. Holzstich aus dem Buch von Hermann Klencke: „Alexander von Humboldt's Leben und Wirken, Reisen und Wissen", Leipzig: Otto Spamer, 1870. Mehr als 12 000 Postpferde kamen während Humboldts russisch-sibirischer Reise im Jahr 1829 in schnellem Wechsel zum Einsatz. Auch bei dieser Expedition waren vor allem seine bergmännischen Kenntnisse der Grund, weswegen ihm gerne die Erlaubnis für diese Forschungsreise erteilt wurde.

> Eine neue Ausgabe meiner drei Bände der *Asie Centrale*, die man in Paris macht, führt mich wieder sehr ängstlich auf die wahre Menge der jährlichen Goldproduktion (Kalifornien). Ich flehe, dass Sie die Anlage aus der New Yorker Herald (ein Schatz für mich) recht genau durchsehen und mir sagen, ob Ihnen das wahrscheinliche Resultat so nicht jährlich 50 bis 60 Millionen Dollars zu sein scheint. [...] Verzeihen Sie, dass ich immer so quälend bin und senden Sie mir gütigst die Anlage in ein paar Tagen zurück.[58]

Geomagnetische Studien

Gegenüber seinem Verleger Johann Georg von Cotta äußerte sich Humboldt gegen Ende seines Lebens über die seiner Ansicht nach wichtigsten wissenschaftlichen Beiträge:

> Der wichtigen und eigentümlichen Arbeiten von mir gibt es nur drei, die Geographie der Pflanzen und das damit verbundene Naturgemälde der Tropenwelt, die

Theorie der isothermen Linien und die Beobachtungen über den Erdmagnetismus, welche die über den ganzen Planeten auf meine Veranlassung verbreiteten magnetischen Stationen zur Folge gehabt haben.[59]

Humboldts lebenslanges Interesse am Geomagnetismus geht auf das Jahr 1796 zurück, als er bei Zell nahe Gefrees in Franken den „Magnetberg" entdeckte. Seither ließ ihn dieses Thema nicht mehr los: 1797 maß er den Erdmagnetismus in der Gegend von Salzburg, und ein Jahr später schlug ihm der französische Mathematiker und Physiker Jean-Charles de Borda vor, während seiner amerikanischen Expedition Inklination, Vertikalintensität und Deklination zu messen. Dabei entdeckte Humboldt, dass die Totalintensität der magnetischen Feldstärke von den Magnetpolen zum magnetischen Äquator abnimmt. In den Jahren von 1806 bis 1807 stellte er in Berlin mit Kollegen mehr als 6000 geo-magnetische Messungen in einer aus eigener Tasche bezahlten eisenfreien Messstation an. Der Mathematiker und Physiker Carl Friedrich Gauß führte 1828 als Teilnehmer der 7. Naturforscherversammlung in Berlin gemeinsam mit Humboldt erdmagnetische Messungen aus, was sein altes Interesse an diesem Phänomen neu belebte. Die Zusammenarbeit zwischen Gauß, Humboldt und dem Physiker Wilhelm Eduard Weber führte zur Gründung des „Göttinger Magnetischen Vereins" und einem von Humboldt initiierten weltweiten Netzwerk von geomagnetischen Messstationen.[60]

Der „Kosmos" – Vermittlung von Wissen und Wissenschaft

Es war nie Humboldts Herzenswunsch gewesen, wieder in Berlin zu leben, derjenigen Stadt, der er mit 23 Jahren den Rücken gekehrt hatte, und die immer wieder Ziel seines Spotts war. „Eine kleine, unliterarische und dazu überhämische Stadt" war die preußische Metropole für ihn, „wo man monatelang gedankenleer an einem selbstgeschaffenen Zerrbild matter Einbildungskraft naget."[61] Den unfreiwilligen Ortswechsel von Paris nach Berlin, hervorgerufen durch seine finanzielle Situation, sah er allerdings als Herausforderung: Er setzte es sich zum Ziel, die „moralische Sandwüste, geziert durch Akaziensträucher und blühende Kartoffelfelder[62], zu wissenschaftlicher Blüte zu bringen.

Zu den ersten Maßnahmen gehörten seine *Kosmos*-Vorträge, die er von Anfang November 1827 bis Ende April 1828 in Berlin hielt. Sie gehen auf seine pädagogische Idee aus den fränkischen Jahren zurück. Mit diesen Vorträgen setzte er sein volksbildendes, auf Allgemeinverständlichkeit abzielendes Konzept der Stebener Bergschule für eine großstädtische Zuhörerschaft um. Mit diesem Projekt erreichte er auch Menschen, denen die akademische Welt bis dahin verschlossen war. Das große Gebäude der Singakademie, in dem er 16 Vorträge hielt, bot mit seinen 800 Plätzen mehr Raum als jeder andere Hörsaal Berlins. Die jedes Mal überfüllten Veranstaltungen wurden zu Sternstunden der Popularisierung und Demokratisierung wissenschaftlicher Erkenntnisse. Das Publikum umfasste alle sozialen Schichten: vom König bis zum Droschkenfahrer. Dass Humboldt eine Zuhörerschaft in einer Breite wie kein anderer Gelehrter zuvor erreichen konnte, lag nicht nur an seiner Persönlichkeit und an den attraktiven Themen, sondern auch an seiner Entscheidung, keine Eintrittsgelder zu verlangen. In den Vorträgen präsentierte er, wie auch später in seinem *Kosmos*, ein „allgemeines Naturgemälde“, das „von den fernsten Nebelflecken und kreisenden Doppelsternen zu den tellurischen Erscheinungen der Geographie der Organismen (Pflanzen, Tiere und Menschenrassen) herabsteigt“[63]. Der erste Band des *Kosmos – Entwurf einer physischen Weltbeschreibung* erschien im Jahr 1845, der fünfte, unvollendete, im Jahr 1862, drei Jahre nach Humboldts Tod. Das Werk war Humboldts Versuch einer zusammenhängenden Darstellung „alles Geschaffenen im Erd- und Himmelsraum“, in der die Natur „als ein durch innere Kräfte bewegtes und belebtes Ganzes“[64] gezeigt wird. Hatte seine amerikanische Reise das Fundament zu seiner „physischen Erdbeschreibung“ gelegt, so bezeichnete er seinen *Kosmos* nun als „physische Weltbeschreibung“, da er darin auch die Betrachtung des Weltalls mit einbezog.

Alexander von Humboldt bei einer Kosmos-Vorlesung in Berlin. Stich eines unbekannten Künstlers, um 1828. Mit seinen Kosmos-Vorträgen setzte Humboldt sein volksbildendes, auf Allgemeinverständlichkeit abzielendes Konzept der Stebener Bergschule für eine großstädtische Zuhörerschaft um.

Mit dem *Kosmos* wollte Humboldt ein Werk schaffen, das ihm, so schreibt er 1845 in seiner Einleitung, „in unbestimmten Umrissen [...] ein halbes Jahrhundert lang vor der Seele schwebte“. Seit dem Jahr 1795, während dessen er in Franken gleichzeitig an Dutzenden von Projekten arbeitete, war sein Blick darauf gerichtet, „die Erscheinungen der körperlichen Dinge in ihrem allgemeinen Zusammenhang, die Natur als ein durch innere Kräfte bewegtes und belebtes Ganzes aufzufassen.“[65] „Die Natur“, so schreibt Humboldt in dem Werk, „ist für die denkende Betrachtung Einheit in der Vielheit, Verbindung des Mannigfaltigen in Form und Mischung, Inbegriff der Naturdinge und Naturkräfte, als ein lebendiges Ganzes.“[66]

Das Buch wurde ein Bestseller. Als 1847 der zweite Band erschien, lieferten sich die Käufer „wirkliche Schlachten“[67] um die ersten Exemplare, wie sein Verleger Cotta bemerkte. Wie ein Besessener arbeitete Humboldt an dem Werk, immer wieder bemüht, die neuesten wissenschaftlichen Ergebnisse mit einzubeziehen. Es war ein Wettlauf mit der verbleibenden Lebenszeit und ein letztendlich vergeblicher Versuch, Schritt zu halten mit der immer rasanteren weltweiten Wissensproduktion und den sich immer weiter ausdifferenzierenden wissenschaftlichen Disziplinen. Auch wenn dieser Wettlauf nicht zu gewinnen war, stellte sich ihm Humboldt bis zu seinem Lebensende Tag für Tag und Nacht für Nacht.

Unter den vielen Tausenden von Phänomenen, die er in seinem *Kosmos* zu einem „Entwurf einer physischen Weltbeschreibung" zusammenwob, findet sich, neben vielen geologischen Referenzen an das Fichtelgebirge, auch eine persönliche Bemerkung zu seiner Zeit in Franken. In einer Fußnote, die sich auf Steben und das Nailaer Bergrevier bezieht, erinnert sich Humboldt an die „Gegend, an welche, solange ich dort im vorigen Jahrhundert mit der Vorrichtung des Grubenbaus beschäftigt war, die frohesten Erinnerungen meines Jugendalters geknüpft sind".[68] Die Arbeit am fünften Band seines *Kosmos* konnte Humboldt nicht vollenden. Am 6. Mai 1859 starb er 89-jährig in seiner Berliner Wohnung.

Alexander von Humboldt – wissenschaftliche Wirkung und Bedeutung

Bereits während seiner fränkischen Jahre zeichnete sich ab, dass Humboldt sich wissenschaftliche Ziele gesetzt hatte, die er letztendlich nicht erreichen konnte: nämlich die Natur im Ganzen und im Detail zu erfassen und zu beschreiben. Er ging dabei immer wieder an seine Grenzen: in schmerzhaften Selbstexperimenten, bei Besteigungen von Vulkanen oder auf stürmischen Seefahrten, aber auch in vielen Publikationsprojekten, die er nicht vollenden konnte, weil sie, wie sein Werk über die amerikanische Reise oder sein *Kosmos*, ‚Work in Progress' und damit letztlich nicht vollendbar waren. Humboldt war sich dessen bewusst. Er sah sein Lebenswerk nie als etwas Endgültiges an, sondern als eine Stufe zu weiteren, neuen wissenschaftlichen Erkenntnissen:

> Ich habe mir niemals Illusionen gemacht über mein wissenschaftliches Verdienst. Ich bin weit unter dem geblieben, was ich hätte sein können, weil ich meine Kräfte nicht zu konzentrieren vermochte. Meine Lebensumstände, die Verbindung mit zwei Kontinenten, mit berühmten Männern, während mehr als eines halben Jahrhunderts, haben mich weit mehr geformt als meine Arbeiten, die sehr unvollständig geblieben sind.[69]

Die Einsicht, sich etwas vorgenommen zu haben, was sich letztendlich nie vollständig einlösen ließ, begleitete Humboldt von seiner Jugendzeit bis ins Alter. Trotzdem ließ er sich in seinen Plänen nie beirren. Bereits vor seiner amerikanischen Reise wusste er, dass er seinem „großen Werke über die Natur nicht gewachsen"[70] war, und direkt danach bekannte er:

> Voller Unruhe und Erregung, freue ich mich nie über das Erreichte, und ich bin nur glücklich, wenn ich etwas Neues unternehme, und zwar drei Sachen mit einem Mal.

> In dieser Gemütsverfassung moralischer Unruhe, Folge eines Nomadenlebens, muss man die Hauptursachen der großen Unvollkommenheit meiner Werke suchen. Ich bin viel nützlicher durch die Sachen und Fakten geworden, von denen ich berichtet habe, durch die Ideen, die ich bei anderen habe entstehen lassen, als durch Werke, die ich selbst publiziert habe.[71]

Gegenüber Charles Darwin meinte er einmal: „Die Werke sind nur gut, soweit sie bessere entstehen lassen."[72] Trotzdem sind seine Arbeiten Monumente der Wissenschaftsgeschichte. Selbst für Fachleute ist das Œuvre seines 89-jährigen Lebens kaum zu überschauen: 47 Bände umfassen allein seine Buchpublikationen, darunter der unvollendete fünfbändige *Kosmos* und das ebenfalls nicht abgeschlossene 29-bändige Werk über seine Reise in die amerikanischen Tropen. Dazu kommen mehr als 450 unselbständig erschienene Schriften und etwa 50 000 Briefe, von denen mehr als 13 000 im Original erhalten sind.

Für die Wissenschaft erwarb sich Humboldt große Verdienste. Er schuf die Disziplin der Pflanzengeographie, er erkannte die Gesetzmäßigkeit der Temperaturabnahme in Relation zur Höhe über dem Meeresspiegel, und er entwickelte die Isothermen – kartographische Linien zur Darstellung der Orte gleicher mittlerer Jahrestemperatur. Seine vielleicht nachhaltigste Rolle war jedoch die des Anregers, Ideengebers und unermüdlichen Förderers. Humboldt hat vielen Forschungsbereichen und Generationen von Wissenschaftlern neue Wege gewiesen. Heute sehen wir in ihm unter anderem den Begründer der modernen Ökologie, der Geographie der Neuzeit, der modernen Klimaforschung, der Archäologie in Amerika und der globalen kulturwissenschaftlichen Komparatistik. Was sich inzwischen jeder fortschrittliche Wissenschaftler zum Grundsatz macht, hat Humboldt bereits vor 200 Jahren meisterhaft vorgelebt: die transdisziplinäre Forschung. Er betrieb seine Wissenschaft nicht aus der Perspektive einer einzigen Disziplin, sondern er überblickte und verband die verschiedensten Fachgebiete mit einer Sicherheit und Virtuosität, wie sie seither nie mehr erreicht wurde. Sowohl in seinem Leben als auch in seinem wissenschaftlichen Ansatz war er ein Nomade: ein Mensch, der sich aus kulturellen, wissenschaftlichen, ökonomischen und weltanschaulichen Gründen für ein nicht sesshaftes Arbeits- und Lebenskonzept entschieden hatte. Die Globalität seines Denkens überwand alle geographischen und politischen Grenzen.

Bereits 1793, während seiner fränkischen Zeit, hatte Wilhelm von Humboldt über seinen damals 23-jährigen Bruder Alexander bemerkt, es gäbe keinen anderen, der in der Lage sei, „das Studium der physischen Natur mit dem der moralischen zu verknüpfen, und in das Universum, wie wir es erkennen, eigentlich erst die wahre Harmonie zu bringen".[73] Natur und Moral – diese zwei Begriffe waren für Alexander von Humboldt von grundlegender Bedeutung, ebenso wie die Ideale der Französischen Revolution: Freiheit, Gleichheit und Brüderlichkeit. Dies bewies er bereits in seinen fränkischen Jahren, wo er sich gleichermaßen für Wissenschaft und Gesellschaft einsetzte. Wissenschaft und Politik waren für ihn untrennbar verbunden. Seine Rolle als Forscher verstand er grundsätzlich als die eines verantwortungsvollen, politisch denkenden und handelnden

Humboldt in seinem Arbeitszimmer. Holzstich aus der Zeitschrift "The Leisure Hour – A Family Journal of Instruction and Recreation", London, August 1859.

Menschen. Auch in seinen wissenschaftlichen Texten verteidigte er die Menschenrechte, klagte Rassismus und Sklaverei an und plädierte für die rechtliche Gleichstellung aller Bürger. Überall auf der Welt forderte er den Zugang zur Bildung für alle Menschen. Sein Leitsatz war: „Alle sind gleichmäßig zur Freiheit bestimmt."[74]

Alexander von Humboldt ist noch heute ein erstaunlich moderner Autor, denn seine wissenschaftlichen Ansätze haben gerade in neuerer Zeit im Angesicht der Globalisierung und weltweiten Klima- und Umweltprobleme eine neue Aktualität gewonnen: sein querschnittliches Forschen über die Grenzen der Einzeldisziplinen hinweg, sein vernetztes und vorurteilsloses Denken, sein zutiefst humanistisch geprägtes Handeln. Daher faszinieren uns heute sein Leben und Werk wie keine Lesergeneration zuvor. Es neu zu entdecken, weiterzudenken und weiterzuschreiben und mit seiner Hilfe die Natur und die Menschen zu reflektieren und sich für sie einzusetzen, ist eine Aufgabe, der wir uns mit Gewinn stellen sollten. „Kann man dem Menschen verbieten, den Wunsch zu haben, alles zu wissen, alles zu erfassen, was ihn umgibt?“[75], fragte Humboldt einmal. „Betrachten Sie alles als falsch, das ist das Mittel, die Wahrheit zu entdecken“[76], riet er einem jungen Kollegen, und er bekannte freimütig: „Was das Fertigwerden betrifft – ach! Mein Freund, man wird nie fertig.“[77]

Humboldt in Franken – Gesellenjahre eines universalen Denkers

Die fränkischen Jahre haben Alexander von Humboldt zutiefst geprägt. Hier hat er seine beruflichen ‚Gesellenzeit' verbracht und – in weitgehender Selbständigkeit – die Grundlagen für sein Wirken als Forschungsreisender und universaler Wissenschaftler gelegt. Seine ‚Meisterstücke' sind hier entstanden: die Bücher über die unterirdische Pflanzenwelt und die Lebensprozesse, die Erfolge im praktischen Bergbau, die tätige Fürsorge für die ihm anvertrauten Menschen. Und hier entwickelte er die grundlegenden Ideen für seine physische Weltbeschreibung, die im *Kosmos* gipfeln sollte und die einen wesentlichen Baustein für unser heutiges Verständnis einer vernetzten, allesmit-allem-verzahnten Welt darstellen.

Hier hat er auch die tiefsten emotionalen Phasen seines Lebens erfahren, und sie sind für ihn nicht glücklich geendet. Doch hat er Wege gefunden, sein weiteres Leben in großer mitmenschlicher Wärme und tätiger Humanität zu gestalten. Die lebhafte Erinnerung an diese entscheidenden Jahre dokumentierte er noch als 89-Jähriger, als er einen Brief nach Erlangen mit folgenden Worten schloss: „Die anmutige Gegend von Gailenreuth und Streitberg steht unauslöschlich in der Phantasie des uralten Oberbergmeisters am Fichtelberge. Freundschaftlichst Ihr Al Humboldt.“[78]

Gegenüberliegende Seite: *Abschied vom Kosmos*. Holzstich von Johann Carl Wilhelm Aarland nach einer Zeichnung von Wilhelm von Kaulbach, in: Die Gartenlaube, September 1869.

COSMOS

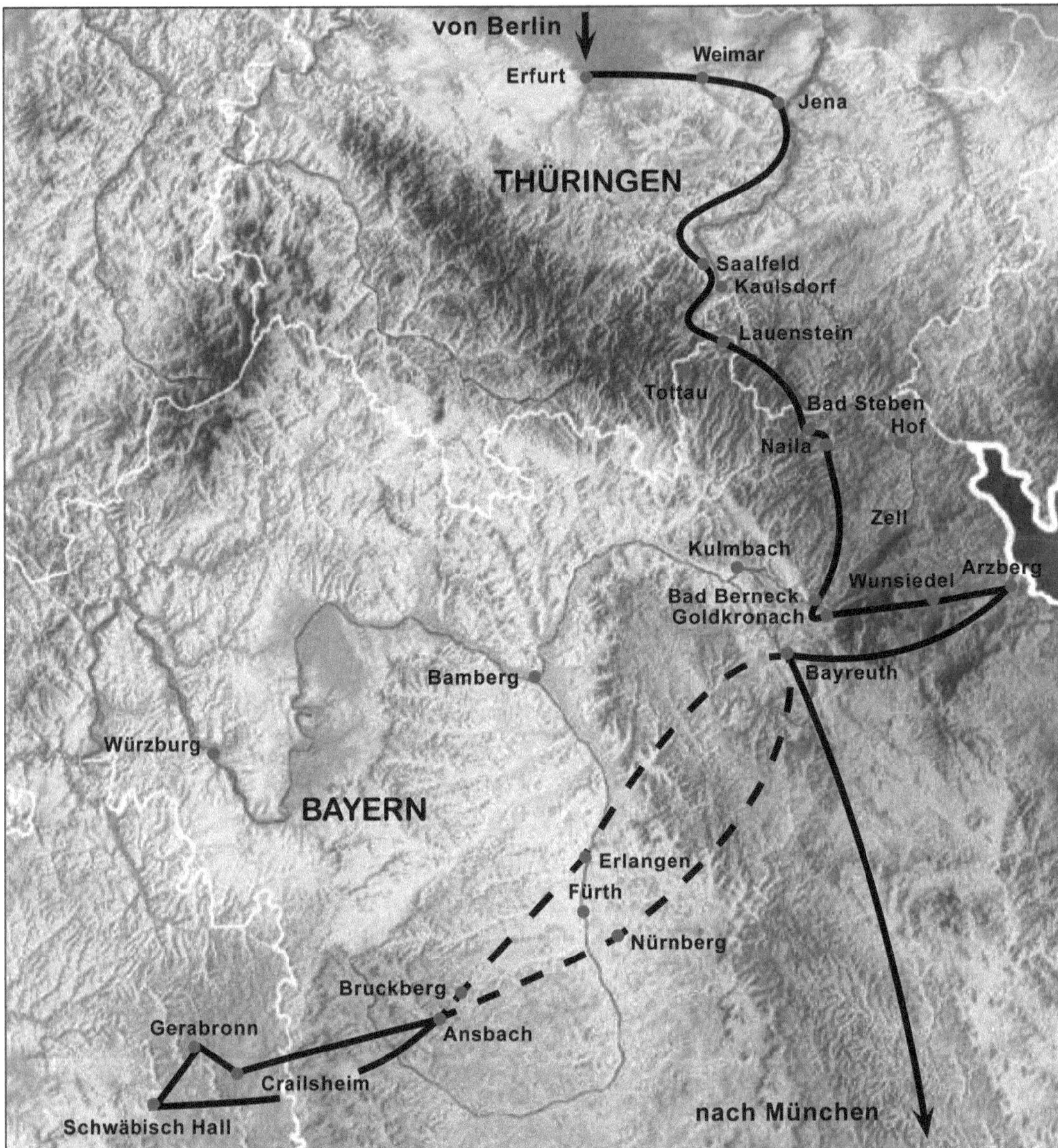

Geographische Karte des fränkischen Raums. Markiert sind die wesentlichen Wirkungsstätten Alexander von Humboldts in den Jahren von 1792 bis 1797. Außerdem ist die Route eingezeichnet, die Humboldt auf seiner Inspektionsreise 1792 durch die fränkischen Fürstentümer genommen hat. Die heutigen Ländergrenzen sind weiß gezeichnet, der gestrichelte Reiseverlauf ist nicht genau belegt.

AUF SPURENSUCHE: HUMBOLDT IN FRANKEN – HEUTE

Fünf entscheidende Jahre seines Lebens hat Alexander von Humboldt in Franken verbracht, Jahre, deren Einfluss ihn sein ganzes Leben lang geprägt haben. Und auch an seinen Wirkungsstätten im Fränkischen sind noch manche Erinnerungen lebendig, gibt es Orte, die sein Wirken bezeugen oder auch nur sagen, dass er einmal hier war. Wir wollen, ohne Anspruch auf Vollständigkeit, einige dieser Erinnerungsstätten anführen und folgen dabei – mit ein paar Abstechern – dem Weg, den Humboldt selbst zuerst bei seiner Inspektionsreise 1792 durch das Frankenland genommen hat.

Humboldt begann seine Besichtigungen schon auf Thüringer Seite, wo er mehrere Berg- und Hüttenwerke im damals sächsischen Bergamtsrevier **Saalfeld** befuhr. Das Besucherbergwerk *Vereinigte Reviere Kamsdorf*[1] gewährt einen Einblick in die Geologie und Geschichte dieses alten, seit der Bronzezeit aktiven Bergbaugebiets, in dem auch die Bayreuther Exklave Kaulsdorf lag. Ausführlich hat Humboldt die Vitriol-Grube in Schmiedefeld bei Gräfenthal begutachtet. Sie ist heute als Schaubergwerk „Morassina" für Besucher zugänglich.[2]

Aus Thüringen, von Saalfeld und Probstzella her kommend, betritt man Oberfranken kurz vor **Lauenstein**. An der Grenze im Loquitztal, in Falkenstein, lag einst ein Eisenverhüttungswerk: der Stielersche Eisenhammer, ein wassergetriebenes Hammerwerk mit zwei Hochöfen. Von hier aus hat Humboldt die Ereignisse in der heißen Phase des Kaulsdorfer Bergkriegs verfolgt und seine Maßnahmen geleitet. Die ehemalige Bayreuther Exklave Kaulsdorf lag etwa zehn Kilometer weiter nördlich bei Saalfeld. Das Hammerwerk besaß auch ein Braurecht. Im Lauf des späten 19. Jahrhunderts wandelte sich das Unternehmen daher in eine erfolgreiche Brauerei mit beliebtem Ausflugslokal. Von den alten Anlagen ist heute nichts mehr vorhanden. Die letzten Gebäude fielen der deutschen Teilung zum Opfer, denn die alte thüringisch-bayerische Landesgrenze verlief mitten durch das Anwesen.[3]

Die Loquitz aufwärts lagen weitere Hammerwerke wie an einer Perlenschnur aufgereiht. Noch bis weit ins 20. Jahrhundert fanden sich hier metallverarbeitende Betriebe, die – mit teils verwickelter Geschichte – aus diesen Eisenwerken hervorgegangen waren. Heute ist davon wenig übrig geblieben.[4] Im nahen **Ludwigsstadt** erinnert ein Schiefertafelmuseum an Schieferabbau und -verarbeitung, die Humboldt in dieser Gegend wiederbelebt hat (geöffnet Di bis So, von 13 bis 17 Uhr).[5] In **Tettau**, zehn Kilometer westlich von Ludwigsstadt, ist noch immer die Porzellanmanufaktur in Betrieb, an deren Gründung Humboldt maßgeblich beteiligt war. Das alte Manufakturgebäude ist 1897 abgebrannt, an gleicher Stelle steht jetzt ein großer Fabrikkomplex aus dem 20. Jahrhundert.[6] In **Schauberg** bei Tettau arbeitet noch der Nachfolgebetrieb des Blaufarbenwerks aus Humboldts Zeit, eine Porzellanfabrik.

Bad Steben ist heute Kurort und bayerisches Staatsbad. Im Rathausgebäude war einst die „Königlich Freie Bergschule" Humboldts untergebracht. Hier unterrichtete der

Das Humboldt-Haus in Bad Steben. In dem 1781 gebauten Haus wohnte Alexander von Humboldt während seiner Aufenthalte im Nailaer Bergamtsrevier.

Stebener Schichtmeister, später Berggeschworene, Georg Heinrich Spörl (1764-1830) nach Humboldts Anweisungen die Bergjungen des Reviers. Spörl war eine Schlüsselfigur im Stebener Bergbau und Badewesen. Er wurde Betreuer der Stebener Heilquelle, zunächst im Dienste Preußens, später Bayerns. 1821 verfasste er eine Ortsbeschreibung, und 1829 den „Versuch einer Chronik von dem alten Berg- und Badeort Steben". An der Bergschule hat er bis zu seinem Lebensende unterrichtet.

Am Rathaus beginnt auch ein geologisch-bergbaukundlicher Lehrpfad[7], der an zahlreichen Wirkungsstätten Humboldts vorbeiführt.[8] Erste Station in der Badstraße ist das sogenannte Humboldt-Haus, in dem er wohnte, wenn er sich in Steben aufhielt. Das 1781 erbaute Haus ist noch weitgehend im Originalzustand erhalten und wird heute als privates Wohnhaus genutzt (daher nicht zu besichtigen). Von den Fenstern dieses Hauses hatte er den romantischen Ausblick, der im Zitat am Anfang dieses Buches geschildert wird.

Der weitere Weg führt am Alten Bergamt vorbei, das 1748 als „Bade- und Traiteurhaus“ erbaut worden war. 1796 wurde das Bergamt von Naila hierher verlegt, ab 1806 war es auch Sitz der Bergschule (heute ein Nachfolgebau des abgerissenen alten Gebäudes)[9]. Nahe dem Kurhaus ist eine Humboldt-Büste aufgestellt. Von hier bis zum nördlichen Teil des Kurparks befanden sich einst elf Bergwerke. Auf der Höhe gelangt man zum Revier Obere Mordlau, einer von Humboldts ertragreichsten Eisensteinzechen. Zahlreiche „Pingen“, das sind Bodensenken, die als Folge von Bergbautätigkeiten entstanden sind (z. B. durch den Einsturz von Untertagebauten), zeugen ebenso wie Gräben und Abraumhalden vom früheren Bergbau. Derzeit wird ein Versuch unternommen, das Gelände unter Denkmalschutz stellen zu lassen. Es steht zu hoffen, dass diese unersetzlichen Zeugnisse des vorindustriellen Bergbaus auch nachfolgenden Generationen erhalten werden können.

Achtung: Pingen nicht betreten! Einsturzgefahr!

In einem großen Bogen geht die Route auf Humboldts Spuren weiter vorbei an Schürfstätten und Pingenfeldern über das ehemalige Lichtenberger Revier hinunter ins Selbitztal. Endstation ist das Naturpark-Informationszentrum in Blechschmidtenhammer (ehemaliger Bahnhof von **Lichtenberg**). Auch hier war einst ein Hammerwerk in Humboldts Verantwortungsbereich in Betrieb.

Am Informationszentrum beginnt ein weiterer geologisch-bergbaukundlicher Er-

Oben: *Der Friedrich-Wilhelm-Stollen bei Lichtenberg.* Blick in den fast einen Kilometer langen Entwässerungsstollen, den Humboldt anlegen ließ. Er ermöglichte den weiteren Erzabbau in der Friedensgrube und anderen benachbarten Bergwerken. Der vordere Abschnitt des Stollens ist heute wieder begehbar. Unten: *Datumsstein am Eingang zum Friedrich-Wilhelm-Stollen.* Die Inschrift zeigt an, dass 1793 (unter Humboldts Leitung) mit dem Bau des Stollens begonnen wurde. Erst nach 38 Jahren Bauzeit, mit Unterbrechungen durch Kriege und technische Schwierigkeiten, konnte er 1831 fertiggestellt werden. Er war bis in die zweite Hälfte des 19. Jahrhunderts in Betrieb.

lebnispfad. Dessen erste Station ist der Friedrich-Wilhelm-Stollen, der von Humboldt zur Entwässerung der Friedensgrube angelegt wurde. Der Stollen ist heute als Besucherbergwerk wieder zugänglich (Führungen sonntags von April bis Oktober um 11, 13 und 15 Uhr).[10] Anschließend führt der Weg über die westliche Uferhöhe der Selbitz zu weiteren Spuren des Erzbergbaus aus dem 18. Jahrhundert, u.a. zum teilweise begehbaren Stollen *Blauer Löw*. Auf einem Felsenpfad kommt man an zahlreichen eindrucksvollen Diabasformationen vorbei, einem grünlichen Gestein vulkanischen Ursprungs, und geht dann bergab ins Höllental – ein wildromantischer Abschnitt der Selbitz. Im Talgrund kann man zum Ausgangspunkt zurückkehren. Am oberen Eingang zum Höllental liegt der Ort **Hölle** „in einer überaus romantischen Gegend, in einem engen Tal, wo die pralligen [steilen] Gebirge mit 2 – 3 Lachter[11] [vier bis sechs Meter] breiten abgerissenen Felsstücken besät sind."[12] Von dort führt ein Rundweg entlang des östlichen Selbitz-Uferhangs am *Rebecca-Stollen* vorbei, ebenfalls ein von Humboldt verwaltetes Bergwerk.

Südwestlich von **Zell** bei Gefrees erstreckt sich bis auf eine Höhe von 692,5 m der Haidberg, Humboldts Magnetberg. Beim Wanderparkplatz an dem Sträßchen nach Oberhaid beginnt ein geologischer Lehrpfad[13], in dessen Verlauf die Besonderheit dieses Berges, der grün-blaue Serpentinstein, an vielen Stellen gut zu sehen ist. Ausgerüstet mit einem Magnetkompass und einiger Geduld kann man auch Stellen finden, an denen die Magnetnadel – wie von Humboldt entdeckt und beschrieben – deutlich

Magnetfeldabweichung am Haidberg bei Zell in Oberfranken. Der rechte Pfeil zeigt in tatsächliche Nordrichtung. Auf dem Kompass ist eine deutliche Abweichung der Magnetnadel zu erkennen, die vom darunterliegenden magnetischen Serpentinit-Stein verursacht wird. Humboldt hat diese magnetische Anomalität an seinem „Magnetberg" entdeckt und beschrieben.

(um einige Dutzend Grad) von der Nordrichtung abgelenkt wird, eine Wirkung der im Serpentinit eingelagerten Magnetitkristalle. Allerdings sollte man den Kompass nahe an das Gestein halten (einige Zentimeter), denn die Magnetfeldstärke ist gering.

Gut einen Kilometer südlich von Zell, am südwestlichen Ausläufer des Waldsteins, entspringt aus einer Quelle inmitten eines ausgedehnten Waldes die Sächsische Saale. Einige hundert Meter rings um die Quelle ist das Gelände übersät mit deutlichen Spuren eines ehemaligen Gelbkreidebergwerks: Abraumhalden, Pingen und Schürfgräben. Auch die Saalequelle in ihrer heutigen Gestalt ist ein Produkt des Bergbaus. Ursprünglich entsprang der Fluss etwa 60 Meter weiter aufwärts. Er wurde dann durch einen Stollenbau umgeleitet. Als dieser Stollen in späterer Zeit einbrach, verschwand auch die natürliche Quelle unter dem Gestein. Die Saale fließt auf ihren ersten Metern also unter den Trümmern des ehemaligen Bergwerks und tritt erst am Ort des ehemaligen „Mundlochs“ (Stolleneingang) zu Tage.

Die gelbe Färbung im Gestein hatte zunächst die Vermutung von goldhaltigen Erzen aufkommen lassen. Humboldt erkannte allerdings, dass es sich „nur“ um Gelbkreide, einen begehrten Farbstoff, handelte, allerdings von hoher Qualität. Er empfahl den Abbau für gewerbliche Zwecke und förderte das Unternehmen mit einem staatlichen Zuschuss zur Anschubfinanzierung. Da jedoch der Betreiber des Bergwerks, der ehemalige Forstbedienstete Jacob Heinrich Richter, weiterhin seinen Goldträumen nachhing und als wenig zuverlässig galt, ließ Humboldt das Geld in Form von Schichtlohnzuschüssen direkt an die Bergleute auszahlen.[14]

Im 19. Jahrhundert, nach dem Ende des Kreideabbaus, wurde die Saalequelle zu einen beliebten Ausflugsziel. Alte Stiche zeigen eine schöne, parkähnlich gestaltete Anlage (s. Lithographie, S. 85), von der auch heute noch einige Überreste zeugen: Mauern, ein Pavillon und eine Aussichtsplattform. Eine engagierte Arbeitsgruppe junger, enthusiastischer Historiker und Heimatforscher hat sich neuerdings der Erschließung und Bewahrung des Geländes angenommen.[15] Erste Kartierungen sind erfolgt, ein verschutteter Stollen wurde wiederentdeckt und soll zugänglich gemacht werden. Ein Teilstück wurde bereits unter Denkmalschutz gestellt. So wird man an diesem traditionsreichen Ausflugsort wohl schon bald wieder mehr von den Bergbauaktivitäten des 18. und 19. Jahrhunderts sehen können, die auch an das Wirken Humboldts erinnern.

In **Bad Berneck** gab es Schwefelkiesvorkommen. Ein Alaunschiefer-Bergwerk und ein Vitriolwerk dienten deren Förderung und Verarbeitung. In der Grube *Beständiges Glück* wäre Humboldts Leben fast geendet. Dort hat er nämlich die Erprobungsversuche mit seinem Lichterhalter durchgeführt (siehe Kapitel 5). Auf dem ehemaligen Bergwerksgelände wurde Mitte des 19. Jahrhunderts ein Dendrologischer Garten[16], also ein Park für Gehölze, angelegt und nach seinem Stifter Rothers-Park genannt. Der Stolleneingang ist noch erhalten, der Stollen selbst ist nicht öffentlich zugänglich. Etwas oberhalb wurde über den Resten eines halb verstürzten Schachtes eine Kaue (Förderhäuschen) mit Haspel (Förderanlage) nachempfunden. Am Aufgang zum Park erinnert eine Tafel an Humboldt und sein Wirken.

BESTÄNDIGES
GLÜCK
486 · 1841

Der Gasthof „Alexander von Humboldt" in Goldkronach. An der Stelle des heutigen Gebäudes stand früher das Haus des Musikers und Handelsmannes Johann Georg Todschinder, in dem Humboldt „zeitweilig amtierte". Es brannte 1836 ab.

Die alte Mühle in **Goldmühl** am Weißen Main, die Humboldt 1793 und 1794 als Quartier im Goldkronacher Revier diente, wurde um 1557/58 als Schneidsäge mit sechs Wasserrädern für Pochwerk, Mahlmühle und Schmelzhütte erbaut. Sie war in den ersten Jahren als Quickmühle (Amalgamierwerk) betrieben worden. Hier wurde das goldhaltige Gestein zerkleinert (gepocht) und das Gold mit Hilfe von Quecksilber aus dem Schlich (Waschkonzentrat) gewonnen. Darauf bezog sich wohl Humboldts Bemerkung: „Die alte Mühle, die ich bewohne, war eine Quickmühle schon im 13ten Jahrhundert."[17] Bei der Zeitangabe irrte Humboldt offensichtlich. 1563, sechs Jahre nach ihrer Errichtung, waren die Mahl- und Quickarbeiten wieder eingestellt worden. Die Schmelzhütte blieb aber weiterhin in Betrieb. Um 1600 kam eine Drahtzieherei, 1689 eine Getreidemühle hinzu. Das Mühl- und Wohnhaus in seiner jetzigen Gestalt stammt

Gegenüberliegende Seite oben: *Der Eingang („Mundloch") zum Stollen ‚Beständiges Glück' in Bad Berneck.* In dieser Alaunschiefergrube testete Humboldt seinen Licht-Erhalter, eine Art Rettungslampe, unter realistischen Bedingungen und wäre dabei fast erstickt. In letzter Sekunde konnte er von einem Begleiter nach draußen gezogen werden – aber das Licht blieb brennen.

Gegenüberliegende Seite unten: *Alte Mühle in Goldmühl am Weißen Main.* Die Goldmühle wurde im 16. Jahrhundert als Schneidsäge mit Pochwerk, Mahlmühle und Schmelzhütte begründet, später kamen eine Getreidemühle und eine Drahtzieherei hinzu. Im heutigen Gebäude von 1769 wohnte Humboldt in den Jahren 1793 und 1794 bei seinen Aufenthalten im Goldkronacher Revier.

Das Goldbergbaumuseum in Goldkronach. Um die Wende vom 18. zum 19. Jahrhundert diente das Gebäude als Försterei. Humboldt nahm hier bei seinen Aufenthalten in Goldkronach verschiedentlich Quartier als Logiergast des Oberförsters Adolph Ferdinand Böhner. Heute ist in dem historischen Gebäude das Goldbergbaumuseum untergebracht. Es gibt einen lebendigen und informativen Einblick in die Goldproduktion, ihre Geschichte in Goldkronach und ihre Techniken.

von 1769, es wird auch heute noch als Wohnhaus genutzt. Eine Gedenktafel über der Eingangstüre erinnert an Humboldts Aufenthalte.[18]

In **Goldkronach** sind zwei Adressen als gelegentliche Quartiere Humboldts bekannt. Im Jahr 1868 bekam das Gasthaus „Zum weißen Schwan" in der Bernecker Straße 4 den neuen Namen „Zum Alexander von Humboldt". In einem Festakt unter Beteiligung zahlreicher lokaler und Bayreuther Honoratioren wurde eine Tafel enthüllt „zum Gedenken an den berühmten Naturforscher Alexander von Humboldt, der in den Jahren 1792 – 1795 im Haus des Musikus und Handelsmannes Johann Georg Todschinder, das bis vor dem Brand von 1836 an Stelle des jetzigen Gasthauses stand, *als koenigl. Preußischer Bergamtsassessor und Oberbergmeister zeitweilig amtierte*".[19] Der Gasthof mit Hotel wird bis heute geführt, auch die Gedenktafel prangt noch an der Fassade.

Das zweite Quartier war das Haus des Goldkronacher Oberförsters Adolph Ferdinand Böhner in der Bayreuther Straße 19.[20] Hier traf Humboldt 1793 auch einen Kommilitonen aus der Freiberger Studienzeit wieder: Georg Friedrich Püttner, der im Begriff stand, eine Tochter Böhners zu heiraten. Einem anderen Freiberger Studienfreund, dem Russen Vladimir Jurevič Sojmonov, richtete er in einem Brief ‚tausend Grüße' von Püttner aus und schilderte dessen Verlobte – wenig schmeichelhaft – als „très jolie et assez bête“ (sehr schön und genauso dumm).[21] Es war übrigens der Brief, in dem er zum ersten Mal den Plan für eine große Expedition entwarf. Damals nannte er als deren Ziel die Heimat Sojmonovs, Sibirien, das er erst auf seiner zweiten Forschungsreise erreichen sollte. In dieser früheren Försterei ist heute das Goldbergbaumuseum untergebracht. Dessen anschaulich und spannend gestaltete Ausstellung schildert die wechselvolle Geschichte der hiesigen Goldförderung von den Anfängen und der Glanzzeit im Mittelalter über die preußische und bayerische Periode bis ins 20. Jahrhundert. Alexander von Humboldt ist eine eigene Abteilung gewidmet (geöffnet an Sonn- und Feiertagen von 13 bis 17 Uhr, vom 3. Advent bis Ende März geschlossen).[22]

Das frühere Haus am Marktplatz 11 hatte von 1738 bis 1750 dem Schichtmeister Christian Ernst Tornesi gehört. Hier brachte seine Ehefrau Anna Katharina am 7. April 1748 den Sohn Otto Heinrich zur Welt, den nachmaligen Bayreuther Hofkammerrat, dann Kammerdirektor, und Humboldts geschätzten Kollegen am Oberbergdepartement.[23] Im frühen 19. Jahrhundert befand sich in dem Gebäude auch das Bergamt[24] (dann schon als Zweigstelle von Wunsiedel). Es wurde 1836 wie der „Weiße Schwan“ und viele andere Häuser Goldkronachs bei einer großen Feuersbrunst ein Raub der Flammen. Lediglich eine größere Menge des dort gelagerten Antimonerzes konnte aus den Trümmern geborgen werden. Heute steht an dieser Stelle eine Bäckerei.

Lage der „Fürstenzeche“ in Brandholz. Die Fürstenzeche war das älteste und ertragreichste Goldbergwerk von Goldkronach. Die Karte zeigt, wo im heutigen Goldkronacher Ortsteil Brandholz die Eingänge der verschiedenen Schächte dieser Grube lagen.

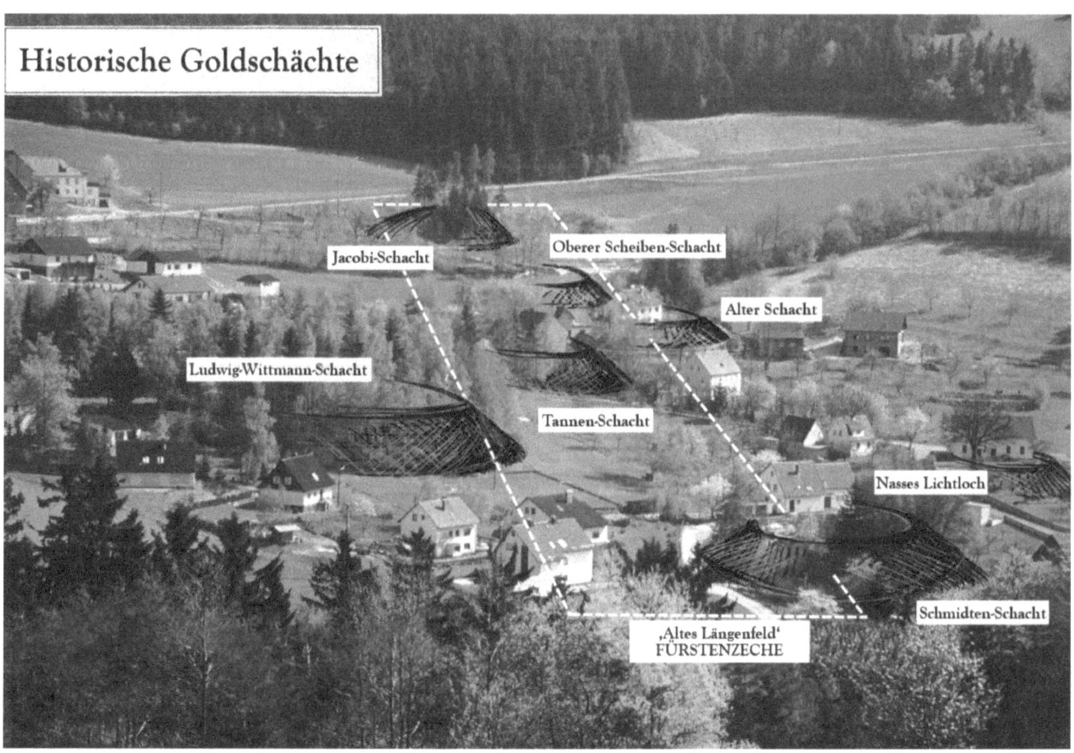

Besucherbergwerk „Mittlerer Name Gottes“. Eingang („Stollenmundloch“) zum mittleren Stollen der früheren Goldgrube auf dem Goldberg bei Goldkronach.

Ein großer und sehr gut beschilderter Rundweg[25] führt durch das Goldkronacher Bergbaurevier. Ein Hauptabschnitt führt durch den Ortsteil **Brandholz**, dem eigentlichen Zentrum des früheren Bergbaus. Hier am Zopattenbach war einst das erste Waschgold gefunden worden, und von hier aus wurden die ersten Stollen in den Goldberg getrieben. Auch die Fürstenzeche lag in diesem Gebiet – einst die ertragreichste von allen. Das Ortsbild ist noch heute geprägt von alten Bergbaugebäuden, die meisten aus der bayerischen Periode.

Gesäumt von zahlreichen Zeugnissen des Abbaubetriebs führt unsere Route auf Humboldts Spuren hinauf auf den Goldberg, wo ein Informationshaus ausführlich über die

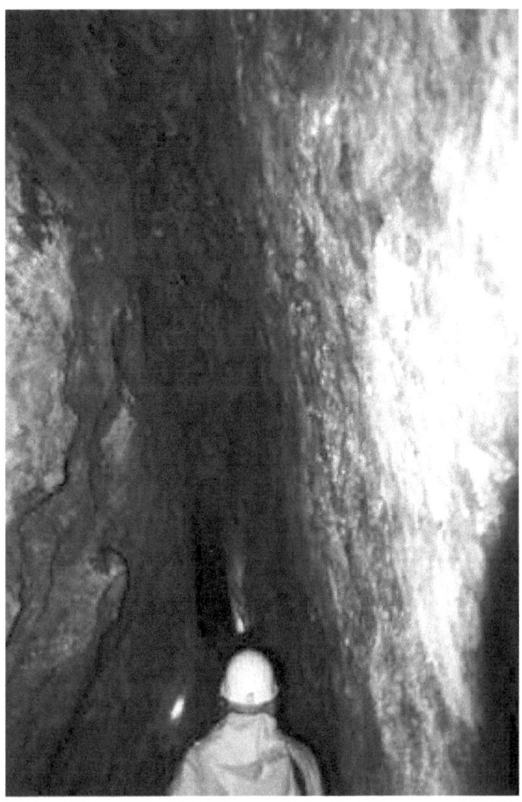

Besucherbergwerg „Mittlerer Name Gottes“. Blick in den alten Stollen, der bei Führungen wieder „befahren“ werden kann.

geologischen Verhältnisse und den frühen Bergbau Auskunft gibt. An der Informationsstelle (man kann sie über Brandholz auch mit dem Auto anfahren) beginnen die Führungen in das Besucherbergwerk *Mittlerer Name Gottes* (geöffnet sonn- und feiertags ab 1. Mai bis Mitte Oktober, von 11 bis 17 Uhr). Eine kurze ausgeschilderte Wegstrecke führt zu einem weiteren Besucherstollen, der *Schmutzlerzeche* (gleiche Öffnungszeiten). Diese beiden Stollen gehörten mit der *Fürstenzeche* und zahlreichen weiteren Schächten und Stollen zu einem Netz von Bergwerken, das den Goldberg auf einer Länge von einem Kilometer durchzog. Viele dieser Stollen waren unter Tage miteinander verbunden, sie waren „durchschlägig". So konnte man den ganzen Berg einst unterirdisch durchqueren.

Pinge auf dem Bergwerk „Mittlerer Name Gottes" bei Goldkronach. Pingen sind Bodenvertiefungen, die entstehen, wenn Grubenbauten unter Tage (Stollen oder Schächte) einstürzen. Vorsicht, nicht betreten! Lebensgefahr!

Im Goldkronacher Schloss widmet sich das Humboldt-Kulturforum historischen, kulturellen und heimatkundlichen Veranstaltungen. Eine kleine Informationsschau erinnert an Humboldts Wirken in Franken. Einmal jährlich findet dort ein Humboldt-Tag statt. Vor dem Forum ist eine Portraitbüste Humboldts aufgestellt. Ausstellung und Denkmal sind nur während der Veranstaltungen des Kulturforums[26] zugänglich.

Nahe **Wunsiedel** liegt im Nordosten des Kösseine-Massivs das Felsenlabyrinth Luisenburg, einst „Luxburg" oder „Losburg" genannt. Seinen neuen Namen erhielt dieses Felsenmeer aus hunderten von Granitblöcken anlässlich eines Besuchs der preußischen Königin Luise im Jahre 1805. Goethe, der sich intensiv mit der Geologie beschäftigte und selbst einige Arbeiten über den Granit veröffentlichte, hat die Luisenburg zweimal besucht, 1785 und 1820. Besonders interessierte er sich für das bis dahin ungelöste Rätsel der Entstehung dieser mehrere Meter mächtigen, frei liegenden Gesteinstrümmer mit stark abgerundeten Formen. Erdbeben, Stürme oder Vulkanausbrüche waren als Ursache vermutet worden, auch rankten sich zahlreiche Sagen um die Bildung dieser beeindruckenden Felsenlandschaft. Goethe fertigte eigenhändig Zeichnungen einiger Felsformationen an und versuchte darin ihren ursprünglichen Zustand zu rekonstruieren. Dies brachte ihn zu der (richtigen) Überzeugung, dass die Entstehung auf Verwitterungsprozesse zurückzuführen sei.[27] Ein Aufenthalt seines Forscherkollegen Alexan-

Gesteinsgruppe „Die drei Brüder" im Felsenlabyrinth Luisenburg im Fichtelgebirge bei Wunsiedel. Die runden Formen dieser verstürzten Granitblöcke sind durch Verwitterung entstanden. Hunderte dieser überdimensionalen Gesteinsbrocken liegen in dem Geotop verstreut.

der von Humboldt auf der „Luxburg" ist nach den Quellen nicht zu belegen. Humboldt erwähnt sie aber bereits in seinem Inspektionsbericht von 1792 mehrfach.[28] Dort, im einleitenden Abschnitt „Über das Verhalten des Gebirges in den Fränkischen Fürstentümern und den Bergbau im allgemeinen"[29], beschreibt er die Zusammensetzung und Lagerungsverhältnisse des Granitgesteins mit einer Detailkenntnis, die wohl nur durch eigene Anschauung gewonnen werden konnte. Wir können

Unten: *Steinkugel aus Seußen.* Der Hofkammerrat Tornesi hatte bei Seußen nahe Arzberg „zwei vollkommene Granitkugeln" entdeckt, und Humboldt beschrieb sie 1792 in einer wissenschaftlichen Veröffentlichung als „auffallendes Phänomen". Solche Kugeln aus Redwitzit, einem granitähnlichen Gestein, das nur hier vorkommt, wurden auch an anderen Stellen der Seußener Flur gefunden. Sie entstehen durch natürliche Verwitterungsprozesse. Eine der beiden „Humboldt'schen Kugeln" liegt noch an der Fundstelle.

also annehmen, dass er dieses geologische Naturdenkmal, das in seinem Wunsiedler Revier lag und an dem er auf seinen regelmäßigen Reisen nach Arzberg vorbeikam, nicht „links liegengelassen" hat. Heute führt ein Rundwanderweg durch die Luisenburg.[30] Im Sommer finden vor dieser grandiosen Naturkulisse alljährlich Theaterfestspiele statt.[31]

Humboldts Interesse an solitären Gesteinsformen ist mehrfach bekundet. In seiner ersten wissenschaftlichen Publikation über das Fichtelgebirge von 1792 hat er zum Beispiel ausdrücklich über die Entdeckung von zwei nahezu perfekt gerundeten Granitkugeln von 14 – 16 Zoll (35 – 40 cm) Durchmesser berichtet.[32] Der Hofkammerrat Tornesi hatte sie in der Nähe von **Seußen** bei Arzberg entdeckt, die kleinere der beiden liegt dort immer noch. Später wurden auf der Seußener Flur weitere Exemplare gefunden.[33] Die Kugeln bestehen aus Redwitzit, einem nur hier vorkommenden Gestein vulkanischen Ursprungs, das dem Granit sehr ähnlich ist. Die charakteristischen Formen entstehen durch Verwitterungsprozesse. Auch in Seußener Vorgärten kann man gelegentlich solche Kugeln sehen, die dort als Zierstein liegen.

In **Arzberg** und seinem historischen Bergbaurevier kann man Humboldts Spuren auf einem Bergbau-Lehrpfad[34] folgen, der beim Rathaus beginnt. Frühindustrielle Zeugnisse, ein wassergetriebener Schmiedehammer und eine Nagelmaschine erinnern an die eisenverarbeitende Industrie der Stadt. Im Röslau-Grund kann der wieder aufgewältigte *Sankt-Georg-Stollen*, ein ehemaliger Entwässerungsstollen, ein Stück weit begangen werden (frei zugänglich). Durch das westliche Bergbaugebiet mit zahlreichen montanen Zeugnissen und Hinweisen führt der Weg über die Stadtmitte in das östliche Revier zur Infostelle für Bergbau und Geologie des Naturparks Fichtelgebirge. Sie befindet

Holzmodell von Arzberg. Das Modell zeigt Arzberg um die Mitte des 18. Jahrhunderts. So dürfte die Bergstadt auch zu Humboldts Zeit noch ausgesehen haben. Obwohl sie recht klein war, hatte sie für die Region eine beachtliche wirtschaftliche Bedeutung.

Der Gasthof Bergbräu in Arzberg. In diesem Haus wohnte Humboldt während seiner Aufenthalte im Bergamtsrevier Wunsiedel als Herbergsgast der Familie Müssel. Im „Müssel-Zimmer" gibt es heute ein kleines Heimatmuseum, in dem auch an Humboldt erinnert wird.

sich im ehemaligen Zechengebäude *Kleiner Johannes* (geöffnet von Frühjahr bis Herbst täglich von 9 bis 17 Uhr[35]). Dieses Bergbaumuseum zeigt vor allem Bergbautraditionen und grubentechnische Geräte aus dem 19. und frühen 20. Jahrhundert. Auch Humboldt und seine Zeit sind dort vertreten. Die Geologie und die Mineralogie der Region werden ausführlich erläutert. Die Eisensteinzeche *Kleiner Johannes* im „Unteren Arzberger Revier" war das letzte kommerziell betriebene oberfränkische Bergwerk. Mit seiner Schließung 1941 ging auch die „Bergbau-Ära Humboldt" zu Ende.

Der Rückweg führt nahe der Stadtkirche am alten Gasthof Bergbräu vorbei. Hier wurde Humboldt während seiner Aufenthalte in Arzberg von der Patrizierfamilie Müssel beherbergt. Eine Tafel an der Fassade erinnert daran. In diesem Gebäude ist heute auch die Stadtbücherei untergebracht, die im „Müssel-Zimmer" eine kleine stadtgeschichtliche Ausstellung zeigt. Hier sind einige Exponate mit Humboldt-Bezug zu sehen, so zum Beispiel ein „Steigerdegen", auch Häckel oder Steigerstock genannt. Das ist eine zierliche Spitzhaue, mit der dem Gestein Proben für geologische Untersuchungen entnommen wurden. Für die eigentliche Hauerarbeit nicht geeignet, wurde ein solches Instrument nur von einem höheren Bergbeamten bei seinen Grubeninspektionen benutzt. Aus der Zeit Humboldts stammt wohl auch ein zerbrochener „Potschamber" (mundartlich für Nachttopf, von franz. *pot de chambre*), den er angeblich selbst benutzt habe. Solche Humboldt-Zuschreibungen sind vermutlich nur lokale Mythen. Mit Sicherheit kann aber gesagt werden, dass die Bodendielen des Museumsraumes noch immer jene Bretter sind, über die schon Humboldt während seiner Arzberger Aufenthalte gegangen ist.[36]

Etwa 40 Kilometer südlich von Arzberg, schon in der Oberpfalz nahe Weiden, liegt der **Parkstein**, „der schönste Basaltkegel Europas“. Das jedenfalls soll Alexander von Humboldt über dieses Naturdenkmal gesagt haben, und so steht es dort auch auf einer Informationstafel des Bayerischen Landesamts für Umwelt zu lesen. Sie weist darauf hin, dass der Parkstein in die Liste der 100 schönsten Geotope Bayerns[37] aufgenommen wurde. Der werbewirksame Ausspruch fehlt auch in keiner touristischen Publikation über die Gegend, und bei einer Suche im Internet findet man auf Anhieb über 1000 Treffer für das Zitat. Leider ist es falsch. Im ganzen Werk Humboldts ist der Parkstein nicht nachweisbar.[38] Vermutlich gehört der Ausspruch in jene Kategorie vorgeblicher Lobpreisungen, die dem großen Gelehrten auch an vielen anderen Orten auf der ganzen Welt untergeschoben wurden, um ein wenig am Glanz seines Ruhmes teilzuhaben.[39] Aber auch ohne Humboldt ist der Parkstein ein beeindruckender Basaltkegel[40], und vielleicht ist er ja trotzdem der schönste.

Bruchstücke eines irdenen Potschambers (Nachttopf). Eines der heimatkundlichen Exponate im „Müssel-Zimmer“ des Gasthofs „Bergbräu“. Er kann, wie einige andere Ausstellungs-stücke, der Zeit vor 1800 zugeordnet werden, also der Zeit, in der Humboldt hier logierte.

Bayreuth war der Sitz des Oberbergdepartements. Wo genau es untergebracht war, ist nicht mehr festzustellen, vermutlich im Gebäude der heutigen Regierung von Oberfranken oder in der Kanzlei, vielleicht aber auch im Alten Schloss, das damals mehrere Verwaltungsstellen beherbergte. Es war Humboldts eigentlicher Dienstsitz. Er hat sich aber in den ersten Jahren, als Oberbergmeister, nur wenig in Bayreuth aufgehalten, meist nur kurz zu den Sitzungen des Oberbergdepartements. Als er dann 1795 zum Oberbergrat befördert worden war, wohnte er überwiegend in Bayreuth, da es nicht mehr notwendig war, regelmäßig in die Bergamtsreviere zu fahren. Hier teilte er für einige Zeit mit seinem Freund Reinhard von Haeften eine Wohnung. Aber auch in dieser Zeit war er häufig unterwegs auf wissenschaftlichen Erkundungsreisen durch Europa.

Zwischen Bayreuth und Bamberg trifft man auf den Park **Sanspareil** mit der mittelalterlichen Burg Zwernitz, die seit 1270 im Besitz der Hohenzollern war. Am Fuße des Burgbergs erstreckt sich ein malerischer Hain mit bizarren Felsformationen des Fränkischen Jura. Markgräfin Wilhelmine, eine Schwester Friedrichs des Großen, ließ diesen Felsen-

Zimmerschlüssel im Hotel-Gasthof „Alexander von Humboldt" in Goldkronach.

hain ab 1745 in einen Landschaftsgarten mit antikisierenden Architekturelementen und Skulpturen aus der griechischen Mythologie umgestalten. In diesen weithin bekannten Felsengarten „Sanspareil" (franz. *ohnegleichen*) wurde auch die alte Burg Zwernitz als romantische Staffage einbezogen. Der kleine Ort am Fuße der Burg erhielt nach ihm seinen Namen. Alexander von Humboldt weilte dort am 23. August 1796 zusammen mit seinem Freund Rein-hard von Haeften und dessen Ehefrau Christiane. Sie haben sich im Gästebuch des Gasthofs Münch eingetragen, sind also vermutlich über Nacht bis zum 24. August geblieben. Die Eintragung stammt von Humboldts Hand[41] (siehe S. 80). Sein besonderes Interesse bei diesem Besuch dürfte wohl weniger der Burg als vielmehr den ungewöhnlichen Gesteinsformationen des Felsenhains gegolten haben.

Im markgräflichen Residenzschloss in **Ansbach** hat Humboldt mehrfach geweilt. Hier residierte sein fränkischer Dienstherr, der Dirigierende Minister Freiherr von Hardenberg. Für den Oberbergmeister waren das sicherlich sehr wichtige Termine, ging es dabei doch meist auch um die Finanzierung seiner zahlreichen Projekte. Das Schloss kann besichtigt werden.[42] Dort wurde ein eigener Ausstellungsraum zur preußischen Ära in Franken eingerichtet. Darin wird auch an das Wirken von Hardenberg und Humboldt erinnert.

Gut zehn Kilometer nordöstlich von Ansbach ist das ehemalige markgräfliche Jagdschloss **Bruckberg** gelegen. Zu Humboldts Zeit war dort die Ansbacher Porzellanmanufaktur untergebracht. Durch Verbesserungsmaßnahmen (siehe oben, Kapitel 3) führte er sie aus der Verlustzone. Später wurde sie privatisiert. Mitte des 19. Jahrhunderts kam dann aber der endgültige Niedergang. Zu dieser Zeit wohnte der Philosoph Ludwig Feuerbach im Schloss Bruckberg[43], gleich neben der Manufaktur. Er war mit einer Tochter und Erbin der Eigentümerfamilie verheiratet. Nach dem Konkurs im Jahr 1860 musste er sein geliebtes Bruckberg verlassen, wo die meisten seiner philosophischen Werke entstanden waren.[44] Einrichtungen der Porzellanmanufaktur sind nicht mehr erhalten. Nach deren Schließung wurde das Gebäude im Innern für andere Nutzungen umgebaut. Eine kleine Ausstellung im Eingangsbereich erinnert aber an die damalige Produktion. Das Schloss beherbergt heute ein Wohnheim für Menschen mit Behinderung. Die Innenräume sind daher nicht öffentlich zugänglich. Auf vorherige Anfrage können aber die ausgestellten Porzellane und Fayencen, darunter auch einige „Türkenbecher", besichtigt werden.[45]

Ein letzter Blick über die Landesgrenzen: Nahe beim früher ansbachischen, heute zu Baden-Württemberg gehörenden **Gerabronn** lag im Tal der Brettach die Saline Alexandershall, die jedoch auf Humboldts Rat wegen Unergiebigkeit sofort eingestellt wurde. Die alten ausgedehnten Salinenanlagen sind verschwunden. Wenn man vom Parkplatz bei der Rotmühle (nahe Beimbach) das Brettachtal aufwärts wandert, findet man einen neueren Stausee vor, in dessen Fluten das Salinengelände versunken ist. In den 1950er-Jahren waren noch zahlreiche Relikte auszumachen gewesen[46]. Heute erkennt man nur noch hinter dem oberen Ende des Rückhaltebeckens die Fundamente eines großen Wasser-rades, das der vorherige Salinenleiter Cancrin hatte bauen lassen. Im nahen **Schwäbisch Hall**, dessen gut gehende Saline Humboldt als Referenz zur Beurteilung von Alexandershall diente, ist die ehemalige Salzgewinnung dagegen durch zahlreiche historische Bauten und Denkmäler immer noch präsent. Von der königlich-preußischen Vitriol-fabrik am Jagstufer im damals noch ansbachischen **Crailsheim** finden sich dagegen keine Spuren mehr. Bei der Heldenmühle an der Jagst, zwei Kilometer nördlich des Stadtzentrums, wo einst eine von Humboldts Alaunschiefergruben lag, ist heute ein großer Steinbruchbetrieb aktiv. Von den früheren Schiefergruben ist nichts mehr zu sehen. Heute erinnern nur noch ein paar Straßennamen an die kurze Crailsheimer Bergbaugeschichte.

Abschließend soll noch erwähnt werden, dass die Akten des ehemaligen preußischen Oberbergdepartements Bayreuth heute im Bayerischen Staatsarchiv Bamberg verwahrt werden. Darunter befinden sich viele Zeugnisse über Alexander von Humboldts Wirken im preußisch-fränkischen Bergbau: Berichte und Eingaben von Humboldt selbst, Anordnungen und Aktenvermerke von Hardenberg sowie Dokumente von der Hand vieler anderer Akteure. Auch eine nahezu vollständige Abschrift (von fremder Hand) von Humboldts Lehrbuch für die Stebener Bergschule hat sich dort erhalten. Im Staatsarchiv Nürnberg liegt schließlich noch eine auszugsweise Abschrift (nur die Ansbacher Betriebe betreffend) von Humboldts Inspektionsbericht von 1792. Sie ist historisch insofern bedeutsam, als

Schloss Bruckberg. Hier war zu Humboldts Zeit die Ansbacher Porzellanmanufaktur untergebracht.

sie eigenhändige Ergänzungen Humboldts aus den Folgejahren enthält und somit wohl sein eigenes Arbeitsexemplar darstellt.[47]

Als Wegzehrung empfehlen wir Humboldt-Törtchen und Humboldt-Steine sowie einen Schluck Goldkronacher Alexander-von-Humboldt-Likör.

Oben: *Humboldt-Törtchen und Humboldt-Steine,* Spezialitäten einer Konditorei in Bad Steben. Links: *Goldkronacher Alexander-von-Humboldt-Likör,* eine Spezialität der Brandholzer Brennerei.

ANMERKUNGEN

EINLEITUNG

[1] Humboldt an Karl Freiesleben, 14. Dezember 1795. In: *Die Jugendbriefe Alexander von Humboldts 1787-1799.* Hg. und erläutert von Ilse Jahn und Fritz G[ustav] Lange. Berlin: Akademie Verlag 1973 [im Folgenden zitiert: *Jugendbriefe*], S. 474.
[2] Humboldt an Archibald MacLean, Freiberg, 6. November 1791. In: *Jugendbriefe*, S. 157.
[3] Alexander von Humboldt: Mes confessions. In: *Lettres d'Alexandre de Humboldt à Marc-Auguste Pictet 1795–1824, publiées dans le Journal Le Globe*, 7, 1868, S. 180–190. Zit. nach der deutschen Übersetzung in: Alexander von Humboldt: *Aus meinem Leben. Autobiographische Bekenntnisse.* Zusammengestellt und erläutert von Kurt-R. Biermann. Leipzig, Jena und Berlin: Urania 1987 [im Folgenden zitiert Biermann: *Leben*], S. 60.
[4] Ebd. S. 60.
[5] Humboldt an Karl Freiesleben, Bayreuth, 20. Januar 1794. In: *Jugendbriefe*, S. 310.
[6] Humboldt an Karl Ludwig Willdenow, Havanna, 21. Februar 1801. In: *Briefe aus Amerika 1799–1804.* Hg. von Ulrike Moheit. Berlin: Akademie Verlag 1993 [im Folgenden zitiert: *Briefe aus Amerika*], S. 126.

ERZIEHUNG UND AUSBILDUNG

[1] Autobiographische Skizze Humboldts, Santa Fé de Bogotá, 4. August 1801. In: Biermann: *Leben*, S. 38.
[2] Humboldt an Joachim Heinrich Campe, Berlin, 17. Mai 1792. In: *Jugendbriefe*, S. 188.
[3] Humboldt an J. G. von Cotta, Potsdam, 3. Juli 1847. In: *Alexander von Humboldt und Cotta. Briefwechsel.* Hg. von Ulrike Leitner unter Mitarbeit von Eberhard Knobloch. Berlin: Akademie Verlag 2009, S. 312 [im Folgenden zitiert: *Cotta-Briefwechsel*].
[4] Alexander von Humboldt gegenüber Henriette Herz, um 1788. In: Julius Löwenberg: „Alexander von Humboldt. Seine Jugend und ersten Mannesjahre“. In: Karl Bruhns (Hg.): *Alexander von Humboldt. Eine wissenschaftliche Biographie*, Bd. 1, Leipzig: Brockhaus 1872 [im Folgenden zitiert: *Löwenberg*], S. 49.
[5] Humboldt an Karl Freiesleben, Tegel, 5. Juni 1792. In: *Jugendbriefe*, S. 191 f.
[6] Vgl. *Löwenberg*, S. 49. Humboldt soll Schloss Tegel in vertrauten Briefen an Henriette Herz so genannt haben. Belege sind der Humboldt-Forschung aber bisher nicht bekannt geworden.
[7] Autobiographische Skizze Humboldts, Santa Fé de Bogotá, 4. August 1801. In: Biermann: *Leben*, S. 32.
[8] Ebd. S. 33.
[9] Ebd. S. 34.
[10] Humboldt an Wilhelm Gabriel Wegener, Berlin, 29. September 1788. In: *Jugendbriefe*, S. 28.
[11] Humboldt an Wilhelm Gabriel Wegener, Berlin, 27. März 1789. In: *Jugendbriefe*, S. 47.
[12] Vgl.: Steven Jan van Geuns: *Tagebuch einer Reise mit Alexander von Humboldt durch Hessen, die Pfalz, längs des Rheins und durch Westfalen im Herbst 1789.* Hg. von Bernd Kölbel und Lucie Terken unter Mitwirkung von Martin Sauerwein, Katrin Sauerwein, Steffen Kölbel und Gert Jan Röhner. Berlin: Akademie Verlag 2007.
[13] An Joachim Heinrich Campe, Göttingen, 21. Februar 1790. In: *Jugendbriefe*, S. 87.
[14] [Alexander von Humboldt:] *Mineralogische Beobachtungen über einige Basalte am Rhein.* Braunschweig: Schulbuchhandlung 1790.
[15] Autobiographische Skizze Humboldts, Santa Fé de Bogotá, 4. August 1801. In: Biermann: *Leben*, S. 38.
[16] Ebd. S. 39.
[17] Ebd. S. 39 f.
[18] Humboldt an Friedrich Heinrich Jacobi, Hamburg, 3. Januar 1791. In: *Jugendbriefe*, S. 118.
[19] Humboldt an Wilhelm Gabriel Wegener, Castleton 15. Juni 1790. In: *Jugendbriefe*, S. 91.
[20] Humboldt an Paul Usteri, London, 27. Juni 1790. In: *Jugendbriefe*, S. 96 f.
[21] Humboldt an Wilhelm Gabriel Wegener, Hamburg, 23. September 1790. In: *Jugendbriefe*, S. 106 f.
[22] Alexander von Humboldt in einem für das Brockhaus'sche Konversationslexikon über seine eigene Person verfassten Artikel, 1852. In: Biermann: *Leben*, S. 88.
[23] Humboldt an Archibald MacLean, Freiberg, 14. Oktober 1791. In: *Jugendbriefe*, S.153 f.
[24] Karl Freiesleben: Aus dem früheren Leben Alexander von Humboldt's. Vortrag im geselligen Verein zu Freiberg, 27. Dezember 1826. In der Zeitschrift „Zeitgenossen", Leipzig: F. A. Brockhaus, dritte Reihe, Bd. 2, 1830 [im Folgenden zitiert: Freiesleben: *Humboldt*], S. 67.

„DAS GROSSE UND GUTE WOLLEN“ – DER BEGINN VON HUMBOLDTS TÄTIGKEIT IN FRANKEN

[1] Vgl. Rudolf Endres: Alexander von Humboldt und Franken. In: *Studia Fribergensia.* [Im Folgenden zitiert: *Studia Fribergensia*] Vorträge des Alexander-von-Humboldt-Kolloquiums in Freiberg vom 8. bis 10. November 1991 aus Anlaß des 200. Jahrestages von A. v. Humboldts Studienbeginn an der Bergakademie Freiberg. Berlin: Akademie Verlag [im Folgenden zitiert: *Endres*], S. 31, und Christian Meyer: Preußens innere Politik in Ansbach und Bayreuth in den Jahren 1792 -1797. Enthaltend die Denkschrift des Staatsministers Karl August v. Hardenberg. Berlin: Ebering 1904 [im Folgenden zitiert: *Meyer*], S. 9ff.
[2] Vgl. *Meyer*, S. 16.
[3] Humboldt an Friedrich Anton von Heinitz, Berlin, 14. Mai 1791. In: Jugendbriefe, S. 137.
[4] Zit. nach *Löwenberg*, S. 134 f.
[5] Humboldt an Karl Freiesleben, Berlin, 7. März 1792. In: *Jugendbriefe*, S. 175.
[6] Vgl. *Löwenberg* S. 135 f.
[7] Humboldt an Paul Christian Wattenbach, Freiberg, 18. Februar 1792. In: *Jugendbriefe*, S. 170.
[8] Humboldt an Karl Freiesleben, Berlin, 2. März 1792. In: *Jugendbriefe*, S. 173.
[9] Humboldt an Karl Freiesleben, Berlin, 7. März 1792. In: *Jugendbriefe*, S. 175 f.
[10] Vgl. ebd., S. 175.
[11] Humboldt an Karl Freiesleben, Potsdam, 10. April 1792. In: *Jugendbriefe*, S. 179.
[12] Ebd.
[13] Humboldt an Georg Heinrich Pertz, Berlin, 18. Dezember 1857. Zit. nach Hanno Beck: *Alexander von Humboldt.* Bd. 1, Wiesbaden: Steiner 1959 [im Folgenden zitiert: *Beck*], S. 49.
[14] Vgl. *Löwenberg* S. 135.
[15] Humboldt an Karl Freiesleben, Berlin, 4. Juni 1792.

In: *Jugendbriefe*, S. 190.
[16] Alexander von Humboldt. *Gutachten zur Steingutfertigung in Rheinsberg*. Mit Kommentaren hg. von Dagmar Hülsenberg und Ingo Schwarz unter Mitarbeit von Eberhard Knobloch und Romy Werther. Berlin: Akademie Verlag 2012.
[17] Vgl. *Löwenberg*, S. 141.
[18] Vgl. *Beck* S. 50.
[19] Vgl. Herbert Kühnert: Einleitung. In: Alexander von Humboldt: *Über den Zustand des Bergbaus und Hütten-Wesens in den Fürstentümern Bayreuth und Ansbach im Jahre 1792*. Eingeleitet und bearbeitet von Dr. Herbert Kühnert in Verbindung mit Prof. Dr. O. Oelsner. Berlin: Akademie Verlag 1959, S. 25.
[20] Humboldt an Karl Freiesleben, Berlin, 4. Juni 1792. In: *Jugendbriefe*, S. 190.
[21] Freiesleben: *Humboldt*, S. 67.
[22] Humboldt an Karl Ludwig Willdenow, La Coruña (Spanien) 5. Juni 1799. In: *Jugendbriefe*, S. 664.

„Der ganze Bergbau ist ein Kampf mit den Elementen" – Humboldt im fränkischen Bergbau

[1] Vgl. Gustav Schmidt: „Einstiger Erzbergbau und entsprechende Verhüttung in Nordost- und Ostoberfranken", Heimatbeilage zum Oberfränkischen Schulanzeiger Nr. 309, Bayreuth 2003.
[2] Franz Zürl: „Geschichte des Goldkronacher Gold- und Antimonitbergbaus". In: Gerhard Lehrberger (Hrsg.): „Gold in Bayern – Vorkommen am Westrand der böhmischen Masse", = Geologica Bavarica Nr. 102, München: Bayerisches Geologisches Landesamt 1997. Im Folgenden zitiert: *Gold in Bayern*], S. 143-171.
[3] Vgl. Ingrid Burger-Segl: Goldbergbaumuseum Goldkronach. Goldkronach: Heimatmuseum Goldkronach e. V. 2011, S. 86.
[4] Dabei spielte es sicher auch eine Rolle, dass durch den zunehmenden Import von Gold aus Amerika und Afrika der europäische Goldabbau an Rentabilität verlor (Hinweis von G. Lehrberger).
[5] Vgl. Lothar Reuter: „Aus Alexander von Humboldts Verwaltungspraxis in Franken". In: Sitzungsberichte der Physikalisch-medizinischen Sozietät in Erlangen, Band 39, 1907, S. 135 f.
[6] Vgl. *Gold in Bayern*.
[7] Alexander von Humboldt *Über den Zustand des Bergbaus und Hütten-Wesens in den Fürstentümern Bayreuth und Ansbach im Jahre 1792*, eingeleitet und bearbeitet von Herbert Kühnert in Verbindung mit O[scar] Oelsner. Berlin: Akademie Verlag 1959 (Freiberger Forschungshefte D 23). [Im Folgenden zitiert: *AvH Bericht 1792*], S. 75.
[8] *AvH Bericht 1792*, S. 89.
[9] Zur Lage und Geschichte dieser Berg- und Hüttenwerke siehe „Alexander von Humboldt im Amt Lauenstein 1792", Heft 4 der Schriftenreihe des Schiefermuseums Ludwigsstadt, 1992. [Im Folgenden zitiert: *Lauenstein 1792*].
[10] Jede Bewegung von Personen im Bergwerk unter Tage wird bergmännisch als *Fahrung* bezeichnet, im Unterschied zur *Förderung* der Erze.
[11] *AvH Bericht 1792*, S. 73 ff.
[12] *AvH Bericht 1792*, S. 124.
[13] *AvH Bericht 1792*, S. 127.
[14] *Aus einem Briefe des Hr. v. Humboldt zu Arzberg am Fichtelberge*. Bergm. J. 1792, Bd. 2, S. 74-79.
[15] Die Karte existierte wohl nur in Tornesis Handexemplar. Sie ging schon bald verloren.
[16] Wilhelm Heinrich Wackenroder: *Sämtliche Werke und Briefe. Historisch-kritische Gesamtausgabe*, hrsg. von Silvio Vietta, Richard Littlejohns, 2 Bde., Heidelberg: Winter 1991 [im Folgenden zitiert: *Wackenroder HKA*].
Hier Bd. II, S. 162.
[17] *AvH Bericht 1792*, S. 143.
[18] Walter Carlé „Die Saline im Brettachtal bei Gerabronn". In: Württembergisch Franken Bd. 47, 1968, S. 149-190.
[19] Humboldt an Karl Freiesleben, Bayreuth, 27. August 1792. In: *Jugendbriefe*, S. 209, Hervorhebung durch Humboldt.
[20] Humboldt an Karl Freiesleben, Ansbach, 7. September 1792. In: *Jugendbriefe*, S. 212, Hervorhebung durch Humboldt.
[21] Ludwig Tieck, Wilhelm HeinrichWackenroder: *Die Pfingstreise von 1793 durch die Fränkische Schweiz, den Frankenwald und das Fichtelgebirge*, bearb. v. Christoph Schaller, Helmbrechts: Saalfrank 1970.
[22] *Wackenroder HKA*, Bd. II, S. 170.
[23] Humboldt hatte auch die Aufgabe, den Bergbau organisatorisch neu zu formieren. Dazu gehörte die Gründung des Oberbergamts (mit eigener Budgetverantwortung) und die Einbindung der drei Bergämter in diese neue Organisation.
[24] Humboldt an Karl Freiesleben, Streitberg, 24. Oktober 1793. In: *Jugendbriefe*, S. 281.
[25] Hardenberg an Humboldt, Bayreuth, 11. November 1793. In: *Jugendbriefe*, S. 285.
[26] Humboldt an Karl Freiesleben, Steben, 19. Juli 1793. In: *Jugendbriefe*, S. 257.
[27] Humboldt an Karl Freiesleben, auf der Goldmühle bei Cronach, 10. Juni 1793. In: *Jugendbriefe*, S. 251.
[28] Franz Zürl: „Geschichte des Goldkronacher Gold- und Antimonitbergbaus". In: *Gold in Bayern*, S.143 ff.
[29] Hinweise zum Amalgamierverfahren von Heinz Zahn, Bad Berneck – Goldmühl, Heimatmuseum Goldkronach e.V. – Arbeitskreis Bergbau.
[30] Wilhelm Kießling: „Alexander von Humboldt – ein Gast in unserer Stadt" in: Alexander von Humboldt und das Bergstädtlein Arzberg. Fünf Vorträge über den ehemaligen Bergbau in Arzberg. Hrsg von Friedrich Wilhelm Singer. Arzberg/Oberfranken: Stadt Arzberg 1999 [im Folgenden zitiert: Kießling: *Arzberg*], S. 45.
[31] Humboldt an Karl Freiesleben, Stichersreuth, 2. Dezember 1795. In: *Jugendbriefe*, S. 473, Hervorhebung durch Humboldt.
[32] Vgl. dazu ausführlich Werner Rost: „Der Friedrich-Wilhelm-Stollen bei Lichtenberg - vor 200 Jahren auf Betreiben von Alexander von Humboldt gegründet". In: *Humboldt-Tage in Bad Steben*, Bd. 2: Vorträge der 3. Bad Stebener Humboldt-Tage, 14. bis 16. Oktober 1994. Horb am Neckar: Geiger 1996, S. 113-126.
[33] Humboldt an König Friedrich Wilhelm II. von Preußen, Kaulsdorf, 10. März 1794. In: *Jugendbriefe*, S. 326.
[34] Ebd. S. 326.
[35] Vgl. *Endres* S. 35.
[36] Humboldt an das Ober-Berg-Departement Bayreuth, Cleve, 1. August 1794. In: *Jugendbriefe*, S. 345.
[37] Humboldt an das Ober-Berg-Departement Bayreuth, Bayreuth, 19. März 1795. In: *Jugendbriefe*, S. 407.
[38] Karl Otto Dees: *Die Geschichte der Porzellanfabrik zu Tettau und die Beziehungen Alexander v. Humboldts zur*

Porzellanindustrie, Leipzig: Eulen-Verlag 1921.
[39] Aus dem Sitzungsprotokoll zitiert nach: *AvH Bericht 1792*, S. 40.
[40] Adolf Bayer: *Ansbacher Porzellan – Geschichte und Leistung der Ansbach-Bruckberger Porzellan-Manufaktur 1757 – 1860*, Ansbach: Brügel 1933.
[41] Vitriol: kristallwasserhaltige Sulfate (Salze der Schwefelsäure)
[42] Vgl. dazu ausführlich Gerhard Lehrberger, Reinhard Haller und Cornelia Schink: *Oleum – Die Vitriolhütte am Kleinen Schwarzbach bei Bodenmais (1787-1829)*. Bodenmais, Förderverein Bodenmaiser Geschichte und Kulturdenkmäler e.V. 2006.
[43] Alaun: schwefelsaures Doppelsalz von Kalium und Aluminium.
[44] Walter Carlé, „Die Geschichte des Alaun-Vitriol-Werkes zu Crailshem", 1963. In: *Württembergisch-Franken* Bd. 45, Neue Folge 35, Schwäbisch Hall 1961, S. 75.
[45] *AvH Bericht 1792*, S. 172.
[46] Von lat. *iura regalia* (königliches Recht). Sonderecht, das nur dem König bzw. dem Landesherrn zustand.
[47] Zur Vorgeschichte vgl. Günther Schmidt, Heinz Pfeiffer: „Der Saalfeld-Kaulsdorfer Bergkrieg". In: Thüringer Heimat 4. Jg. 1959, Heft 4, S. 228-244.
[48] Der ursprüngliche Name aus sächsischer Zeit, *Churfürsten-Zeche*, war jetzt wohl zu Ehren des neuen preußischen Landesherrn in *Königszeche* umbenannt worden, eine symbolische Bekräftigung der Inbesitznahme.
[49] Humboldt an Laurentius Theodor Sommer, Falkenstein, 30. Juli 1793. In: *Jugendbriefe*, S. 260.
[50] Ebd.
[51] Humboldt an das Ober-Berg-Departement Bayreuth, Steben, 4. August 1793. In: *Jugendbriefe*, S. 268.
[52] Humboldt an Karl August Graf von Hardenberg, Bayreuth, 16. August 1793. In: *Jugendbriefe*, S. 273.
[53] Humboldt an Karl Freiesleben, Goldmühl bei Goldkronach, 2. Dezember 1793. In: *Jugendbriefe*, S. 292.
[54] Promemoria, die Errichtung einer königlichen freien Bergschule zu Steben betreffend. Steben, 13. März 1794. In: Sigmund Müller: Die Königliche freie Bergschule zu Steben von der Gründung 1793 bis zur Auflösung 1857, Archiv für Geschichte von Oberfranken, 67. Band, Bayreuth: Historischer Verein für Oberfranken 1987, S. 277- 312, hier S. 308.
[55] *Löwenberg*, S. 295.
[56] Knechte im bergmännischen Sinn, also Kunstknecht, Haspelknecht usw.
[57] *Löwenberg*, S. 295.
[58] Humboldt an Friedrich Wilhelm Graf von Reden, Bayreuth 17. Januar 1794. In: *Jugendbriefe*, S. 309.
[59] Humboldt an Friedrich Anton von Heinitz, Steben, 13. März 1794. In: *Löwenberg*, S. 293.
[60] Humboldt an Karl Freiesleben, Bayreuth, 20. Januar 1794. In: *Jugendbriefe*, S. 311 f.
[61] Hans Baumgärtel: *Die Ausarbeitungen Alexander von Humboldts für den Unterricht an der Bergschule Steben*. In: Beiheft zur Schriftenreihe für Geschichte der Naturwissenschaften, Technik und Medizin, Teubner, Leipzig 1964, S. 194-216; hier: S. 200-201.
[62] Ebd. S. 207-208.
[63] Ebd. S. 215-216.
[64] Vgl. *Löwenberg*, S. 292-298.
[65] Ebd. S. 294.
[66] Humboldt an Friedrich Anton von Heinitz, Schwarzenbach am Walde, 29. Mai 1795. In: *Jugendbriefe*, S. 423.
[67] Ernst Wilhelm Martius: *Wanderungen durch einen Theil von Franken und Thüringen in Briefen an einen Freund*, Erlangen: Walther 1795.
[68] Ebd. S. 277.
[69] Zitiert nach Ernst Wunschmann: „Martins[sic!], Karl". In: Allgemeine Deutsche Biographie 20 (1884), S. 517-527 [Onlinefassung]; URL: http://www.deutsche-biographie.de/pnd118731416.html?anchor=adb
[70] Humboldts „General-recherchierungs Bericht über die Nailaer Berg=Amts Refier" und die Berichte zum Wunsiedler und Goldkronacher Revier haben sich im Original-Manuskript erhalten. Sie liegen heute im Staatsarchiv Bamberg und wurden ediert von Wolfgang-Hagen Hein, Eberhard Arnold & Franz Zürl: *Alexander von Humboldts Generalbefahrungsberichte der fränkischen Gruben im Jahre 1795*, Archiv für Geschichte von Oberfranken Bd.72, 1992, S. 343-398 [im Folgenden zitiert: *AvH Bericht 1795-1*] und Bd. 73, 1993, S.147-171 [im Folgenden zitiert: *AvH Bericht 1795-2*]; die Zitate im Folgenden sind aus diesen Quellen, sofern nicht explizit anders vermerkt.
[71] *AvH Bericht 1795-1*, S. 380.
[72] *AvH Bericht 1795-2*, S. 162. Hervorhebung durch Humboldt.
[73] Vgl. *Endres*, S. 35.
[74] *AvH Bericht 1795-2*, S. 168-169.
[75] *AvH Bericht 1795-1*, S. 373-374, „Charakteristik des Personals".
[76] *AvH Bericht 1795-2*, S. 168.
[77] Vgl. Humboldt an Johann Karl Freiesleben, Jena, 6. Juli 1792. In: *Jugendbriefe*, S. 201
[78] Humboldt an Friedrich Schiller, Nieder-Flörsheim, 6. August 1794. In: *Jugendbriefe*, S. 201.
[79] Humboldt an König Friedrich Wilhelm II. von Preußen, Bayreuth, 26. März 1795. In: *Jugendbriefe*, S. 413.
[80] Patent Friedrich Wilhelms II. für Humboldt als Oberbergrat. In *Jugendbriefe*, S. 419 f.
[81] *AvH Bericht 1792*, S. 55.
[82] Humboldt an Johann Wolfgang von Goethe, Bayreuth, 21. Mai 1795. In: *Jugendbriefe*, S. 420.
[83] Vgl. Ursula Klein: "The Prussian Mining Officer Alexander von Humboldt". In: Annals of Science, Vol. 69, No. 1, January 2012, S. 27-68.
[84] Humboldt an König Friedrich Wilhelm II. von Preußen, 8. August 1794. In: *Jugendbriefe*, S. 348-351.
[85] Vgl. Wolfgang-Hagen Hein: „Die Jahre des Reifens", in: *Alexander von Humboldt – Leben und Werk*, hrsg. von dems., Frankfurt a. M.: Weisbecker 1985, S. 33.
[86] Der Bericht ist abgedruckt in: Christian Meyer: *Hardenberg und seine Verwaltung der Fürstenthümer Ansbach und Bayreuth*. Breslau: Selbstverl. d. Verf. 1892, hier S. 99-100.
[87] Ebd. S. 98.
[88] Humboldt an Karl Freiesleben, ohne Ort, 24. November 1796. In: *Jugendbriefe*, S. 553.
[89] Vgl. hierzu ausführlich: Günter Dippold: „Alexander von Humboldt und sein fränkisches Erbe". Vortrag gehalten auf dem Historischen Symposium „220 Jahre Alexander von Humboldt in Franken" im Humboldt-Forum Schloss Goldkronach, 27. Juli 2012. Tagungsband im Druck.
[90] *Lauenstein 1792*, S. 45.

„Er ist nicht ruhig und wird es nie werden ...“ – Humboldt der Getriebene

Wilhelm von Humboldt an seine Braut Caroline von Dacheröden, Tegel, 3. Juni 1791. In: *Wilhelm und Caroline von Humboldt in ihren Briefen*. Hg. von Anna von Sydow. Bd. 1: Briefe aus der Brautzeit. Berlin: Ernst Siegfried Mittler und Sohn 1910 [im Folgenden zitiert: *Wilhelm und Caroline: Briefe*], S. 477 f.
[2] Humboldt an Karl Freiesleben, Erlangen, 21. Oktober 1793. In: *Jugendbriefe*, S. 280.
[3] Caroline an Wilhelm von Humboldt, Erfurt, 21. Januar 1791. In: *Wilhelm und Caroline: Briefe*, S. 372.
[4] Vgl. Manfred Geier: *Die Brüder Humboldt. Eine Biographie*. Reinbek bei Hamburg: Rowohlt 2009. S. 56-63.
[5] Hans Magnus Enzensberger: *Mausoleum. Siebenunddreißig Balladen aus der Geschichte des Fortschritts*. Frankfurt am Main: Suhrkamp 1975, S. 57.
[6] Vgl. zu Humboldts Freundschaften den klugen Beitrag von Christian Suckow: *Der Oberbergrat privat: Freundschaften Alexander von Humboldts in seinen fränkischen Jahren*. Vortrag gehalten anlässlich der 2. gesamtdeutschen Humboldt-Tage in Bad Steben 16. bis 18. Oktober 1992. Berlin: Alexander-von-Humboldt-Forschungsstelle 1993.
[7] Humboldt an Archibald MacLean, Freiberg, 14. Oktober 1791. In: *Jugendbriefe*, S.153.
[8] Vgl. z. B. Gerhard Sauder: *Theorie der Empfindsamkeit und des Sturm und Drang*. Ditzingen: Reclam 2003.
[9] Humboldt an Karl Freiesleben, Potsdam, 10. April 1792. In: *Jugendbriefe*, S. 179 f.
[10] Humboldt an Karl Freiesleben, Kaulsdorf, 13. August 1793. In: *Jugendbriefe*, S. 269.
[11] Humboldt an Karl Freiesleben, Berneck, 29. Januar 1795. In: *Jugendbriefe*, S. 392.
[12] Humboldt an Karl Freiesleben, Bayreuth, 2. Oktober 1796. In: *Jugendbriefe*, S. 528.
[13] Humboldt an Karl Freiesleben, Bayreuth, 21. November 1794. In: *Jugendbriefe*, S. 378 f.
[14] Humboldt an Reinhard von Haeften, ohne Ort, 1. bis 4. Januar 1796. In: *Jugendbriefe*, S. 479.
[15] Vgl. ebd. S. 479.
[16] Ebd. S. 477 f.
[17] Ebd. S. 479.
[18] Humboldt an Archibald MacLean, Berlin, 9. Februar 1793. In: *Jugendbriefe*, S. 233.
[19] Humboldt an Archibald MacLean, Freiberg, 6. November 1791. In: *Jugendbriefe* S. 157.
[20] Ebell war ein Korrespondenzpartner von Georg Christoph Lichtenberg.
[21] Humboldt an den Berliner Hofrat Georg August Ebell, Goldkronach, 10. Juni 1794. Bislang unveröffentlichter Brief aus der Alexander-von-Humboldt-Sammlung Hein, Stiftung Stadtmuseum Berlin. Für den Hinweis auf dieses Dokument sind wir dem Berliner Antiquar Karl Ziegan sehr dankbar.
[22] Vgl. *Hein* S. 35.
[23] Humboldt an Karl Freiesleben, Goldmühl bei Goldkronach, 2. Dezember 1793. In: *Jugendbriefe*, S. 291.
[24] Georg Forster an Christian Gottlob Heyne, Mainz, 13. Juli 1790. In: Georg Forsters Werke. Bd. 16: Briefe 1790 bis 1791. Bearbeitet von Brigitte Leuschner und Siegfried Scheibe. Berlin: Akademie Verlag 1980, S. 157.
[25] Humboldt an Reinhard und Christiane von Haeften, Cumaná, 18. und 20. November 1799. In: *Briefe aus Amerika*, S. 65 f.
[26] Humboldt an Archibald MacLean, Freiberg, 6. November 1791. In: *Jugendbriefe* S. 157.
[27] Humboldt an Wilhelm Gabriel Wegener, Hamburg, 23. September 1790. In: *Jugendbriefe* S. 106 f.
[28] Humboldt an Paul Usteri, Wien, 12. September 1797. In: *Jugendbriefe*, S. 591.
[29] Alexander von Humboldt: Mes confessions. In: *Lettres d'Alexandre de Humboldt à Marc-Auguste Pictet 1795–1824, publiées dans le Journal Le Globe*, 7, 1868, S. 180–190. Zit. nach der deutschen Übersetzung in Biermann: *Leben*, S. 60.
[30] Vgl. Anm. 1 zu diesem Kapitel.
[31] Caroline von Humboldt an Adelheid, 7. Dezember 1827. Zitiert nach: Hazel Rosenstrauch: *Wahlverwandt und ebenbürtig. Caroline und Wilhelm von Humboldt*. Frankfurt: Eichborn 2009, S. 292.

„Ich glaube, nun bald den gordischen Knoten des Lebensprozesses zu lösen.“ – Humboldts Forschungen während der fränkischen Zeit

[1] Humboldt an Johann Karl Freiesleben, Steben, 19. Juli 1793. In: *Jugendbriefe*, S. 257.
[2] Humboldt an Dietrich Ludwig Karsten, Eremitage bei Bayreuth, 15. Juli 1795. In: *Jugendbriefe*, S. 446.
[3] Vgl. das von der Alexander-von-Humboldt-Forschungsstelle herausgegebene Verzeichnis Alexander von Humboldts unselbständiger Schriften: http://www.bbaw.de/forschung/avh/uns/index.html
[4] Humboldt an Joachim Heinrich Campe, Berlin, 17. Mai 1792. In: *Jugendbriefe*, S. 188.
[5] Humboldt an Paul Usteri, Berlin, um den 17. Januar 1793. In: *Jugendbriefe*, S. 230.
[6] Vgl. Humboldt an Abraham Gottlob Werner, Bayreuth, 21. Dezember 1796. In: *Jugendbriefe*, S. 561.
[7] Vgl. Humboldt an Goethe, Bayreuth, 21. Mai 1795. In: *Jugendbriefe*, S. 420.
[8] Johann Friedrich Blumenbach: *Über den Bildungstrieb und das Zeugungsgeschäfte*, Göttingen: Dieterich 1781, S. 12.
[9] Der schwedische Forscher hatte die gesamte Tier- und Pflanzenwelt anhand äußerer Merkmale wie Anzahl, Form, Größenverhältnis und Lage in Klassen und Ordnungen eingeteilt, um ein einfach zu handhabendes und leicht erlernbares System für die Einordnung der Arten zu schaffen und damit die Grundlagen der noch heute gültigen zoologischen und botanischen Taxonomie geschaffen.
[10] Im Jahr 1800 prägte ihn Karl Friedrich Burdach, und kurz darauf, im Jahr 1802, unabhängig von ihm auch Gottfried Reinhold Treviranus und Jean-Baptiste Lamarck, mit dem Humboldt später in Paris intensiv zusammenarbeiten sollte. Vgl. Ilse Jahn: *Dem Leben auf der Spur. Die biologischen Forschungen Alexander von Humboldts*. Leipzig, Jena, Berlin: Urania 1969 [im Folgenden zitiert: Jahn: *Leben*], S. 18.
[11] Vgl. Jahn: *Leben*, S. 21.
[12] Vgl. ebd.
[13] Vgl. Klaus Dobat: „Alexander von Humboldt als Botaniker“. In: *Hein*, S. 170-173.
[14] Vgl. Horst Fiedler und Ulrike Leitner: *Alexander von Humboldts Schriften. Bibliographie der selbständig erschienenen Werke*. Berlin: Akademie Verlag, 2000 [im Folgenden: Fiedler/Leitner: *Bibliographie*], S. 7.

[15] Die Übersetzung aus dem Lateinischen hatte Humboldts Freiberger Studienfreund Gotthelf Fischer (von Waldheim) übernommen. Humboldt hielt das Werk damals für „das beste, das ich je geschrieben." Humboldt an Dietrich Ludwig Gustav Karsten, Goldmühle bei Kronach, 14. Juni 1793. In: *Jugendbriefe*, S. 252.
[16] Humboldt an Christoph Girtanner, Berlin, 12. Februar 1793. In: *Jugendbriefe*, S. 236 f.
[17] Humboldt an Dietrich Ludwig Gustav Karsten, Freiberg, 26. November 1791. In: *Jugendbriefe*, S. 162.
[18] Alexander von Humboldt: *Florae Fribergensis specimen. Plantas cryptogamicas praesertim subterraneas exhibens.* Berlin: Rottmann 1793, S. 108 ff.
[19] Alexander von Humboldt: *Aphorismen aus der chemischen Physiologie der Pflanzen. Aus dem Lateinischen übersetzt von Gotthelf Fischer.* Leipzig: Voss 1794, S. 9.
[20] Ebd. S. 123.
[21] Ebd. S. XV.
[22] Vgl. Jahn: *Leben*, S. 39.
[23] Alexander von Humboldt: *Florae Fribergensis specimen. Plantas cryptogamicas praesertim subterraneas exhibens.* Berlin: Rottmann 1793, S. IX.
[24] Humboldt an Johann Friedrich Pfaff, Goldkronach, 12. November 1794. In: *Jugendbriefe*, S. 370.
[25] Ebd. S. 370.
[26] Humboldt an den Berliner Hofrat Georg August Ebell, Goldkronach, 10. Juni 1794. Bislang unveröffentlichter Brief aus der Sammlung Hein, Stadtmuseum Berlin. Für den Hinweis auf dieses Dokument sind wir dem Berliner Antiquar Karl Ziegan sehr dankbar.
[27] Vgl. Eberhard Arnold: *Alexander von Humboldt – Bergmann, Naturwissenschaftler und Erfinder im Goldkronacher Revier.* In: Frank Ziegler (Red.): *Humboldt-Tage in Bad Steben*, Bd. 2: 3. Bad Stebener Humboldt-Tage 1994, Horb am Neckar, Geiger 1996, [im Folgenden zitiert: Arnold: *Bergmann*] S. 38.
[28] In: Akad. Wiss. Lit. Mainz. Abh. math.-naturwiss. Kl. Jg. 1967, Nr. 6. Vgl. dazu auch Ulrike Leitner: „Alexander von Humboldts Schriften - Anregungen und Reflexionen Goethes". In: *Das Allgemeine und das Einzelne – Johann Wolfgang von Goethe und Alexander von Humboldt im Gespräch.* Leopoldina-Meeting am 29. und 30. Oktober 1999 in Halle (Saale), hg. von Ilse Jahn und Andreas Kleinert. Deutsche Akademie der Naturforscher Leopoldina, Halle (Saale). Stuttgart: Wissenschaftliche Verlagsgesellschaft 2003 [im Folgenden zitiert: *Das Allgemeine und das Einzelne*], S. 132.
[29] Humboldt an Karl Freiesleben, Wien, 2. November 1792. In: *Jugendbriefe*, S. 222.
[30] Alexander von Humboldt: *Versuche über die gereizte Muskel- und Nervenfaser.* Posen: Decker; Berlin: Rottmann, 1797/98, Bd. 1, S. 3 f.
[31] Vgl. zu Humboldts Arbeiten zum Galvanismus vor allem Jahn: *Leben* sowie Werner Friedrich Kümmel: „Alexander von Humboldt und die Medizin". In: *Hein*, S. 195-210, und Manfred Wenzel: „»Ich werde mit mehr Lust arbeiten in der Hoffnung Ihrer Theilnahme. Galvanismus und vergleichende Anatomie in den Korrespondenzen zwischen Goethe, Alexander von Humboldt und Samuel Thomas Soemmerring. In: *Das Allgemeine und das Einzelne*, S. 47-63.
[32] Vgl. dazu Ilse Jahn: »Die ›Lebenskraft‹ – Humboldts physiologische Experimente«. In: Frank Holl (Hg.): *Alexander von Humboldt – Netzwerke des Wissens.* Ausstellung in Berlin und Bonn. Ostfildern: Cantz 1999 [im Folgenden zitiert: *Netzwerke*], S. 54 und *Jahn: Leben.*
[33] Humboldt an Johann Friedrich Blumenbach, Juni 1795. In: *Löwenberg*, S. 172 f.
[34] In: *Löwenberg*, S. 173 f.
[35] Vgl. ebd. S. 174.
[36] Vgl. Humboldt an Johann Friedrich Blumenbach, Mailand, 26. August 1795. In: *Jugendbriefe*, S. 454 f.
[37] Humboldt an Karl Freiesleben, Bayreuth, 9. Februar 1796. In: *Jugendbriefe*, S. 495.
[38] Vgl. Werner Friedrich Kümmel: „Alexander von Humboldt und die Medizin". In: *Hein*, S. 202.
[39] Vgl. ebd. S. 199 ff.
[40] Vgl. Ilse Jahn: »Die ›Lebenskraft‹ – Humboldts physiologische Experimente«. In: *Netzwerke*, S. 54.
[41] Alexander von Humboldt: *Versuche über die gereizte Muskel- und Nervenfaser.* Posen: Decker; Berlin: Rottmann, 1797/98, Bd. 2, S. 63.
[42] Ebd. S. 434.
[43] In *Goethes sämtliche Werke*, hg. von Curt Noch, 38. Bd., Berlin, Propyläen, o. J., S. 212.
[44] Vgl. Werner Friedrich Kümmel: „Alexander von Humboldt und die Medizin". In: *Hein*, S. 196. Ein anatomischer Präparierkurs Loders sollte Alexander wenig später, im Jahr 1797, zur Vorbereitung von Experimenten während der geplanten Tropenreise dienen.
[45] Humboldt an Samuel Thomas von Soemmerring, Bayreuth, 7. Juni 1795. In: *Jugendbriefe*, S. 428.
[46] Humboldt an Reinhard von Haeften, Jena, 19. Dezember 1794. In: *Jugendbriefe*, S. 388.
[47] Humboldt an Johann Wolfgang von Goethe, Bayreuth, 21. Mai 1795. In: *Jugendbriefe*, S. 420. Hervorhebungen durch Humboldt.
[48] Johann Wolfgang von Goethe an Humboldt, ohne Ort, 18. Juni 1795. In: *Jugendbriefe*, S. 435.
[49] Vgl. Ulrike Leitner: „Alexander von Humboldts Schriften - Anregungen und Reflexionen Goethes". In: *Das Allgemeine und das Einzelne*, S. 129.
[50] Vgl. Su Chin Ho: „Vom atomistischen Weltbild zum organischen Universum – Goethes Einfluss auf den jungen Alexander von Humboldt". In: *Das Allgemeine und das Einzelne*, S. 87.
[51] *Kosmos*, Bd. 1, S. 6 bzw. 10.
[52] In: *Goethe's Werke* 55. Bd. Vollständige Ausgabe letzter Hand: *Goethe's nachgelassene Werke*, 15. Bd. Tübingen und Stuttgart: Cotta, 1834, S. 185-238.
[53] Letzterer in der Weimarer Ausgabe seiner Werke im Jahr 1891, in: *Goethe's Werke. Herausgegeben im Auftrage der Großherzogin Sophie von Sachsen.* II. Abtheilung, 6. Bd.: Naturwissenschaftliche Schriften. Weimar: Hermann Böhlau 1891, S. 286-311; der erstgenannte im Jahr 1964, in: Johann Wolfgang von Goethe: *Die Schriften zur Naturwissenschaft.* Vollständige mit Erläuterungen versehene Ausgabe im Auftrage der Deutschen Akademie der Naturforscher Leopoldina, 1. Abteilung Texte LA I 10, Aufsätze, Fragmente, Studien zur Morphologie, bearbeitet von Dorothea Kuhn. Weimar: Böhlau's Nachfolger 1964, S. 145-167.
[54] Goethe an Karl Ludwig von Knebel, Jena, 28. März 1797. In: *Briefwechsel zwischen Goethe und Knebel (1774-1832)*, 1. Teil. Leipzig: Brockhaus 1851, S. 146.
[55] Schiller an Christian Gottfried Körner, 6. August 1797. In: *Schillers Werke. Nationalausgabe*, Bd. 29.

Briefwechsel, hg. von Norbert Oellers und Frithjof Stock. Weimar: Hermann Böhlaus Nachfolger, 1977, S. 112 f. Vgl. dazu ausführlich: Ingo Schwarz: „»Ein beschränkter Verstandesmensch ohne Einbildungskraft« - Anmerkungen zu Friedrich Schillers Urteil über Alexander von Humboldt“. In: HiN – Alexander von Humboldt im Netz IV, 6, 2003. Link: http://www.uni-potsdam.de/u/romanistik/humboldt/hin/hin6/inh_schwarz_1.htm

[56] Johann Peter Eckermann: *Gespräche mit Goethe in den letzten Jahren seines Lebens*. Hrsg. von Otto Harnack, Berlin: Deutsche Bibliothek 1913, Bd. 1, S. 198.

[57] Alexander von Humboldt: *Ueber die unterirdischen Gasarten und die Mittel ihren Nachtheil zu vermindern. Ein Beytrag zur Physik der praktischen Bergbaukunde*. Braunschweig: Vieweg, 1799 [im Folgenden zitiert: *Gasarten*], S. 249.

[58] Vgl. zu dem Werk ausführlich Werner Friedrich Kümmel: „Alexander von Humboldt und die Medizin“. In: *Hein*, S. 202-205, und Ernst H. Berninger: „Humboldts technische Erfindungen und Neuerungen für den Bergbau“. In: Uta Lindgren (Hg.): *Alexander von Humboldt. Weltbild und Wirkung auf die Wissenschaften*. Köln und Wien: Böhlau 1990, S. 133-150.

[59] *Gasarten*, S. V.

[60] Ebd.

[61] Ebd. S. 11 f. Die durchschnittliche Lebenserwartung von Bergleuten betrug damals nur etwa 35 Jahre.

[62] Ebd. S. 240 f.

[63] Ebd. S. 243.

[64] Humboldt an Karl Freiesleben, Bayreuth, 18. Oktober 1796. In: *Jugendbriefe*, S. 532 f.

[65] *Gasarten*, S. 347. Vgl. auch Humboldt an Karl Freiesleben, Berlin, 7. April 1796. In: *Jugendbriefe*, S. 504.

[66] Ebd. S. 380.

[67] Ebd. S. 381.

[68] Humboldt an Karl Freiesleben, Englisches Hauptquartier bei Uden in Brabant, 10. September 1794. In: *Jugendbriefe*, S. 352.

[69] Humboldt an Karl Ludwig Willdenow, 20. Dezember 1796. In: *Jugendbriefe*, S. 361.

[70] Humboldt an Friedrich Anton von Heinitz, Steben, 13. März 1794. In: *Löwenberg*, S. 293.

[71] Vgl. Humboldt an Karl Freiesleben, Bayreuth, 2. Oktober 1796. In: *Jugendbriefe*, S. 530.

[72] Humboldt an Karl Ludwig Willdenow, Bayreuth, 20. Dezember 1796. In: *Jugendbriefe*, S. 560.

[73] Vgl. das von der Alexander-von-Humboldt-Forschungsstelle herausgegebene Verzeichnis Alexander von Humboldts unselbständiger Schriften: http://www.bbaw.de/forschung/avh/uns/index.html

[74] Chem. Ann. 9 1. St. 3. 1792, S. 254-255.

[75] Alexander von Humboldt: „Sur la couleur verte des végétaux qui ne sont pas exposé à la lumiere“. In: *Journal de Physique* XL, Januar 1792, S. 154 f.

[76] Humboldt an Johann Friedrich Pfaff, Goldkronach, 12. November 1794. In: *Jugendbriefe*, S. 370 f.

[77] Humboldt an Karl Freiesleben, Goldkronach, 19. November 1794. In: *Jugendbriefe*, S. 372 f.

[78] Vgl. zu dieser Thematik ausführlich Arnold: *Bergmann*, S. 35-37.

[79] Alexander von Humboldt und Aimé Bonpland: *Ideen zu einer Geographie der Pflanzen nebst einem Naturgemälde der Tropenländer, auf Beobachtungen und Messungen gegründet, welche vom 10. Grade nördlicher bis zum 10. Grade südlicher Breite, in den Jahren 1799, 1800, 1801, 1802 und 1803 angestellt worden sind*. Tübingen: F. G. Cotta 1807, S. 10. Auch in: *Alexander von Humboldt: Schriften zur Geographie der Pflanzen*. Hg. und kommentiert von Hanno Beck. Studienausgabe, Bd. 1. Darmstadt, Wissenschaftliche Buchgesellschaft 1989, S. 53.

[80] Vgl. z. B. Peter Rothe: *Erdgeschichte - Spurensuche im Gestein*. Darmstadt: WBG 2009.

[81] Von lat. *carbo*, die Kohle.

[82] Vgl. dazu ausführlich ebd. S. 38 f.

[83] Humboldt an Karl Freiesleben, Bayreuth, 14. November 1796. In: *Jugendbriefe*, S. 543. Hervorhebungen von Humboldt.

[84] F[riedrich] A[lexander] v. Humboldt: „Anzeige für Physiker und Geognosten“. In: Allgemeine Literatur-Zeitung. Intelligenzblatt. Nr. 169, 14. Dezember 1796 (im Folgenden zitiert: *Intelligenzblatt* Nr. 169), Spalte 1447.

[85] Der Magnetkompass war seit dem 12. Jahrhundert in Westeuropa bekannt.

[86] Humboldt an Abraham Gottlob Werner, Bayreuth, 21. Dezember 1796. In: *Jugendbriefe*, S. 561.

[87] *Intelligenzblatt* Nr. 169, Spalte 1448.

[88] Prof. von Charpentier aus Freiberg. In: Intelligenzblatt der Allgemeinen Literatur-Zeitung Nr. 59, 4. Mai 1797.

[89] F[riedrich] A[lexander] v. Humboldt: Erklärung. In: Allgemeine Literatur-Zeitung. Intelligenzblatt Nr. 38, 29. März 1797, Spalte 323-326; u. a.

[90] Alexander von Humboldt: *Kosmos. Entwurf einer physischen Weltbeschreibung*. 5 Bände, 1845-1862. Hier Bd. 4, S. 148. Zit. nach der Ausgabe der Anderen Bibliothek, ediert von Ottmar Ette und Oliver Lubrich. Frankfurt am Main: Eichborn, 2004 [im Folgenden zitiert: *Kosmos*], S. 704.

[91] Vgl. Humboldt an Johann Georg von Cotta, Potsdam, 31. Oktober 1854, in: *Cotta-Briefwechsel*, S. 545.

[92] Humboldt an Marc-Auguste Pictet, Bayreuth, 24. Januar 1796. In: *Jugendbriefe*, S. 487.

[93] Alexander von Humboldt: *Relation historique*, 1814–1831. Zitiert nach der deutschen Ausgabe: Alexander von Humboldt: *Reise in die Äquinoktial-Gegenden des Neuen Kontinents*. Ottmar Ette (Hg.). 2 Bde. Frankfurt, 1999 [im Folgenden zitiert: *Äquinoktial-Gegenden*], hier Bd. 1, S. 12.

[94] Alexander von Humboldt: “Introducción a la Pasigrafía geológica”. In: Andrés Manuel de Río: *Elementos de Orictognosía ó del conocimiento de las fósiles dispuestos según los principios de A. G. Werner para el uso del Real Seminario de Minería de México*. Mexiko-Stadt: Don Mariano de Zúñiga y Ontiveros 1805, S. 162. Übersetzung aus dem Spanischen. Vgl. dazu ausführlich Hanno Beck: „Alexander von Humboldts „»Essay de Pasigraphie«, Mexico 1803/1804“. In: Forschungen und Fortschritte 32. Jg., Heft 2, Februar 1958, S. 33-39, und unten, Kapitel 6.

[95] Vgl. Humboldt an Karl Freiesleben, Bayreuth, 4. März 1795. In: *Jugendbriefe*, S. 403.

[96] An Friedrich von Schuckmann, ohne Ort, Ende Oktober 1796. In: *Jugendbriefe*, S. 541. Übersetzung aus dem Französischen.

[97] Humboldt an Karl Freiesleben, Weimar, 18. April 1797. In: *Jugendbriefe*, S. 574.

[98] Humboldt an Archibald MacLean, Freiberg, 14. Oktober 1791. In: *Jugendbriefe*, S. 154.

[99] Humboldt an Archibald MacLean, Freiberg,

6. November 1791. In: *Jugendbriefe*, S. 158.
[100] An Vladimir Jurevič Sojmomov, Goldkronach, 11. Juli 1793. In: *Jugendbriefe*, S. 255. Übersetzung aus dem Französischen.
[101] Humboldt an Karl Freiesleben, Bayreuth, 2. April 1794. In: *Jugendbriefe*, S. 335.
[102] Humboldt an Karl Freiesleben, Bayreuth, 21. November 1794. In: *Jugendbriefe*, S. 378.
[103] Humboldt an Reinhard von Haeften, ohne Ort, 1. bis 4. Januar 1796. In: *Jugendbriefe*, S. 477-480.
[104] Vgl. Humboldt an Edward Ash, Bayreuth, 8. Februar 1796. In: *Jugendbriefe*, S. 496.
[105] Humboldt an Karl Freiesleben, ohne Ort, 25. November 1796. In: *Jugendbriefe*, S. 553.
[106] Karl Freiesleben an Humboldt, Marienberg, 20. Dezember 1796. In: *Jugendbriefe*, S. 559.
[107] Humboldt an Karl Ludwig Willdenow, Bayreuth, 20. Dezember 1796. In: *Jugendbriefe*, S. 560.
[108] Humboldt an Ludwig Bollmann, Cumaná (Venezuela), 15. Oktober 1799. In: Ulrike Moheit (Hg.): *Das Große und Gute wollen. Alexander von Humboldts Amerikanische Briefe.* Berlin: Rohrwall 1999 [im Folgenden zitiert: *Reisebriefe*], S. 37.

DIE WELT IN FRANKEN – FRANKEN IN DER WELT

[1] Humboldt an Karl Freiesleben, Weimar, 18. April 1797. In: *Jugendbriefe*, S. 574.
[2] Vgl. die von der Alexander-von-Humboldt-Forschungsstelle herausgegebene Alexander von Humboldt Chronologie: www.bbaw.de/forschung/avh/avhchron/index.html
[3] Humboldt an Karl Freiesleben, Weimar, 18. April 1797. In: *Jugendbriefe*, S. 574.
[4] Vgl. Diedrich Wattenberg: *Alexander von Humboldt und die Astronomie* Berlin-Treptow: Archenhold-Sternwarte 1959. Siehe auch: Peter Brosche: *Der Astronom der Herzogin. Leben und Werk von Franz Xaver von Zach 1754-1832.* Verlag Harri Deutsch, Frankfurt am Main 2001, S. 283.
[5] Humboldt an Friedrich von Schuckmann, Jena, 14. Mai 1797. In: *Jugendbriefe*, S. 579.
[6] Humboldt an Karl Freiesleben, Wien, 14. Oktober 1797. In: *Jugendbriefe*, S. 592.
[7] Humboldt an Justus Christian von Loder, Salzburg, 1. April 1798. In: *Jugendbriefe*, S. 616.
[8] Vgl. Felix Schmeidler: „Anlaß und Verlauf der Salzburger Aufenthalte von Alexander von Humboldt". In: *Humboldt und Salzburg. Beiträge des 2. Alexander-von-Humboldt-Kolloqiums der Academia Cosmologica Nova*, Hrsg. von Johannes Franz Gottlieb Grosser und Felix Schmeidler, Salzburg und München: Anton Pustet: [im Folgenden: *Humboldt und Salzburg*] 1982, S. 24.
[9] Vgl. Hanno Beck: „Station auf dem Weg nach Amerika – Alexander von Humboldt in Salzburg". In: *Humboldt und Salzburg*, S. 17.
[10] Vgl. oben S. 116.
[11] Vgl. Fiedler/Leitner: *Bibliographie*, S. 18 und 21.
[12] Humboldt an Friedrich von Schuckmann, Jena, 14. Mai 1797. In: *Jugendbriefe*, S. 578.
[13] Vgl. Kurt-R. Biermann: War Alexander von Humboldt ein „Freiherr" (oder „Baron")?" in: In: HiN – Alexander von Humboldt im Netz XII, 23, 2011. Link: www.uni-potsdam.de/u/romanistik/humboldt/hin/hin23/biermann.htm.
[14] Das Original befindet sich heute im Archivo del Banco Central del Ecuador in Quito. Übersetzung nach Bruhns, Bd. 1, S. 457.
[15] *Äquinoktial-Gegenden*, Bd. 1, S. 52.
[16] Alexander von Humboldt: *Reisebericht* (Newcastle, Ende Juni 1804). Zit. nach der deutschen Übersetzung in *Netzwerke*, S. 63.
[17] Humboldt an Karl Ludwig Willdenow, Havanna, 21. Februar 1801. In: *Briefe aus Amerika*, S. 126.
[18] Humboldt an Moses Friedländer, Madrid, 11. April 1799. In: *Jugendbriefe*, S. 657 f.; dort als Brief an David Friedländer bezeichnet.
[19] *Kosmos*, Bd. 1, 1845, S. VI bzw. S. 3.
[20] *Kosmos*, Bd. 1, S. 33 bzw. 23.
[21] *Äquinoktial-Gegenden* Bd. 1, S. 680.
[22] Vgl. dazu ausführlich: Margot Faak: „Alexander von Humboldt als Bergmann in Süd- und Mittelamerika". In: *Studia Fribergensia* S. 39-51.
[23] Reisetagebuch Cumanacoa, 10. September 1799. In: Alexander von Humboldt: *Lateinamerika am Vorabend der Unabhängigkeitsrevolution.* Eine Anthologie von Impressionen und Urteilen aus seinen Reisetagebüchern. Hg. von Margot Faak: Akademie-Verlag, 2., durchges. und verb. Auflage. Berlin: Akademie- Verlag, 2003 [im Folgenden: *Unabhängigkeit*], S. 300.
[24] Ebd., S. 300.
[25] *Äquinoktial-Gegenden* Bd. 1, S. 610 f.
[26] Ebd. S. 698 f.
[27] Reisetagebuch 8. bis 22. September 1801, Reise von Bogotá nach Ibaque. In: Margot Faak (Hg.): *Alexander von Humboldt: Reise auf dem Río Magdalena, durch die Anden und Mexiko. Aus seinen Reisetagebüchern.* 2., durchgesehene Aufl., 2 Bde. Berlin: Akademie-Verlag, 2003 [im Folgenden zitiert: Humboldt: *Rio Magdalena*], hier Bd. 1, S.123.
[28] Reisetagebuch 7. August bis 10. September 1803, Aufenthalt in Guanajuato. In: Humboldt: *Río Magdalena* Bd. 1, S. 365 f.
[29] Reisetagebuch 9. bis 12. September 1802, Aufenthalt in Micuipampa; Besuch des Bergwerks Hualgayoc. In: Humboldt: *Río Magdalena* Bd. 2, S. 152.
[30] Reisetagebuch: Mexiko-Stadt, 11. April 1803 bis 20. Januar 1804. In: *Unabhängigkeit*, S. 329–331.
[31] Reisetagebuch 7. August bis 10. September 1803, Aufenthalt in Guanajuato. In: Humboldt: *Río Magdalena* Bd. 1, S. 368.
[32] Alexander von Humboldt: *Essai politique sur le royaume de la Nouvelle-Espagne.* Zit. nach der deutschen Übersetzung: Alexander von Humboldt: *Mexiko-Werk. Politische Ideen zu Mexiko. Politische Landeskunde.* Hg. von Hanno Beck. Darmstadt: Wissenschaftliche Buchgemeinschaft 1991 [im Folgenden zitiert: *Mexiko-Essay*], S. 432.
[33] Ebd. S. 159.
[34] Vgl. dazu ausführlich Walther L. Bernecker: „Der Mythos vom mexikanischen Reichtum. Alexander von Humboldts Rolle vom Analysten zum Propagandisten". In: Ottmar Ette, Walther L. Bernecker (Hg.) *Ansichten Amerikas. Neue Studien zu Alexander von Humboldt.* Vervuert Verlag, Frankfurt am Main, 2001, S. 79-103.
[35] Reisetagebuch 7. August bis 10. September 1803, Aufenthalt in Guanajuato. In: Humboldt: *Río Magdalena* Bd. 2, S. 264.
[36] Alexander von Humboldt: "Introducción a la Pasigrafía geológica". In: Andrés Manuel de Río: *Elementos de Orictognosía ó del conocimiento de las fósiles*

dispuestos según los principios de A. G. Werner para el uso del Real Seminario de Minería de México. Mexiko-Stadt: Don Mariano de Zúñiga y Ontiveros 1805, S. 160-173.
[37] Ebd. S. 162. Übersetzung aus dem Spanischen. Vgl. dazu ausführlich Hanno Beck: „Alexander von Humboldts „»Essay de Pasigraphie«, Mexico 1803/1804". In: *Forschungen und Fortschritte*. 32. Jg., Heft 2, Februar 1958, S. 33-39.
[38] Humboldt: *Äquinoktial-Gegenden*, Bd. 1, S. 346.
[39] Ebd. S. 361.
[40] Ein Exemplar aus dem Jahr 1808 hat sich bis heute erhalten und wurde ediert: Humboldt, Alexander von: *Tablas geográfico políticas del Reino de Nueva España*. José G. Moreno de Alba (Hg.). Mexiko-Stadt 1993. Das handschriftliche Exemplar Humboldts für den Vizekönig aus dem Jahr 1803 wurde 1970 von der Dirección General de Estadística in Mexiko-Stadt als Faksimile veröffentlicht.
[41] Reisetagebuch, Laguna de Valencia, 4. März 1800. In: Alexander von Humboldt: *Reise durch Venezuela. Auswahl aus den amerikanischen Reisetagebüchern*. Hrsg. von Margot Faak. Berlin: Akademie-Verlag 2000 [im Folgenden zitiert: *Venezuela-Tagebuch*], S. 215 f.
[42] Vgl. dazu ausführlich: Frank Holl: „Alexander von Humboldt y el cambio climático". In: Irene Prüfer (Hg.) *Alexander von Humboldt und die Gültigkeit seiner Ansichten der Natur*. Bern, Berlin, Brüssel, Frankfurt a. M. u. a.: Peter Lang 2009, S. 223-231; und ders.: „Alexander von Humboldt als Klimaforscher". In: Die Gazette. Das politische Kulturmagazin, Nummer 16, Winter 2007/08, S. 20-25, sowie ders. (Hg.): *Alexander von Humboldt – Mein vielbewegtes Leben*. Frankfurt und Berlin: Eichborn, 3. Auflage 2010, S. 115-119.
[43] Humboldt: *Äquinoktial-Gegenden*, Bd. 2, S. 747 f. Hervorhebung durch Humboldt.
[44] Vgl. Fiedler/Leitner: *Bibliographie* S. 77.
[45] Ebd. S. 750-752.
[46] Ebd. S. 754.
[47] Alexander von Humboldt: „Beobachtungen über den elektrischen Aal des neuen Welttheils". In: *Beobachtungen aus der Zoologie und vergleichenden Anatomie, gesammelt auf einer Reise nach den Tropen-Ländern des neuen Kontinents in den Jahren 1799, 1800, 1801, 1802, 1803 und 1804 von Alexander von Humboldt und Aimé Jacques Alexandre Goujaud Bonpland*; Heft 2. Tübingen: Cotta und Paris: Schoell 1808, S. 122 f.
[48] Vgl. Werner Friedrich Kümmel: „Alexander von Humboldt und die Medizin". In: *Hein*, S. 202.
[49] Vgl. dazu ausführlich Ingo Schwarz und Klaus Wenig (Hg.): *Briefwechsel zwischen Alexander von Humboldt und Emil du Bois-Reymond*. Berlin: Akademie Verlag 1997.
[50] Alexander an Wilhelm von Humboldt, Florenz, 17. Dezember 1822. In: Briefe *Alexander's von Humboldt an seinen Bruder Wilhelm*. Herausgegeben von der Familie von Humboldt in Ottmachau. Stuttgart: Cotta 1880, S. 112.
[51] Vgl. Ingo Schwarz: „Alexander von Humboldts Interesse an Goldvorkommen und Goldgewinnung in den Vereinigten Staaten im Vergleich zu Russland". In: *Studia Fribergensia*, S. 281, und Eberhard Arnold: „Alexander von Humboldt – einer der letzten Universalgelehrten". In: Naturwissenschaftliche Gesellschaft Bayreuth: Bericht Band 24, 2000, S. 64 f.
[52] Cancrin führte diese „Edelwährung" trotzdem ein. Humboldts Befürchtungen aber bewahrheiteten sich: Der Platinwert sank in den folgenden Jahrzehnten stark und eine spätere russische Regierung musste diese Währung mit hohen Verlusten aufgeben. Sie bezog sich dabei auf Humboldts frühere Argumente.
[53] Humboldt an Georg von Cancrin, Berlin, 19. November 1827. In: Alexander von Humboldt: *Briefe aus Russland*. Hg. von Eberhard Knobloch, Ingo Schwarz und Christian Suckow. Berlin: Akademie Verlag, 2009 [im Folgenden zitiert: *Briefe aus Russland*], S. 76.
[54] Siehe oben S. 117 f.
[55] Humboldt in einem für das Brockhaus'sche Konversationslexikon über seine eigene Person verfassten Artikel, 1852. In: Biermann: *Leben*, S. 116.
[56] Vgl. Hanno Beck: *Alexander von Humboldts Reise durchs Baltikum, nach Russland und Sibirien*. 6. Auflage, Wiesbaden: Edition Erdmann 2009, S. 47, 74, 77, 141 und 200.
[57] Vgl. ebd. S.. S. 74.
[58] Humboldt an Alexander Mendelssohn, Berlin, 23. Januar 1859. In: Sebastian Panwitz und Ingo Schwarz unter Mitarbeit von Eberhard Knobloch (Hg.): *Alexander von Humboldt – Familie Mendelssohn: Briefwechsel*. Berlin: Akademie-Verlag 2011, S. 351.
[59] Humboldt an Johann Georg von Cotta, Potsdam, 31. Oktober 1854, in: *Cotta-Briefwechsel*, S. 545.
[60] Das Vorangegangene referiert nach Kurt-R. Biermann: *Alexander von Humboldt*. 4. durchges. Auflage, Leipzig: Teubner 1990, S. 72 f.
[61] Humboldt an Karl August Varnhagen von Ense, ohne Ort, 24. April und 17. Mai 1837. In: *Briefe von Alexander von Humboldt an Varnhagen von Ense*. Hg. von Ludmilla Assing. 3. Auflage, Leipzig: F. A. Brockhaus 1860, S. 35 und 42.
[62] Humboldt an Carl Gustav Jacob Jacobi, Berlin, 21. November 1840. In: Herbert Pieper (Hg.): *Briefwechsel zwischen Alexander von Humboldt und C. G. Jacob Jacobi*. Berlin: Akademie-Verlag 1987, S. 65.
[63] *Kosmos*, Bd. 1, 1845, S. XII bzw. 6. Auch wenn sein Werk *Kosmos*, wie Humboldt immer wieder betonte, nicht direkt auf den Kosmos-Vorlesungen basiert, so ist doch dessen Gliederung identisch.
[64] *Kosmos* Bd. 1, 1845, S. VI bzw. S. 3.
[65] *Kosmos* Bd. 1, 1845, S. VI bzw. S. 3
[66] *Kosmos* Bd. 1, 1845, S. 5–6 bzw. S. 10.
[67] Georg von Cotta an Humboldt, Stuttgart, 3. Dezember 1847. In: *Cotta-Briefwechsel*, S. 329.
[68] *Kosmos* Bd. 1, 1845, S. 458 bzw. S. 131.
[69] Humboldt an Joseph-Louis Gay-Lussac, Paris, 8. Dezember 1842. In: León Delhoume: *Hommage de Humboldt à Gay-Lussac*. In: CR 87e Congrès des Sociétés savantes, Poitiers 1962, S. 153 f
[70] Humboldt an Moses Friedländer, Madrid, 11. April 1799. In: *Jugendbriefe*, S. 657 f.; dort als Brief an David Friedländer bezeichnet.
[71] Alexander von Humboldt: Mes confessions [3. Januar 1806]. In: *Lettres d'Alexandre de Humboldt à Marc-Auguste Pictet 1795–1824, publiées dans le Journal Le Globe*, 7, 1868, S. 180–190. Zit. nach der deutschen Übersetzung in: Biermann: *Leben*, S. 60.
[72] Humboldt an Charles Darwin, Sanssouci, 18. September 1839. In: Jahn: *Leben*, S. 185.
[73] Wilhelm von Humboldt an Karl Gustav von Brinkmann, Berlin, 18. März 1793. In: Albert Leitzmann (Hg.): *Wilhelm von Humboldts Briefe an Karl Gustav von Brinkmann*, Leipzig: K. W. Hiersemann 1939, S. 21.
[74] *Kosmos* Bd. 1, S. 385 bzw. S. 187.

[75] An Marc-Auguste Pictet, Berlin, 3. Januar 1806. In: Albert Rilliet (Hg.): *Lettres d'Alexandre de Humboldt a Marc-Auguste Pictet, 1795–1824*. Genf: Carey Freres, 1869, S. 180. Original in Französisch.
[76] Humboldt an Jean-Baptiste Boussingault, Paris, 21. Februar 1825. Handschrift in der Staatsbibliothek Berlin. Zit. nach Frank Holl (Hg.): Alexander von Humboldt – Es ist ein Treiben in mir. Entdeckungen und Einsichten. München: dtv 2009, S. 110.
[77] An Louis Agassiz, Berlin, 16. September 1845. In: Wilhelm Ziehr: *Aus der Frühzeit der Gletscherforschung. Ein unbekannter Briefwechsel zwischen König Friedrich Wilhelm IV., Alexander von Humboldt und Louis Agassiz*. In: Berliner Manuskripte zur Alexander-von-Humboldt-Forschung, Heft 29, 2007, S. 31.
[78] Humboldt an Friedrich Pfaff, ohne Ort, 10. Februar 1859. In: Friedrich Birzer: „Die Sammlung zur Geschichte der Geologie des Geologischen Instituts, Erlangen". In: Geol. Bl. NO-Bayern, Band 19, Heft 3, 30. Oktober 1969, S. 139. Diesen Hinweis verdanken wir Prof. Dr. Günter Dippold, Bayreuth. Dr. Ingo Schwarz, Berlin, danken wir für die korrekte Lesung der Humboldt'schen Handschrift.

AUF SPURENSUCHE: HUMBOLDT IN FRANKEN – HEUTE

[1] Internet: http://www.besucherbergwerk-kamsdorf.de
[2] Internet: http://www.morassina.de
[3] Zwar wurde zwischen den Alliierten eine lokale Lösung für den Grenzverlauf vereinbart, aber das Hinterland für ein wirtschaftliches (Über-)Leben fehlte.
[4] Für Details zu diesen Betrieben und ihrer Geschichte siehe *Lauenstein 1792*, S. 29 – 42
[5] Internet: http://www.schiefermuseum.de/
[6] Internet: http://www.koeniglich-tettau.com/sw_de/te/geschichte/index.htm
[7] Internet: http://geschichte-steben.de/lehrpfad.html
[8] Zahlreiche Hinweise zum Stebener Revier verdanken wir Frau Eva Spörl, Geschichtsverein Bad Steben und Förderverein Friedrich-Wilhelm-Stollen e.V.
[9] Rolf Drechsel: *Die Geschichte des Bad Stebener Berg- und Hüttenwesens*. Internet: http://geschichte-steben.de/themen/bergbaugeschichte.html
[10] Internet: http://www.friedrich-wilhelm-stollen.de/
[11] Lachter: altes Längenmaß, speziell im Bergbau, ca. 2 m
[12] *AvH Bericht 1792*, S. 110
[13] Internet: http://fichtelgebirge.bayern-online.de/die-region/staedte-und-gemeinden/zell/natur/lehrpfade/naturlehrpfad-haidberg/
[14] Humboldt an das Ober-Berg-Departement Bayreuth, Steben, 14, Juni 1794. In: *Jugendbriefe*, S. 342.
[15] Internet: http://www.adrianrossner.de
[16] Internet: http://bad-berneck.de/dendrologischer_garten.html
[17] Humboldt an Karl Freiesleben, Goldmühl bei Kronach, 10. Juni 1793. In: *Jugendbriefe*, S. 251.
[18] Die Nachrichten über die Geschichte der Goldmühle verdanken wir einer persönlichen Mitteilung von Heinz Zahn aus Bad Berneck – Goldmühl, Heimatmuseum Goldkronach e.V. – Arbeitskreis Bergbau.
[19] Johann Kießling: *Was Häuser erzählen – aus der Geschichte Goldkronachs*. J. Kießling, Goldkronach, 2003, [im Folgenden zitiert: Kießling: *Häuser*], S. 503-508.
[20] Ebd. S. 175-182.
[21] Humboldt an Vladimir Jurevič Sojmonov, Goldkronach, 11, Juli 1793. In: *Jugendbriefe*, S. 255-256.
[22] Internet: http://www.goldbergbaumuseum.de
[23] Kießling: *Häuser* S. 543-551.
[24] Hinweis von Reinhard Stelzer, Goldkronach.
[25] Internet: http://www.goldbergknappen.de/html/humboldtweg.html
[26] Veranstaltungskalender im Internet http://www.humboldt-kulturforum.de/
[27] Stefan Keppler, Johann Schrenk, Wolfgang Schirmer, Otto Widmann: *Goethes Franken*. Gunzenhausen: Schrenk 2005.
[28] *AvH Bericht 1792*, S. 77, 78 und 83.
[29] *AvH Bericht 1792*, S. 76 ff.
[30] Internet: http://wunsiedel.de/tourismus/felsenlabyrinth-luisenburg/
[31] Internet: http://www.luisenburg-aktuell.de/
[32] „Aus einem Briefe des Hr. v. Humboldt zu Arzberg am Fichtelberge". In: Bergm. J. 1792, Bd. 2, S. 78.
[33] Kießling: *Arzberg*, S. 40-41.
[34] Internet: http://www.arzberg.de/inhalte/prospekte/flyer_wanderwege1.pdf
[35] Internet: http://www.arzberg.de/inhalte/prospekte/flyer_bergwerk1.pdf
[36] Die Informationen zu den Seußener Steinkugeln, zum Bergbau-Lehrpfad und zum Heimatmuseum Arzberg beruhen auf persönlichen Mitteilungen des Museums-Initiators Hans Günter Tröger, Arzberg.
[37] Internet: http://www.lfu.bayern.de/geologie/geotope_schoensten/index.htm
[38] Bernhard M. Baron: „Parkstein im Spiegel der Literatur". In: Oberpfälzer Heimat, 51. Band – 2007. Hrsg. Heimatkundlicher Arbeitskreis im Oberpfälzer Waldverein, Weiden 2006.
[39] Vgl. Ingo Schwarz in der Einführung zu Robert Hoffmann: „Die Entstehung einer Legende. Alexander von Humboldts angeblicher Ausspruch über Salzburg". In: Humboldt im Netz VII, 12 (2006).
[40] Basaltkegel sind erstarrte Vulkanschlote. Der Aschekegel des ehemaligen Vulkanbergs ist durch Erosion verschwunden.
[41] Diesen Hinweis verdanken wir dem Berliner Antiquar Karl Ziegan. Verifizierung der Handschrift durch Ingo Schwarz, Leiter der Alexander-von-Humboldt-Forschungsstelle an der Berlin-Brandenburgischen Akademie der Wissenschaften.
[42] Internet: http://www.schloesser.bayern.de/deutsch/schloss/objekte/ansbach.htm
[43] Internet: http://www.ludwig-feuerbach.de/bruckbrg.htm; vgl. Hermann Glaser, *Die Feuerbachs – Eine deutsche Familie*. Gunzenhausen: Schrenk 2006.
[44] Feuerbach hat den Niedergang der Manufaktur in einem nachgelassenen Text beschrieben: Ludwig Feuerbach, Gesammelte Werke Bd. 16 (noch nicht erschienen), Vorabveröffentlichung im Internet: http://www.ludwig-feuerbach.de/lf_bruckberg.pdf
[45] Internet: http://www.diakonieneuendettelsau.de/leben-gestalten/feiern-und-tagen/bruckberger-schloss-bruckberg
[46] Carlé: *Saline*, S. 180.
[47] AvH Bericht 1792, S. 64 ff.

ABBILDUNGSNACHWEIS

Alexander-von-Humboldt-Forschungsstelle der Berlin-Brandenburgischen Akademie der Wissenschaften: 99.
Archivo del Banco Central del Ecuador, Quito (Christoph Hirtz): 125.
Archiv Karl Ziegan, Berlin: 80, 117, 119.
Bayerisches Staatsbad Bad Steben GmbH: 154.
Bayerische Staatsbibliothek München: 26, 27, 31, 34, 40, 41, 53, 59, 67, 69, 70, 71, 72, 81, 93, 94.
Biblioteca del Instituto de Geología, UNAM, Mexiko-Stadt (Agustín Estrada): 131.
Deutsches Museum, München (Andreas Heddergott): 96.
Diakonie Neuendettelsau, Schloss Bruckberg: 58.
Facultad de Ingeniería, UNAM, Mexiko-Stadt (Agustín Estrada): 120.
Fotosammlung Stadtarchiv Ludwigsstadt: 61.
FrankenTourismus/Bad Berneck/Hub: 158 o.
Freies Deutsches Hochstift – Frankfurter Goethe-Museum (Ursula Edelmann): 10, 11.
Gasthof und Hotel „Alexander von Humboldt", Goldkronach: 159.
Germanisches Nationalmuseum Nürnberg: 48.
Goethe-Naionalmuseum Weimar (Gisela Maul): 105.
Goldbergbaumuseum Goldkronach: 42 (Gerold Pascher), 43 (Thomas Köhler), 161 (Gerold Pascher).
Klaus Gottfried, Goldkronach: 160.
Frank Holl, München: 58 u., 162 o., 162 u., 163, 168, 170 o.
Königlich priv. Porzellanfabrik Tettau GmbH: 56.
Museo Nacional de Historia, Mexiko-Stadt (Agustín Estrada): 132.
Museum der Weltkulturen, Frankfurt: 16.
Museum für Naturkunde der Humboldt-Universität Berlin (Ferdinand Damaschun): 82, 83.
Privatsammlung, München: 12, 13, 15, 17, 19, 24, 29, 49, 74, 88, 101, 109, 111, 123, 127, 128, 133, 137, 138, 139, 142, 144, 149, 151, 184.
Privatsammlung Ottobrunn: 45, 47.
Sammlung Pedro R. Boker, Mexiko-Stadt (Ricardo Castro): 140.
Sammlung Dr. Christian Glabasnia, Zell: 85.
Sammlung Hans Singer, Bad Steben: 51, 54, 65, 84, 146.
Schloss Bruckberg: 58.
Schrenk-Verlag, Gunzenhausen (Johann Schrenk): 169.
Eberhard Schulz-Lüpertz, Ottobrunn: 155 o., 155 u., 156, 165. 166, 167, 170 u.
Stadtarchiv Ansbach: 57, 87.
Stadtmuseum Bad Berneck: 91.
Stadt Wunsiedel: 164.
Staatsarchiv Bamberg: 36, 37, 63, 80.
Stiftung Stadtmuseum Berlin (Oliver Ziebe und Hans-Joachim Bartsch): 6, 20, 21, 28, 76, 100, 105, 106, 134, 135.
Stiftung Weimarer Klassik, Museen: 103, 104
Annette Taubenreuther, Goldkronach: 170 l.
Technische Universität Bergakademie Freiberg, Institut für Wissenschafts- und Technikgeschichte: 23, 30, 35, 77, 112.
Hans-Günter Tröger, Arzberg: 86, 164 u.
Universitätsbibliothek Bonn: 78.

NAMENSREGISTER

Ortsregister